普通高等教育农业农村部"十三五"规划教材
全国高等农林院校"十三五"规划教材
"大国三农"系列规划教材

耕　作　学

陈　阜　张海林　主编

中国农业出版社
北　京

内容简介

　　耕作学是研究建立合理耕作制度的一门综合性应用科学，实践性强、涉及面广，以作物结构与布局优化、种植方式设计和土壤耕作管理等为主体内容。本教材主要介绍了合理耕作制度构建原理、作物布局与结构优化、多熟种植、轮作与连作、土壤耕作、养地制度及我国耕作制度演变与区划等。本教材从耕作制度优化设计的理论与技术出发，重点围绕用地养地结合、资源环境可持续利用，以及作物生产的高效、优质、高产、生态、安全，阐述作物种植结构与布局优化、间混套作与复种、轮作与连作、土壤耕作与农田保护问题等原理与技术途径进行阐述和介绍。本教材适合作为高等农业院校、科研院所教学用书，同时可供农业领域从事科技、教育、管理及推广工作的人员参考。

主　编　陈　阜（中国农业大学）

张海林（中国农业大学）

副主编　马新明（河南农业大学）

宁堂原（山东农业大学）

曾昭海（中国农业大学）

刘景辉（内蒙古农业大学）

黄国勤（江西农业大学）

编　者　（按姓名汉语拼音排序）

陈　阜（中国农业大学）

褚庆全（中国农业大学）

韩惠芳（山东农业大学）

黄国勤（江西农业大学）

姜雨林（中国农业大学）

孔凡磊（四川农业大学）

李立军（内蒙古农业大学）

李玲玲（甘肃农业大学）

刘根红（宁夏大学）

刘景辉（内蒙古农业大学）

刘玉华（河北农业大学）

刘章勇（长江大学）

马新明（河南农业大学）

宁堂原（山东农业大学）

王志强（河南农业大学）

吴宏亮（宁夏大学）

熊淑萍（河南农业大学）

杨亚东（中国农业大学）

尹小刚（中国农业大学）

臧华栋（中国农业大学）

曾昭海（中国农业大学）

翟云龙（塔里木大学）

张海林（中国农业大学）

赵宝平（内蒙古农业大学）

赵　鑫（中国农业大学）

朱　波（长江大学）

耕作学是一门具有显著中国特色的新兴农学分支学科，作为一门独立学科的历史只有60多年，但耕作学从体系框架、理论原理、技术内容等都在不断调整完善，不断走向成熟壮大。20世纪50年代初，在引进苏联"农业原理"课程基础上，北京农业大学最早开设了耕作学课程，并逐步形成一门稳定的农学专业课程和独立学科。耕作学的主要内容涉及熟制、作物布局、种植方式、轮作连作等种植制度，以及土壤耕作、地力培育、农田保护等养地制度。

60多年来，耕作学在学科理论和实践方面始终在不断充实、更新和完善，学科理论原理、技术内容等都在不断调整更新，与生产实践结合非常紧密，体现出显著的综合性、应用性特色。20世纪80年代以来，耕作学教材建设工作进展很快，陆续出版了一大批耕作学方面的专著和教材，对促进学科发展起到积极作用。尤其陆续出版了一批耕作学的教材和辅助教材，包括《耕作学》的南方本、东北本、西北本及《中国耕作制度》等。1992年由北京农业大学（现中国农业大学）牵头编写全国统编教材《耕作学》，随后沈阳农业大学、西北农林科技大学等又组织编写了《耕作学》《农作学》，在概念含义、体系框架及内容等方面进行了探索和拓展。

当前，我国农业和农村经济进入全面转型发展时期，面临着保障国家粮食安全、增加农民收入、缓解资源环境约束和增强农产品国内外市场竞争力的重大挑战，建设资源节约、生态友好、集约高效、产业协调的现代耕作制度，适应农业生产机械化、规模化、精准化发展趋势，积极开发多功能、绿色生态新型耕作制度模式与技术等，是现代耕作学理论与技术创新的核心任务。同时，高等院校教学改革不断深入，耕作学课程课堂教学学时数不断压缩，实践教学和案例分析加强，要求讲授的内容和时间更紧凑，形式更加多样化，必须对原有体系框架和内容进行更新提炼。因此编写一本适合当前涉农高等院校本科教学要求的耕作学教材，一直是我们多年来的心愿。

2016年在中国农业出版社组织和推荐下，由中国农业大学牵头申报了普通高等教育农业部（现为农业农村部）"十三五"规划教材、全国高等农林院校"十三五"规划教材并获批。编写人员对教材内容框架进行了重新设计，使耕作学课程的框架更清晰和明确；在突出原教材耕作学独特功能的核心内容（例如作物布局、间套复种、轮作、土壤耕作等）基础上，精简或去掉一些与本学科关系不太明显的外围理论或技术原理，避免与作物栽培学、农业生态学、土壤学等相关课程的重复。同时，对耕作学相关理论、技术及案例分析全面更新，力求反映出耕作学最新研究进展和生产技术发展现状，并结合当前我国农业转型发展的大趋势，强化在作物结构调整、轮作模式与技术创新、用地养地结合等内容；并突出教材新颖性和简练特色，以适应教学改革及课时缩减需求，将技术原理介绍和典型案例分析有机结合，突出对区域耕作制度的优化设计及其综合管理、技术适应性分析等，有效增强学生课程学习过程中综合分析能力的培养。

　　本教材包括引论、作物布局、多熟种植、轮作与连作、土壤耕作、农田培肥与保护和区域耕作制度，由中国农业大学牵头，联合山东农业大学、河南农业大学、内蒙古农业大学、江西农业大学、甘肃农业大学、河北农业大学、长江大学、宁夏大学、四川农业大学、塔里木大学等涉农院校编写，全书由中国农业大学陈阜、张海林进行统稿和修改。在本教材的编写过程中得到了国内耕作学同行的帮助，并得到了中国农业出版社和中国农业大学本科生院的大力支持，在此，向所有关心和支持本教材的同仁表示衷心感谢。由于编写者水平所限，错误及疏漏之处在所难免，希望使用本教材的师生和读者给予批评、指正。

编　者

2021 年 5 月

目 录

1 第一章
引　　论

本章提要

• 概念与术语

耕作制度（cropping system and soil management）、种植制度（cropping system）、作物布局（crop composition and distribution）、复种（sequential cropping）、间混套作（intercropping, mixed cropping, and relay cropping）、轮作（crop rotation）、连作（continuous cropping）、养地制度（soil management system）、土壤耕作（soil tillage）、土壤培肥（soil fertilization）

• 基本内容

1. 耕作学及其发展
2. 耕作学的研究对象和主要内容
3. 耕作学的性质和任务
4. 耕作制度基本原理
5. 耕作制度历史演变规律

• 重点

1. 耕作制度的概念和内涵
2. 耕作学的特点和主要任务
3. 我国耕作学的发展历程

第一节　耕作学概述

耕作学是研究建立合理耕作制度的技术体系及其理论的一门综合性应用科学。耕作制度（cropping system and soil management）是农业生产的基本性制度，是一个地区或生产单位作物种植制度以及与之相适应的养地制度的综合技术体系，其内容包括熟制、作物布局、种植方式、轮作连作等种植制度，以及土壤耕作、地力培育、农田保护等养地制度。从原始农业的撂荒耕作制，到传统农业的休闲耕作制、轮种耕作制，再到现代农业的集约耕作制，耕作制度每次大的变革既是人类社会文明和科学技术进步的重要标志，又是农业发展水平和生产力的大幅跨越。

耕作学是一门具有鲜明中国特色的新兴农学分支学科，作为一门学科的历史比较短，只有 60 多年；但建立合理耕作制度的思想却源远流长，在我国已有数千年。而且在世界农业发展历程中，耕作制度的理论和方法随着社会进步也一直在创新发展。

一、耕作学及其发展

（一）我国古代和近代的耕作学思想

我国是历史悠久的农业大国，农耕文明源远流长，形成了精耕细作、间套复种技术及朴素的用地养地理论，土地耕种千年不衰，创造了世界农业的奇迹。早在 2 000 多年以前，我国就已经提出了土壤耕作、用地养地、休闲轮作的一些重要哲理和实践经验。公元前 15—公元前 11 世纪的《诗经》已出现了有关原始耕作制度的记载；公元前 770—公元前 221 年的《吕氏春秋》指出的"凡耕之大方，力者欲柔，柔者欲力；息者欲劳，劳者欲息；棘者欲肥，肥者欲棘；急者欲缓，缓者欲急；湿者欲燥，燥者欲湿……五耕五耨，心审以尽……今兹美禾，来兹美麦"，是当时耕种技术的总结。北魏贾思勰所著的《齐民要术》（公元 386—534 年）作为一部完整的综合性农学巨著，总结了一整套防旱保墒、作物换茬、恢复地力、间套作的技术与原理。到了明清时代（公元 14—20 世纪），传统农业技术已经成熟，大量农学著作中记载了丰富的有关间套作、复种、作物轮作倒茬、土壤耕作的技术和原理，提出了多熟制和地力保育的理论。尽管积累了丰富的耕作制度理论和实践经验，但受当时社会制度中自然科学技术不被重视的制约，现代农学学科体系迟迟没有建立，耕作学也没有形成一门独立的学科。

（二）国外耕作学的相关理论和实践

西方国家是现代农学学科的主要发源地，有关耕作学的内容主要是围绕作物轮作制和施肥制开始的。欧洲古代和中世纪初期盛行二圃制（种植区设立谷物种植和休耕两个区域进行轮换）；8 世纪开始盛行三圃制（谷物—谷物—休闲 3 个种植区轮换）。泰尔（Thaer A. D.，1752—1828）作为近代农学奠基人所著的《合理的农业原理》，提出合理农法的具体形式就是四圃轮栽，即建立"小麦—芜菁—大麦—三叶草"四圃轮作制。德国化学家李比希（Liebig）1840 年发表《化学在农业和生理上的应用》提出矿质营养学说和养分归还学说，为作物轮作、化学肥料应用奠定了科学基础。

20 世纪以来，发达国家的农学学科体系逐步建立和完善。西方国家的耕作学相关课程已经开设，例如美国、英国大学的"作物生产学"（Crop Production）、德国大学的"植物生产原理"（Principles of Plant Production）等，开始系统介绍农作物生产管理的相关原理与技术，内容涉及农业气象、土壤、肥料、种植制度以及作物栽培管理等。受西方农学学科发展影响，日本大学的"作物学"（Crop Science）和苏联院校的"农业原理"（Agriculture Principle）等课程体系也逐步建立，内容涉及包括土壤、施肥、轮作、杂草、土壤耕作、灌溉等。其中苏联的农学学科将西方的"作物生产学""植物生产原理"等分解为"作物栽培学"和"农业原理"两个学科，这也是后来我国农学专业学科设立的主要参考。

（三）现代耕作学的形成和发展

耕作学是一门具有鲜明中国特色的农学分支学科，其发展历程是典型的中国化过程。20世纪 50 年代初，我国引进了苏联的教育体系和课程设置体系，其中"农业原理"和"作物栽培学"成为我国农学的专业骨干课程。1953 年北京农业大学孙渠教授首先引进苏联的"农业原理"课程，并译为"耕作学"，主要内容是土壤肥力、团粒结构、草田轮作、杂草防除和土壤耕作等，就此奠定了中国耕作学的雏形。

20 世纪 60—70 年代，我国农业生产积极提倡耕作制度改革，在全国范围内开展增加复种指数、推广间作套种，提出用地与养地结合。耕作学科内容逐渐充实和完善，增加了间套作、复种、轮作等内容，将耕作学任务由以提高土壤肥力为主逐步转向以提高农作物全面持续增产的理论和技术。

20 世纪 80 年代，适合中国国情的耕作学学科体系内容与理论基础基本建立，明确了以种植制度为核心、养地制度为配套的耕作制度体系。1980 年出版了由北京农业大学主持编写的《耕作学（北方本）》以及由浙江农业大学主持编写的《耕作学（南方本）》，1986 年出版了西北农业大学主持编写的《耕作学（西北本）》，1988 年出版了东北农学院主持编写的《耕作学》（东北本）。

20 世纪 90 年代以来，耕作学学科已经走向成熟和稳定。1994 年正式出版由北京农业大学主编的全国统编教材《耕作学》，并围绕统编教材又相继出版了系列丛书作为补充，包括《中国耕作制度》（刘巽浩主编）、《南方耕作制度》（邹超亚主编）、《东北耕作制度》（陆欣来主编）、《西北耕作制度》（杨春峰主编）和《机械化土壤耕作》（沈昌蒲主编）。

二、耕作学的研究对象和主要内容

耕作学的研究对象是耕作制度。前文已述，耕作制度是一个地区或生产单位农作物种植制度以及与之相适应的养地制度的综合技术体系，其内容包括熟制、作物布局、种植方式、轮作和连作等种植制度，以及土壤耕作、地力培育、农田保护等养地制度。

（一）种植制度

种植制度（cropping system）是指一个地区或一个生产单位作物组成、配置、熟制和种植方式的综合体系。种植制度是农业生产最基本的制度，决定着区域农作物种植结构和布局、种植模式及生态经济效益等，是促进农业增产增收的根本性措施和重要标志。我国地域广阔，各地的气候、地形地貌、土壤及社会经济条件等差异显著，区域种植制度特点非常明显，形成了丰富多样的作物生产模式和种植制度类型。种植制度主要包括以下几个方面。

1. 作物布局 作物布局（crop composition and distribution）是指一个地区或生产单位作物结构与配置的总称，包括作物种类、品种、面积及其比例，以及作物在区域或田块上的具体分布等内容，是种植制度的主要内容与基础。

2. 复种和间混套作 复种（sequential cropping）与间混套作（inter cropping, mixed cropping, and relay cropping）都属于多熟种植（multiple cropping）范畴，不仅是传统农业的精华技术，也是现代农业的重要组成部分，尤其在人多地少的国家和地区，对协调人地矛盾、提高土地利用率、协调粮经作物生产等起到显著的作用。多熟种植是指在同一田地上在同一年内种植两种或两种以上作物的种植方式，广泛分布于我国的主要农区，表现在作物生产在时间与空间上的集约化利用光热水气候和土地资源，实现农田生产高产高效。

3. 作物轮作和连作 作物轮作（crop rotation）是指在同一块田地上，在一定的年限内有顺序地轮换种植不同作物的种植方式。实际生产中往往都没有严格的轮换种植年限及顺序，只是在不同年度或不同季节倒换种植另一种作物，一般称为换茬或倒茬。与轮作正好相反，连作（continuous cropping）是指在同一块田地上在一定的时期内连年种植相同作物或采用相同的复种模式的种植方式。在现代农业生产的专业化、规模化种植制度中，连作也是普遍采用的种植方式。

（二）农田养地制度

农田养地制度（soil management system）是指与种植制度相适应的以地力培育及保护为中心的技术体系，包括土壤耕作制、施肥制、农田灌溉制及作物病虫杂草防除制等内容，轮作技术也有养地功能。农田养地制度的主要目的是为农作物生长发育提供所需的水、肥、气、热等生活要素，保证地力常新和作物持续高产。在农业发展过程中，农田养地制度主要经历了4个发展阶段：①原始农业主要靠撂荒等自然措施恢复地力；②在传统农业阶段主要靠有机肥、绿肥、轮作、耕作等措施进行养地；③在传统农业向现代农业过渡阶段是靠有机肥和化肥结合的养地措施；④在现代农业中，主要是靠化肥、农药和保护性耕作等进行养地。随着农田生产力水平的持续提高，对养地技术的需求越来越大，保持和提升农田土地肥力，是支撑农作物生产可持续发展的重要基础。农田养地制度主要包括以下两个方面。

1. 土壤耕作 土壤耕作（soil tillage）的主要任务就是根据作物的生长发育需要，通过合理的耕作措施调整土壤耕层和地面状态，调节土壤水分、空气、温度和养分的关系，为作物播种、出苗和生长发育提供适宜土壤环境。适宜的土壤环境是作物高产的必要条件，要使作物持续高产，就要通过土壤耕作协调土壤肥力因素之间的矛盾，为作物生长发育创造适宜的耕层构造。土壤耕作措施众多，既包括翻耕、松耕、旋耕等动土强度较大的基本耕作措施，也包括耙地、耱地、中耕、起垄、镇压、做畦等动土强度较小的表土耕作措施。近年来，以少耕、免耕和秸秆覆盖为特点的保护性耕作是土壤耕作的发展趋势，但耕与不耕、多耕与少耕，要因地制宜，根据当地气候、土壤条件及所种植作物的要求来确定。

2. 土壤培肥 土壤培肥（soil fertilization）是通过人为措施提高土壤肥力的综合技术体系，其内容比较广泛，既包括科学施肥和合理灌溉，也包括轮作倒茬、土壤改良等，其核心是建立农田有机质、养分、水分用养结合的平衡体系。施肥是土壤培肥最有效和最直接的方法之一，有机肥和无机肥相结合是理想的施肥措施，但受有机肥源不足、收集利用率困难、速效养分含量低等制约，施用化学肥料目前仍是促进土壤养分平衡和扩大农田物质循环的主要措施。此外，利用种植豆类作物、轮作倒茬、秸秆还田等生物养地措施也是值得重视的技术。

（三）区域耕作制度优化

耕作制度有很强的地域性，其形成和发展取决于自然条件、社会经济条件和科学技术水平，以及人类对农产品需要的变化。一个区域的耕作制度合理与否，首先要看是否充分利用了当地的农业资源、生产条件和技术条件，区域比较优势是否得到体现；其次，是否最大限度地提高经济效益和农民收入，满足社会经济发展需求；第三，是否具有可持续发展能力，资源环境和生态能否保持良性循环。20世纪80年代中期完成的《中国耕作制度区划》，按照自然条件和社会经济条件的差异、作物种类和熟制的不同，将我国耕作制度分为3个熟制带和12个一级区、38个二级区，体现了耕作制度的区域差异性特征。在实际研究和应用过程中，经常根据区域自然经济条件和农业产业发展的差异性，将耕作制度分为城郊地区耕作制度、平原农业主产区耕作制度、沿海地区外向型耕作制度、丘陵山区耕作制度、干旱地区耕作制度等。区域耕作制度的主要内容包括以下几个方面。

1. 耕作制度区划 耕作制度区划包括耕作制度区划的原则及具体指标，我国熟制带、一级区和二级区等耕作制度基本概况，重点阐述了区域地形地貌特征、农业生产条件、作物种植制度与养地制度存在问题及发展趋势等。

2. 主要类型区耕作制度 主要类型区耕作制度包括城郊地区、南方平原稻区、南方丘陵山区、华北地区、东北地区、西北地区等主要农业区域耕作制度的形成和发展，这些区域的农业资源环境和农业生产特征，耕作制度发展主要模式及技术方向等。

3. 区域耕作制度优化设计 区域耕作制度优化设计包括区域耕作制度优化设计的原理和方法，并通过典型实例剖析，开展进行一个地区耕作制度现状评价、问题分析，以及作物结构与布局优化、耕作制度改革发展的优先模式与技术需求等。

随着社会经济环境变化、生产条件和科技水平提高，耕作制度都需要不断调整和优化，要从持续提高农业综合生产能力和农业生产效益及农民增收角度，构建高产优质高效和生态安全的耕作制度，进一步挖掘高产潜力、降低生产成本、提高资源利用效率和生产效益，有效推进农业结构优化和产业升级。

三、耕作学的性质和任务

耕作学作为农学专业课程，性质上仍属于自然科学，但由于耕作制度与社会经济因素关系密切，同时又具有管理学科的一些特点。因此耕作学既是一门技术性很强的应用科学，又包含布局决策、优化设计等软科学内容，非常注重整体性、综合性及宏观与微观的有机结合。

（一）耕作学的主要特点

1. 实用性 贴近农业生产实践，直接指导和服务生产是耕作学的传统和特性，也是耕作学科得以生存和发展的根本所在。60多年来，耕作学的内容、体系及理论经过了多次的修正和充实，其发展过程始终结合我国农业生产实践，进行不断的积累、更新和完善，从理论到技术都与生产紧密联系，实用性较强的特色更为显著。20世纪50年代初，耕作学核心内容及理论是土壤肥力、团粒结构、草田轮作、土壤耕作及杂草防除等；到60年代提出了以提高土壤肥力为中心的用地养地相结合的理论作为耕作学核心；70—80年代的耕作制度调整改革，使作物布局优化、间套复种和多熟种植理论与技术得到发展；90年代又围绕高产、高效、可持续发展的理论与技术，使耕作学进入一个新阶段。正是由于该学科不脱离生产实践，始终处于生产变革的前沿，才使这个学科从年轻走向成熟。

2. 综合性 耕作制度涉及一个地区或生产单位的农作物构成配置、熟制和种植方式、土壤耕作管理，以及与其相应的资源利用保护与调控，也同时与养殖、加工业等密切相关，体现出种、养、加的协调关系和总体优化设计功能。农业生产面临的问题本身具有复杂性，有的属于自然科学范畴，有的属于社会经济科学范畴，因此要有效地解决这些问题就必须运用综合性的学科理论与技术手段。耕作学具有技术组合功能和宏观管理功能，是宏观软技术与微观硬技术的结合，宏观与微观结合是耕作学科突出的特色，也是耕作学实效性强和生产指导作用大的主要原因。

3. 交叉性 学科交叉是耕作学综合性和实用性强的另一表现。耕作学在知识内容上涉及农业生态学、土壤学、作物栽培学、农业经济学、农业工程等诸多领域的学科知识。从研究对象上说，农业生态系统本身就是一个社会-经济-自然复合系统，农作物生产管理同样涉及气候、土壤、作物、经济等诸多要素。耕作学需要综合应用相关的学科理论和技术，紧紧围绕作物生产的产量、经济效益、生态效益和社会效益及农业资源高效和可持续利用，研究建立合理的耕作制度。另外，耕作学之所以显著区别于作物栽培学等学科，主要原因在于耕作学注重整体性、综合性，强调技术环节有机衔接与技术组装集成，而不像作物栽培学只注重某个农艺措施的效果。

4. 区域性 因地制宜是耕作制度发展遵循的基本原则，在不同自然资源和社会经济条件、科技水平下，以及不同区域产业政策和农产品需求背景下，耕作制度的发展方向、模式及技术途径都会有很大差异。耕作学许多理论和技术，在不同区域应用过程中必须适合当地生产实际和社会经济环境，绝不能照搬套用。

(二) 耕作学的主要任务

耕作学的主要任务是运用相关理论和方法，研究并阐明在各种农业资源环境条件下，建立合理耕作制度的基本原理、技术途径和具体措施，努力提高耕地及其他资源利用率，提高农作物产量和农业生产力，增加农民收入和促进农村经济的综合发展；提高农田生产的可持续能力，保护并改善资源环境；同时，要合理布局和统筹规划，探索建立集作物增产、农民增收、农业增效、产业协调、资源高效于一体的现代耕作制度模式和配套技术体系。

①耕作学必须立足于建立合理耕作制度的基本目标，有效确定在各种自然条件和社会经济背景下，区域耕作制度持续高效发展的基本原则、技术体系和途径。能够针对一个具体地区或生产单位，在进行耕作制度发展的现状、问题、潜力及优势、劣势比较分析基础上，进行区域耕作制度的优化设计（包括作物布局、结构调整、技术模式优化等），提出发展方向和技术对策。

②围绕建立高效种植制度及挖掘农业资源潜力，从提高土地利用率和经济效益角度，优化种植模式和技术集成配套。包括集约利用土地资源的复种、间套作等多熟制模式与技术，保护地力及防治病虫草害的作物轮作倒茬模式与技术；适应农业机械化、设施化生产的种植模式优化技术；促进水、肥等投入资源的节约与高效利用的种植制度模式与技术等。

③从农田地力保育及农业生产可持续发展角度，构建科学合理的养地制度，包括从宏观角度开展可持续土地生产力（sustainable land productivity）的综合技术集成和技术优化配套研究；从土壤肥力提升角度的土壤有机无机结合的培肥技术，利用豆类作物与生物质还田培肥土壤的生物养地技术；从土壤耕作角度的常规耕作技术，以及少免耕、残茬覆盖等保护性耕作技术。

④适应社会经济与现代农业发展需求，不断开发新型耕作制度，包括从推进产业协调发展和培育新型产业角度，开发种植-养殖一体化的农牧结合型耕作制度、种植-加工一体化的农工结合型耕作制度、能源作物和作物制种等新型耕作制度；从生态环境保护与农业面源污染防治角度，构建资源高效利用与环境保护型耕作制度，例如南方水网密集区通过作物周年优化配置和污染源综合控制的环保型耕作制度，西部生态脆弱区林果（草）-粮经作物生态经济复合型耕作制度等。

⑤适应全球气候变化，发展减灾避灾耕作制度。重点针对我国大陆性季风性气候的旱、涝灾害频繁，以及全球气候变化导致农作物生产受灾害加剧的问题，研究探索趋利避害、防灾减灾的品种选择、种植模式和作物布局调整技术等；建立针对不同区域旱、涝灾害特点的耕作制度防灾预案，降低灾害损失。

第二节 耕作制度的基本原理

耕作制度以提高土地生产力和农业生产可持续能力为中心，促进农作物持续增产稳产、保护资源、改善环境、培养地力，并有效地协调农户、地方与国家需求关系。其具体技术功能主要体现在作物种植合理布局、间套复种等多熟种植、轮作倒茬、农牧结合、土壤耕作等方面，宏观技术功能主要体现在区域种植业合理布局和结构调整上。耕作制度决定着区域农作物种植的结构、布局、熟制、模式及地力培育等，是农业生产和农村经济发展最基础的环节，是促进农业增产增收的战略性措施和重要标志。

一、用地与养地结合原理

（一）用地与养地结合理论是贯穿耕作制度发展的一条"红线"

纵观世界农业史，用地和养地水平的同步提高是农业生产力发展和技术进步的基本标志。在"刀耕火种"的原始农业阶段，由于缺乏人工养地措施，耕地肥力完全靠自然恢复，农业生产力极为低下，耕作制度是典型的撂荒制。进入传统农业以后，开始大量施用有机肥，发展农田灌溉，实行轮作倒茬，种植豆科作物和绿肥等，养地水平提高保障了用地水平提升，土地利用率显著提高。在现代农业阶段，化肥、农药、机械投入不断加大，养地途径和技术措施越来越丰富，推动了农作物产量及土地生产率的持续提高。

我国传统农业经历了长达数千年的耕种而基本保持地力长久不衰，农田生产力水平持续提高，其根本经验就是用地养地相结合，创造了世界农业发展奇迹。在土壤培肥方面，我国传统农业主要靠有机肥和种植豆科作物及绿肥来提供作物养分和恢复地力，宋代农学家陈旉继承了历代"地可使肥"和"勉致人功，以助地力"的观点，明确提出了地力常新论："若能时加新沃之土壤，以粪治之，则益精熟美，其力当常新壮矣！抑何敝何衰之有"（《农书·粪田之宜》）。在土壤耕作方面，强调因地、因时、因物制宜的"三宜"耕作原则，耕作要"合天时、地脉、物性之宜"；在病虫草害防治方面，强调作物轮作和茬口合理衔接，以及深耕细耙、适时播种和选用抗虫品种等。在种植制度方面，由休闲制转为连作制，通过轮作复种和间作套种提高耕地周年产量，一年二熟、一年三熟等多熟种植技术开始普遍应用，精耕细作程度和土地利用率显著提高。

（二）集约用地与高效养地结合是持续挖掘农田生产潜力的根本保障

农业生产的本质是利用气候、土壤、生物等自然资源生产人类所需要的农产品的过程。植物生产、动物生产和土壤管理是农业生产的3个基本环节。其中，植物生产作为第一生产是基本生产车间，动物生产把植物产品转化为畜产品是加工车间，土壤管理利用微生物把动植物废弃物分解成营养物质重新利用是转化车间，从而构成植物-动物-微生物-环境的物质和能量转化利用系统。提高农业系统生产力的核心是充分挖掘光、热、水、土、生物等资源利用潜力，而不断强化人类对资源环境的优化管理，集约用地与高效养地相结合是其根本实现途径。

20世纪60年代开始掀起的"第一次绿色革命"以矮化基因和株型育种为基础，培育和推广了一批矮秆、耐肥、抗倒伏的高产水稻、小麦、玉米等新品种，并逐步在品种抗病害、适应性等方面进行改进，通过肥、水措施及化肥、农药广泛使用等，使小麦、水稻、玉米等主要作物单产大幅度提高，成功解决了许多发展中国家的粮食自给问题。20 世纪后半叶的世界人口由 25 亿增长到 60 亿，而同期的谷物产量从 7×10^8 t 增长到 2.0×10^9 t，人均谷物由 270 kg 增加到 350 kg。20 世纪末，针对传统高产技术对化肥、农药、灌溉的过度依赖，出现土壤退化、环境污染、资源和能源大量消耗及生产成本上升等系列问题，国际社会又提出"第二次绿色革命"，要在巩固"第一次绿色革命"成果的基础上，通过综合提高作物管理技术水平提高产量及资源效率，通过生物技术和信息技术等改革传统的农业生产，提高作物的光合效率、固氮能力和土壤肥力，在提高农产品产量、改善品质、降低生产成本、减少污染等方面发挥更大作用。两次绿色革命的实质就是用地与养地结合水平的不断提高过程。

（三）现代农业发展对养地的要求越来越高

我国现代农业是在农业资源环境相对脆弱的基础上、农业增长对资源消耗型技术体系有较强依赖性的条件下发展起来的，而且受人多地少的国情影响，农产品生产供需矛盾将长期存在。一方面，农产品生产持续增长和高产潜力的不断挖掘，对农田的地力维持及资源生态安全的压力会越来越大；另一方面，我国主要农区的耕地质量及农田系统健康问题令人担忧，既有有机质和养分含量低的"营养不良症"，又有氮素和磷素积累多、养分比例不协调的"营养过剩或失调症"，而且与局部地区的土壤酸化、盐碱化、沙化及耕层变薄、结构变劣、水土流失等问题交织在一起，使我国的农田土壤质量问题成为制约农业综合生产能力的重大隐患。

我国利用不到世界 9％的耕地解决了世界近 1/5 人口的粮食问题，主要途径是不断提高农田集约化程度，但这也使我国粮食安全成本剧增，环境资源的潜在威胁加大，已开始成为制约我国农业可持续发展的不可忽视的重大障碍。我国农田的肥力不平衡和中低产农田面积大，因水土流失、贫瘠化、次生盐渍化、酸化等原因导致土壤退化，农田生态系统污染呈加剧趋势并影响农产品质量安全，以及区域总体上农田生态要素的协调度较低和水土资源利用效率低下等问题突出。据相关部门调查，我国受工业"三废"、农药、重金属、农膜等污染的耕地面积达 2×10^7 hm^2（3×10^8 亩），占总耕地面积的 1/6；在我国农业集约化程度较高的东部和中部一些地区，氮、磷等造成的农业面源污染危害已经成为水体富营养化的重要因素。集约高产与资源高效和土地可持续利用协调发展，是当前及未来农业发展的重大难题和艰巨任务。

二、地域分异与农业区位原理

（一）农业生产具有强烈的地带性特征

农业地域分异规律包括自然地理、人文地理、生物地理的差异，不仅是认识自然地理环境特征的重要途径，而且是合理利用自然资源和因地制宜进行生产布局的基本原则。光热水土等自然资源受纬度、海拔、地质、地貌、气候、海陆位置等影响而呈现出纬向地带性、经向地带性、垂直地带性的分异现象，并影响农业生产及生态经济类型地域差异性。

农业地域分异规律是划分农业地带的基础，尤其在现代农业商品性生产高度发展的背景下，在优势农产品产业带、农业专业化地带等划分中发挥重要作用。农业地域专业化有利于因地制宜地、充分而有效地利用各地区的农业自然条件和社会经济条件，有利于推广应用现代化的农业技术装备和生产技术，显著提高劳动者的生产技术水平和经营管理水平，有利于合理配置农产品加工工业和实现社会化、专业化经营。例如美国按专业生产类型把全国划分为北部玉米带、小麦带、南部棉花带、东北部滨湖乳业带、加利福尼亚州和墨西哥湾果蔬带等。我国近年来也从推进农业结构调整和农产品区域布局及专业分工出发，按照资源条件好、生产规模大、市场区位优、产业化基础强、环境质量佳等原则，制定了粮食作物、经济作物及畜禽产品的优势农产品区域布局规划。同时，为推进优势农产品产业带建设，提出实行政策倾斜、加大投资力度和基础设施建设、加快科技进步和培育市场经营主体的具体扶持措施，以及实行规模化生产、标准化管理、专业化服务、产业化经营等具体建设内容和目标。

（二）农业资源与作物布局的地域差异性

农业气候资源是为农业生产提供物质和能量的基础，包括光照、温度、降水、空气等资源要素，在一定程度上制约一个地区农业的生产类型、生产率和生产潜力。我国气候类型复杂多样，由南向北依次是热带、亚热带、暖温带、中温带、寒温带，此外还有一个青藏高原垂直温带，大部分地区位于温带（寒温带、中温带和暖温带）和亚热带的大陆性季风气候区。根据地区农业气候资源的构成特点，确定最适宜的农业类型和种植制度，是合理利用农业气候资源的重要途径。

我国地域辽阔，影响土壤形成的自然条件（例如地形、母质、气候、生物等）差异很大，加上农业历史悠久，不仅土壤种类繁多，而且地域分布差异显著。东部地区土壤表现为自南向北随气温带变化的规律，热带为砖红壤，南亚热带为赤红壤，中亚热带为红壤和黄壤，北亚热带为黄棕壤，暖温带为棕壤和褐土，中温带为暗棕壤，寒温带为漂灰土。在北部干旱、半干旱区域，土壤表现为随干燥度而变化的规律，自东向西依次为暗棕壤、黑土、灰黑土、黑钙土、栗钙土、棕钙土、灰漠土、灰棕漠土。

由于气候、土壤资源差异造成作物分布特征及耕作制度具有明显的地域差异性，应针对不同地区的资源状况、自然条件和社会经济条件，做到因地制宜、趋利避害、合理布局。

（三）农业区位论及其生产意义

农业区位理论是 19 世纪初德国经济学家杜能（Johonn Heinrick von Thunen）最早提出的生产空间分布规律的经典理论，至今仍被经济地理学家、农业经济学家视为研究农业地域分异规律、农业经营优化模式的基础理论。该理论是在假定农牧产品价格、各地生产成本、运输条件及生产条件都一样的情况下，以城市为中心，将农业分为由内向外呈同心圆状分布的不同农业圈层。第一圈为自由农作带，紧靠城市、地租很高，主要用于生产不易运输和易腐的蔬菜、鲜花、鲜奶等产品，生产集约化程度最高。第二圈为林业带，因为当时城市居民取暖、做饭主要靠薪柴，而当时运输条件差，主要用于生产城市所需的木柴。第三圈为轮作农业带，主要向城市供应不易腐烂变质的谷物等农产品和一定数量的畜产品，采用轮栽连种制，生产集约化程度较高。第四圈为谷草农作带，离城市较远、地租较低，主要生产城市大量需要的谷物和相当数量的畜产品，采用谷草轮作制，生产比较粗放。第五圈为三圃农作带，由于距离城市较远，采用谷物—谷物—休闲的三圃轮作制，约 1/3 土地休闲，农业生产经营相当粗放。第六圈为畜牧带，离城市最远，其大部分农牧产品用于自给，小部分则经过加工成奶油、干酪、酒等后供应城市。

随着近代与现代农业生产和运输条件的改善，杜能提出的 6 圈农业带理论不再有具体价值，但其针对农产品生产区域与消费市场关系的"空间法则"仍有指导意义，对于合理安排以城市为中心的生产布局还在应用，例如城市的近郊区以高效的蔬菜、花卉为主，远郊区以高产的经济作物为主，农区以耐储运的农作物为主等等。20 世纪以来，农业区位论被广泛应用到工业及其他产业，相继提出了产业和市场区位论等。

三、人工生态与自然生态并重原理

（一）农业生产要适应生态和社会经济双重规律

农业生产是自然再生产与经济再生产过程的复合，既要严格遵循生态规律，又要遵循社会经济规律。农业生态系统是在人类的积极参与下，利用农业生物与非生物环境之间以及农业生物种群之间的相互关系，通过合理的生态结构和高效的生态机能，并按人类社会要求进行物质生产的综合体，同时受到自然规律和社会经济规律的支配。农业生产中要选择作物种类及品种时，首先要充分考虑作物的自然生态适应性，所选作物或品种能够很好地适应当地的气候、土壤条件；其次还要根据市场需求和经济规律，使作物生产具有良好的市场前景和经济效益。

农业生态系统是一个在人类参与及主宰下的，由社会、经济、自然结合而成的，具有多种经济功能、生态功能、社会功能及自然和社会双重属性的复合生态系统。由于社会经济技术条件区域差异性的影响，同一自然生态类型区常形成不同发展水平的农业生态类型。例如我国东部、中部、西部地区农业生态系统的差异，是由自然环境因素不同造成的，而更重要的是由长期以来在农业技术经济水平上的差异形成的。自然条件和人为活动影响的叠加，产生了多种多样的农业生态系统。

（二）农业生态系统不同于自然生态系统

生态系统具有能量流动、物质循环和信息传递 3 大功能，能量流动和物质循环是生态系统的基本功能，信息传递在能量流动和物质循环中起调节作用，能量和信息依附于一定的物质形态，推动或调节物质运动，三者不可分割，成为生态系统的核心。农业生态系统通过由生物和环境构成的有序结构，可以把环境中的能量、物质、信息和价值资源转变成人类需要的产品。

与自然生态系统相比，农业生态系统在结构、功能、生产力等方面已发生了显著变化（图 1-1）。农业生态系统中的生物类群多数是按照人类的目的（例如高产、优质、高抗等）驯化培育而来的，物质循环与能量转化能力得到进一步加强和扩展；其环境组分除了光、热、水、气等自然因素外，还有生产、加工和储藏的设备及生活设施等。因此农业生态系统比同一地区的自然生态系统具有较高的生产力和资源利用率，例如热带雨林的初级生产力约 7.5 t/hm^2，而一年两季的水稻谷物产量可达 15 t/hm^2，干物质产量可达 30 t/hm^2。

（三）人工辅助投入是农业生产持续高效的保障

自然生态系统的生产是一种自我维持的生产，所生产的有机物质几乎全部保留在系统之内，许多营养元素基本上可以在系统内部循环和平衡；而农业生态系统的生产要满足日益增长的人类生活需求，大量农、林、牧、渔产品等要离开系统，留下小部分残渣等副产品参与系统内再循环。在自然生态系统中，初级生产者转化固定的能量只有 5%～10% 为草食动物采食利用而进入草牧食物链，约 90% 以上的能量就地留下，储存于活的生物体内或有机残屑中，可供系统自我维持之用。在人工放牧的草地生态系统，初级生产所固定的能量被动物采食的比重可达 40%～50%，大约还有一半剩余。在以生产农产品及其他生产、生活资料为目的农田生态系统中，其能量生产总量中被取走的部分可高达 80%～90%，留下可用于

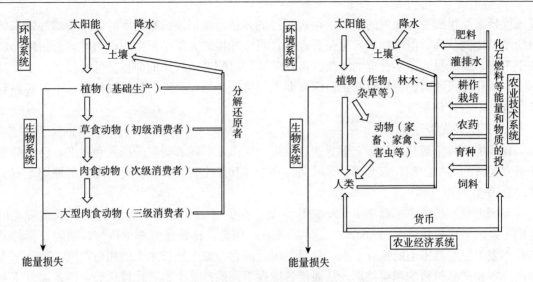

图 1-1 农业生态系统（右）与自然生态系统（左）结构的比较

（引自沈亨理，1996）

系统自我维持的物质和能量已很少。为了维持农业生态系统的再生产过程，人类需要向系统大量输入化肥、农药、机械、电力、灌水等物质和能量。

农业生态系统生产力提高的过程本质上是系统物质循环与能量流动强度和效率不断提高的过程，也就是人类对农业生态系统调控能力持续增强的过程。原始农业的生产方式中，人类的生产性投入很少，只能从生态系统获取很少量的食物，农业生态系统的开放程度很低。在传统农业生产方式中，人类开始重视有机肥、灌溉、轮作养地、人力畜力等投入，从生态系统获取的食物数量开始增多，农业生态系统开放程度有所提高。在现代农业生产方式中，人类大量投入化肥、农药、灌溉、机械等辅助能，集约化生产水平显著提高，成为高度开放的农业生态系统；与此同时，系统生产能力及农产品输出量大幅度增加，以满足人口数量持续增加和消费水平不断提升的需要。

四、经济高效原理

（一）报酬递减规律

报酬递减规律是指在一定的生产技术水平下，当其他生产要素的投入量不变，连续增加某种生产要素的投入量，在达到某一点以后，总产量的增加额将越来越小的现象，即呈现边际报酬递减规律，又称为边际收益递减规律。边际报酬递减规律存在的原因是：随着可变要素投入量的增加，可变要素投入量与固定要素投入量之间的比例在发生变化。在可变要素投入量增加的最初阶段，相对于固定要素来说，可变要素投入过少，因而随着可变要素投入量的增加，生产要素的投入量逐步接近最佳的组合比，其边际产量递增，当可变要素与固定要素的配合比例恰当时，边际产量达到最大；如果再继续增加可变要素投入量，生产要素的投入量之比就越来越偏离最佳的组合比，于是边际产量就出现递减趋势。

报酬递减规律对耕作制度优化的指导意义在于：随着生产要素投入的持续增加，尽管总效益开始是会明显增加，但如果技术水平不变，其效益增加幅度会逐步减少，最后可能不再增加甚至降低。因此需要把握合理的投入量和投入阶段，在边际报酬处于递增状态时，增加投入能带来总报酬更大比例的增长；在边际报酬开始递减但还没有到零时，尽管增加带来的报酬增长比例下降，但增加投入也是合理的；当边际报酬为零甚至出现负值时，总报酬已经趋于下降，继续投入是不合理的。值得重视的是，报酬递减规律的前提条件是技术水平保持不变，而且投入要素比例相对固定；因此要克服报酬递减，必须持续提高技术水平及实现要素组合的不断优化配置。

（二）比较优势理论

比较优势理论最早用于研究世界贸易发生的原因，但随着研究的深入和发展，已扩展用于研究经济的各个方面，只要两个区域间存在差异和发生贸易，比较优势理论的原则均有实用的合理性。

英国古典经济学家李嘉图（David Ricardo）在史密斯（Adam Smith）绝对成本理论的基础上提出了比较优势（comparative advantage）理论。比较优势理论认为，国际贸易的基础并不限于生产技术上的绝对差别，只要各国之间存在着生产技术上的相对差别，就会出现生产成本和产品价格的相对差别，从而使各国在不同的产品上具有比较优势，使各国分工和国际贸易成为可能。此后，美国经济学家哈伯勒（Gottfried von Haberler）提出的机会成本学说及瑞典经济学家赫克歇尔（Eli F. Hecksche）和俄林（Bertil Cotthard Ohlin）提出的要素禀赋条件学说（即 H-O 理论）等，从不同角度对比较优势理论给予了充实和完善。由于国内各区域之间和各国之间客观上存在着农业生产所依赖的农业自然资源和社会资源的差异性，因而存在着用比较利益理论和要素禀赋理论指导农业生产的合理解释。劳动力比较充裕的国家或地区，可以在农业生产中投入较多的劳动力，发展劳动密集型农业；而经济、技术发展水平较高的地区，则在农业生产中应充分运用其具有的经济及技术方面的优势，从而降低各自的生产成本，形成各自的比较优势，并使各自的产品在市场上更加具有竞争力。

比较优势理论是进行农业布局和结构调整的重要理论依据。农业比较优势一般包含了农业生产比较优势、农业区域比较优势和农业国际比较优势 3 个方面，在现代市场经济条件下，农业比较优势显然是上述 3 个方面的综合优势。在实际应用中，一般用比较优势指数来评价，包括农产品产量（单产、总产）比较优势指数、规模比较优势指数、农产品出口比较优势指数、国内资源成本系数及综合比较优势指数等来分析。

（三）资源合理利用与要素组合原理

资源合理利用要解决的问题是对于一定量的限制要素应该如何分配于生产同一产品的不同技术单位，从而获得最大的收益。在农业生产中，以两种或两种以上变动要素生产一种产品时，由于各种要素在生产中的作用不同，它们以不同的配合比例投入生产，其经济效益会发生变化，需要确定要素的合理组合。经济学上一般用生产函数的产生曲面和等产量曲线、要素边际替代率、最低成本要素配合、盈利最大的要素配合等理论和方法加以研究。

第三节 耕作制度的历史演变规律

耕作制度作为农业生产的基础性制度，其发展历程深刻反映了农业生产的历史进程。耕作制度发展具有相对的稳定性和明显的阶段性，其形成和发展主要取决于当时的社会经济发展水平，并与科学技术水平和生产经营水平密切相关。耕作制度变革不仅体现出不同历史阶段用地水平和养地水平的高低，也标志着人类社会农业生产力发展和科学技术进步。从发展历史看，世界耕作制度发展主要经历了撂荒耕作、休闲耕作、连作耕作和集约耕作 4 个阶段，但一个特定区域的耕作制度可以是跨越式发展的。

一、撂荒耕作制

撂荒耕作制是指人类农耕初期最原始的游耕制度，由采集、狩猎逐步过渡而来的一种近似自然状态的农业生产方式。先用火烧毁成片树木或野草后，采用简陋的石器、棍棒等生产工具挖掘土壤，播种作物。种植几年后土壤变贫瘠、杂草滋生、产量降低，就将原有土地抛弃撂荒，待土壤肥力自然恢复后再行种植。

撂荒制又可以分生荒制和熟荒制两个阶段。生荒制是指人类只选择原始生荒地进行开发利用，几年后土壤肥力下降，弃耕再去开垦新的荒地。熟荒制是指对以前撂荒十几年或几十年的土地重新开垦，主要是因为宜耕的未垦荒地越来越少。这种刀耕火种的粗放经营方式目前在一些环境恶劣、经济落后、人烟稀少的地区仍然存在，农业生产力水平极低。

二、休闲耕作制

休闲耕作制是指随着社会经济发展和人口增加，对土地的利用程度要求提高，撂荒年限逐渐缩短到只有 1～2 年的耕作制度。进入休闲耕作制阶段，已经从人力耕作发展到畜力耕作，耕作效率大为提高；恢复地力不完全依靠自然过程，而是开始应用一些人工养地措施。一般总耕地面积中的 1/3～1/2 种植农作物，其他部分则实行休闲，即土地种植作物 1～2 年后再休耕 1～2 年。

目前休闲耕作制在我国半干旱地区和边远地区尚有少量存在，农业生产力水平比较低。西欧在中世纪实行一区休闲、两区分种春季作物或冬季作物的三圃制，是典型的休闲耕作制。休闲耕作制现在主要分布于世界的干旱半干旱地区，例如热带非洲、北美大平原北部、俄罗斯草原地带、澳大利亚北部等。

三、连年耕作制

连年耕作制是指随着人口增加、生产条件与生产工具改进，休闲面积比例很少，可以在同一块田地上连年种植的耕作制度。进入连年耕作制阶段，农业生产水平已经大幅度提高，畜力和农耕机具普遍应用，地力恢复主要依靠人工措施，例如施用有机肥、化肥或采用生物措施等。

作物轮作是推进连年耕作的重要手段，我国盛行禾谷类作物与豆科作物、绿肥作物轮作，在南方稻田盛行水旱轮作，在复种地区盛行复种轮作，都是有效控制病虫草害和恢复地力的主要途径。欧洲在 18 世纪开始盛行的四圃制是典型的轮作方式。此外，连年耕作制阶段的土壤耕作技术也得到显著改进，旱地保墒耕作、稻田耕耙耖结合等技术普遍应用。

四、集约耕作制

集约耕作制是指在单位面积土地上高度集中投入生产力要素（包括肥料、良种、机械、劳力），以实现农田高产出、高效益的一种耕作制度。进入集约耕作制阶段，初期主要表现为选育良种、间套复种、增施粪肥等精耕细作生产方式，以我国传统集约化农业为代表；后期表现为充分利用现代农业科技进步和现代工业装备的商品化农业，利用化肥、农药、灌溉、机械、设施等对作物生长发育进行有效调控,农业生产力和效率、效益大幅度提升,以西方发达国家的规模化、机械化、商品化农业为代表。

集约耕作制在提升农业生产力方面成就巨大,使农业劳动生产率、土地生产率和农产品商品率大幅度提高,为支撑世界人口快速增长和经济社会高速发展做出了重大贡献。但这种以集约化、专业化、商品化及高投入、高产出为主要特征的耕作制度,在资源、环境、生产成本等方面的弊端也越来越突出。进入 21 世纪以来,将资源高效、环境安全与高产高效并重,将生产、生态、生活服务功能一体化开发,构建新型农业集约化模式,成为耕作制度改革发展的核心任务。

☆ 思考题

1. 耕作制度的概念和内涵是什么?
2. 耕作学的特点和主要任务各是什么?
3. 为什么说用地与养地结合是贯穿耕作制度发展的一条"红线"?
4. 如何理解人工生态与自然生态并重是作物布局应该遵循的基本原则?
5. 耕作制度发展经历了哪几个历史阶段?

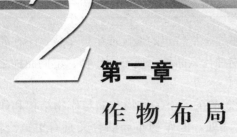

第二章
作物布局

本章提要

· 概念与术语

作物布局（crop composition and distribution）、作物结构（crop composition）、作物配置（crop allocation）、作物生态适应性（crop ecological adaptation）、农业生产结构（agricultural production structure）、农业产业结构（agricultural industry structure）

· 基本内容

1. 作物布局的含义和作用
2. 作物布局设计的内容和步骤
3. 作物布局主要研究法
4. 我国粮食作物的布局

· 重点

1. 作物布局的原则
2. 作物生态适应性

第一节 作物布局概述

一、作物布局的概念

农作物一般指在农业上用于大田栽培的植物，包括粮食作物、经济作物、绿肥饲料作物等，还包括蔬菜、花卉和牧草。一般不把林木纳入作物范畴，但鉴于农林之间的多种联系，本书也有一定涉及。对于一个区域或一块农田来说，不同年份应该种什么作物、需要种植多少等问题，都需要通过作物布局来解决。

作物布局（crop composition and distribution）是指一个地区或一个生产单位作物结构和配置的总称。作物结构（crop composition）是由作物种类、作物品种、种植面积以及所占比例等因素决定的。作物配置（crop allocation）是指农作物在不同区域或田块上的分布状况。

理解和认识作物布局应注意以下几方面：①在研究范围上看，作物布局涉及的范围可大可小，大到一个国家、省、市、县，小到一个自然村、一个新兴农业主体或一个农户；②在研究时间上，可长可短，可以是5年、10年或更长时间的作物种植规划，也可以是1年或1

个生长季节作物的安排；③在研究对象上，作物布局是指特定的地区或生产单位；④在研究内容上，作物布局是要解决种什么作物、同一作物种什么品种，或不同作物、不同品种之间的比例关系，以及这些作物和品种种在哪里的问题。

对作物布局含义的理解还要注意区分几个概念的关系：①作物布局与作物结构和作物配置的关系，作物配置和作物结构的含义有相近之处，但作物布局的含义具有更宽泛性；②作物布局与农业生产结构的关系，农业生产结构是指一个地区或生产单位中农、林、牧、副、渔各业种类与比例的关系，农业生产结构的含义比作物布局的含义又更加宽泛；③不同熟制条件下的作物组合关系。一般情况下，作物布局既可以指各种作物类型的布局，也可以指作物品种的布局；而在我国多熟地区，不仅包括这些内容，还包括作物组合的布局。

二、作物布局的作用

对一个生产单位而言，作物布局主要是用于解决种什么、种多少和种在哪里的问题，是种植制度的主要内容和基础，属于种植制度的规划阶段。从理论上讲，一个合理的作物布局是协调当地自然资源和社会资源的优化方案，具有满足对农产品种类、数量和品质的需求，解决作物与作物、作物与土壤、作物与管理之间的协同关系和国家、集体与个人需求之间各类矛盾的功能，体现了一个种植方案的可行性。好的作物布局方案将有利于促进林业、畜牧业、加工业、渔业等各生产结构的协调比例关系。另外，作物布局是种植区划的前提条件，作物布局和种植区划也是制定农业发展规划、土地利用规划、气候资源利用区划等综合性区划的依据。

从现实意义上讲，只有合理的作物布局，才有利于复种、间套作、轮作、连作等不同种植方式的有序开展，促进农业生产绿色协调、生态高效发展。作物布局的作用可归纳为以下4个方面。

（一）有利于满足人们需求

人类从事农耕活动的目的就是要不断获取各种农副产品，保障农业经营者的再生产，持续满足人们的生活需要。随着社会经济的迅猛发展、科技进步的日新月异、生活质量的逐渐提升，人们对农业生产也提出了更高的要求。农产品生产不但承载着解决人们温饱的数量需求，还要满足人们对农产品优质多样的品质需求。合理的作物布局可以高效地利用自然资源和社会资源，生产出数量多、种类全、品质优的农副产品，不断满足人们的消费需求。

（二）有利于资源的合理利用

我国的基本国情是人口众多、人均耕地少、水资源相对缺乏且区域间分布极不平衡，资源条件的刚性制约致使农业发展遇到严重的挑战。面对资源紧缺的严峻形势，我们不仅要强调充分利用资源，提高资源利用效率，而且还要强调合理利用和保护资源，保证可持续发展。合理的作物布局，应遵循生态适应性原则，依据市场供需状况，因地制宜确定作物种类，调整不同作物的种植面积和比例，合理布局农田作物种类和配置，实现作物与自然生态和人工生态的双重吻合，并在合理利用资源的基础上，兼顾保护资源和环境，实现农业可持续发展。

（三）有利于满足市场需求

人们对生活需求的多样性和差异性决定了农产品必须在不同区域或国家之间交换和流动。因此农产品生产不仅要满足国内市场的需求，而且还要开拓国际市场。因此要了解国际市场的供需，通过合理的作物布局，调整作物的种植结构，在满足国内市场需求的基础上，兼顾国内国际两个市场的有效对接，更好地适应国内市场和国际市场的需求。

（四）有利于吸纳就业

目前，我国农业正处于从传统农业向现代农业转型的时期，农民就业难、增收难是当前困扰农业农村发展的突出问题。因此通过合理的作物布局，发展劳动密集型、高附加值、高效益的农业生产项目，借助农产品的深加工增值及产业链的延伸，提高种植业的集约化程度，特别是劳动力的集约化程度，吸纳更多的农民就业，增加农民的收入是我国作物布局急需完成的现实任务。

三、作物布局的原则

在实际生产中，如何做好作物布局，人们也存在不同的看法，有人认为"什么作物高产就种什么"或者是"什么作物挣钱就种什么"，也有人认为"要一切遵从自然规律的要求"，这些观点都有对的一面，但又都不够全面，具体来讲，要建立一个合理的作物布局，必须要遵循一定的原则。

（一）满足需求原则

满足人类对农产品的需求是作物布局的基础和前提，是实现农业生产的动力和目标，人类对农产品的需求主要包含以下 3 个方面的内容。

1. 满足自给性需求　自给性需求主要是城乡居民自身对食物、饲料、燃料、肥料及收入的需求，随着经济社会的发展，我国城乡居民自给性需求的数量和结构比例都在发生变化，自给率不断提高。据《中国农业产业发展报告》显示，2017 年，我国谷物产量为 5.6455×10^8 t，肉类产量为 8.431×10^7 t，水果产量为 2.8351×10^8 t，分别占世界的 21%、26% 和 31%，城乡居民人均粮菜消费量有所下降，肉蛋奶油果及水产品消费量明显提升。

2. 满足市场对农产品的需求　通过提高农产品的商品率，保证市场繁荣，不仅要在产品种类上满足市场需求，还要在产品品质、规格、标准等方面满足需求。另外，既要在数量上满足市场需求，还要在时间、空间上满足市场需求。目前，我国在全球农产品贸易中的地位明显提升，2017 年，农产品进口居世界第一，出口居世界第五，这充分显示我国通过不断调整作物布局，促进了我国各种农产品积极参与国际市场竞争。

3. 满足国家或地方政府对农产品的需求　粮食安全是我国政府对农业生产的基本要求，各生产单位在作物布局时要把粮食安全作为第一需求纳入作物布局之中，从大局出发，从综合和长远角度进行作物布局，满足国家和地方政府的需要。改革开放 40 多年来，我国粮食安全形势是"谷物基本自给，口粮绝对安全"。

随着国家城市化步伐加快，替代粮食的食物消费比重也逐渐增加，我国城乡居民的口粮直接消费逐年减少，例如 2018 年我国居民平均口粮（原粮）消费量为 127.2 kg，肉蛋奶消费量依次为 29.5 kg、9.7 kg 和 12.2 kg，年人均口粮消费较 2010 年减少了 29.9%，而年人均肉蛋奶消费分别增加了 33.2%、91.4% 和 243.7%，饲料用粮持续增加。

随着食品加工、制药、酿造等工业的发展，对粮、油等原材料的需求用量也逐步增加；

而随着机械化和科学技术的进步，种子用粮每公顷下降至 45～150 kg，种子用粮将呈下降趋势；随着乡村振兴战略的实施、新能源和新技术的普及与推广，农村生物燃料能源用量将会逐渐下降，这些都会影响作物布局的设计和调整。

（二）作物生态适应性原则

任何作物的生长发育都需要一定的生态条件作保证，不同地区和生产单位的自然资源、社会条件等都存在一定的差异，这就要求在进行作物布局设计时，要以当地光照、温度、降水、土壤等自然资源现状为基础，充分考虑化肥、农药、机械、技术等社会经济条件，力争使作物生长的环境与其要求的生态条件吻合度达到最好，即作物的生态适应性（crop ecological adaptation）最优。

作物生态适应性是客观存在的，是作物长期进化过程中系统发育的结果，是经过自然选择和人工选择形成的一种遗传特性。作物的生态适应性有宽有窄，适应性较广的作物分布较广，例如小麦适应性很广，在热带、亚热带、温带等不同区域都可种植；而椰子、油棕等生态适应性较窄，只适宜在热带种植。但作物在一个地区能够生存，并不意味着适应性最优，即使是分布较广的作物也具有其最适宜和适宜分布的范围。例如小麦在我国各地都能种植，但最适宜种植区和适宜种植区则分别分布在青藏高原和黄淮冬麦区，而江南、华南地区，虽均可种植小麦，但其光温水土的适应性较差，小麦产量较低且不稳定。一个地区总有其最适宜或较适宜种植的作物，即使有许多作物可以种植，但它们之间生态适应性也有一定的差别。生态适应性较佳的作物结合在一起，在社会经济和科学技术的支撑下就形成了该区域较佳的作物布局方案。

作物生态适应性原则在作物布局方案制定时，首先要强调因地种植，根据当地生态条件选择生态适应性最好的作物，可以收到稳产、高产、投资少而经济效益高的效果。其次是强调趋利避害，发挥优势。虽然一个地区的生态条件有好坏之分，但在多数情况下，绝对的好坏是不存在的。山区坡地种植大田作物往往得不偿失，但植树种草却是一大优势。四川东部丘陵地区伏旱严重，以前在种植小麦收获后种植玉米，经常赶上伏旱，后来通过调整作物在一年内的分布时间，把复种玉米提前套种在小麦垄中，则避开了伏旱的影响，而小麦收获后又可在玉米中套种耐旱的甘薯，形成小麦、玉米、甘薯一年三茬套种，产量显著提高，这是趋利避害的一个范例。

（三）经济效益原则

农业生产是一种经济活动，在市场经济条件下，不讲经济效益的农业生产或农作制度是难以持久的。作物布局的经济效益原则要求既要考虑微观的农产品价格、成本、产值、利润，也要考虑宏观的农产品消费与需求、供应、流通、加工、劳动就业、劳动生产率、出口贸易、多样化和专业化等多方面的问题。对一个农户来讲，农业生产除了满足自给性需求以外，最重要的就是增加收入。农业生产的效益因种植的作物不同、时期差异和区域的不同而不同，同时对获得这些收益面对的风险也不一样。因此在设计作物布局时，一定要考虑以下两个问题。

一是要考虑比较效益和最低风险原则，灵活多变地选择作物。例如种植小麦、玉米等粮食作物的效益一般比种植瓜、果、蔬菜的效益要低，所以发展瓜、果、蔬菜容易获得更高的经济效益，但是种植小麦、玉米承担的风险和技术较低，而种植瓜、果、蔬菜所面临的市场容量风险和资金、技术风险也较高。

二是坚持适应市场经济发展和全球经济一体化的要求，促进作物结构由满足自给性需要的多样性生产向满足商品性需求的专业化生产转变，培植具有市场竞争能力和较大规模的农产品专业化生产基地，才能够获得并保持较为稳定的经济收益。

（四）动态调整原则

一个地区或一个生产单位的作物布局不是一成不变的。水利、肥料、机械等生产条件的改善和经济发展所带来市场需求的变化，促使作物布局随之做相应调整。例如耐旱耐贫瘠的谷子、抗旱耐涝耐盐碱的高粱，过去比较适应华北的旱、涝、碱等条件，但随着水利条件的改善、肥料投入的增加，相当大面积的谷子、高粱已被喜水耐肥的作物取代了，导致这些地区的作物结构发生了显著变化。另外，随着商品性农业的快速发展，全国性的作物生产区域分工正在逐步形成，区域作物布局和单位作物布局都在不断调整之中，对一个特定的农业种植区域而言，作物布局的调整通常采用的是大稳定小调整的办法。

四、作物布局的设计

一个合理的作物布局方案必须包含以下步骤和内容。

（一）调查需求情况

需要调查的需求情况包括自给性需求、国家需求和市场需求等几个方面。要了解国内外市场需求量、价格、交通、加工、储藏、品质、安全卫生标准以及农村政策等方面的内容。

（二）调查环境条件

需要调查的环境条件包括自然条件、社会条件和生产条件。自然条件主要有光照、热量、水分、地形地貌、土地土壤、现有植被等。社会条件主要有肥料、能源、市场供需、产品价格、涉农政策、产值、收入等。生产条件主要有种植业现状、畜牧业现状、人力资源、机械化水平、灾害状况、科技文化水平等。

（三）确定适宜作物和熟制

在对需求和自然资源调查的基础上，确定要种植的作物种类和作物组成。确定作物的依据主要是生态适应性，主要方法有：作物生物学特性与环境因素的平行分析法、地理播种法、地区间产量与产量变异系数法、产量和生长发育与生态因子的相关分析法、生产力分析法等（参见本节第五部分）。作物种类确定后可依据≥10℃积温高低确定作物的熟制类型和种植方式。

（四）划分种植适宜区

从光照、温度、降水、土壤等自然生态角度区分作物种植适宜区，包括最适宜区、适宜区、次适宜区和不适宜区4个等级。

1. 最适宜区　在最适宜区，作物生长发育所需要的光照、温度、降水、土壤等自然条件与当地拥有的十分一致，作物稳产高产，品质好，投资省而经济效益高。

2. 适宜区　在适宜区，作物生长发育所需要的光照、温度、降水、土壤等自然条件存在少量缺陷，人为地采取某些措施（例如灌溉、排水、改土、施肥）后容易弥补，作物生长较好，产量较高且变异系数小，投资有所增大，经济效益仍较好。

3. 次适宜区　在次适宜区，作物生长发育所需要的光照、温度、降水、土壤等自然条件存在有较大缺陷，作物产量不稳定，通过人为措施可以部分弥补（例如盐碱地植棉）或者投资较大，产量较低，但综合经济效益仍是有利的。

4. 不适宜区 在不适宜区，作物生长发育所需要的光照、温度、降水、土壤等自然条件中有很大缺陷，技术措施难于改造，投资消费巨大，技术复杂。虽勉强可种，但产量、收益或生态上得不偿失。

划分种植适宜区一般采取主导因素法，选择对该作物生长发育过程起主导和决定性作用的因素作为主导因素，例如喜温作物一般以温度为主导因素，喜湿作物以水分状况为主导因素，或将两个或多个因素叠合，或用模糊数学等方法综合考虑几个因素后确定。

（五）确定作物生产基地

在确定了作物生态适宜区的基础上，再考虑当地的水利、肥料、劳动力、交通、加工等社会经济因素后，确定作物种植的适宜区域，把具有地块面积大、集中连片、资源条件好、生产技术好、有较大发展潜力的地块作为作物的集中生产基地。

（六）确定作物组成

在种植适宜区选择的基础上，确定各种作物间的比例关系，包括以下方面。

1. 种植业在农业生产结构中的比重 种植业比重的大小影响农业的整体效益，要使农业高产高效，就必须维持适宜的农林牧渔各业的比例。随着社会发展和生活水平提高，种植业的比重呈适度下降趋势。

2. 粮食作物与经济作物、饲料作物的比例 三者比例决定着初级生产与次级生产的关系，影响着农业经济效益的快速提高和生活的改善。我国作物布局趋势是稳定粮食作物面积，适度拓展玉米的粒用和饲用比例，适当调整经济作物与饲料作物，提高城市周围花卉、蔬菜、果品等的比重。

3. 春（夏）收作物与秋收作物的比例 春（夏）收作物主要有冬小麦、春小麦、大麦、油菜、蚕豆、豌豆、饲料绿肥等，多为喜凉作物，一般为秋播和早春播，在春末或夏季收获。秋收作物指春播或夏播而在秋天收获的作物，如中稻、双季晚稻、春播玉米、棉花、花生等，多为喜温作物。正确处理春（夏）收作物与秋收作物的比例关系是建立合理作物布局的一个重要方面。例如华北一些地区重夏粮（冬小麦）轻秋粮，影响了总产量的提高。在夏收作物或秋收作物当季，也要有一个适宜的比例问题，例如南方秋播作物的麦类、油菜和绿肥的适宜比例问题。

4. 主导作物和辅助作物的比例 主导作物是指需求量大且生态适应性比较好的作物，而需要量少、面积小的作物是辅助作物。明确主导作物是解决当地粮食或经济收入的主要途径，但不能因重视主导作物而忽视辅助作物，例如杂粮、杂豆、饲料、绿肥等作物。随着生活水平提高，国内外市场对一些杂粮需求量也在增加，在生产中应予以重视。

5. 禾谷类与豆类作物的比例 在我国，禾谷类作物比例大，豆类作物比例小，影响居民食品的碳氮比（C/N）与饲料的碳氮比，因而不能满足居民生活和牲畜对蛋白质的需要，也造成了对糖类的浪费。另一方面，豆类或豆科饲草对维持地力有一定的作用，各地应根据地力和肥料的状况予以考虑。

（七）种植区划和配置

在确定作物结构和相应的种植方式后，要进一步把它配置到各种类型耕地上去。为此，按照相似性和差异性的原则，尽可能把相适应相类似的作物划分在一个种植区，画出作物现状分布图和计划分布图。

（八）进行可行性鉴定

可行性鉴定的内容包括：①判断作物布局是否满足各方面需要、是否合理利用和保护自然资源、经济收入是否合理；②肥料、地力、灌溉、资金、劳力是否平衡；③加工储藏、市场、贸易、交通是否可行；④科学技术、文化教育、农民素质是否满足；⑤农林牧、农工商是否得到综合发展等。

五、作物布局研究法

作物布局设计是一个复杂的过程，在现有条件下为做到全面设计，原则上还要坚持定量与定性相结合、单因子与多因子相结合、专业知识（农学、农业气象、农业经济学）与数学模型及信息技术相结合。

（一）生态适应性分析法

生态适应性分析法是研究作物布局的最基本方法。首先了解研究某一作物或品种对光照、温度、土壤、地貌等的要求（表2-1和表2-2），然后与所研究地区的光照、温度、土壤、地貌等环境条件相比较，再结合研究区域的社会经济条件和生产管理水平现状，对该作物的生态适应性进行分析，用作物生态适宜度（即生态因子对作物的实际满足程度）与最适指标比值表示，即

$$P = \sum_{i=1}^{n} \sum_{j=1}^{m} \frac{C_{ij}}{T_{ij}}$$

式中，P 是作物对第 i 个生态因子的适宜度，C_{ij} 是第 i 个生态因子的实际值，T_{ij} 是第 j 个生育阶段作物对第 i 个生态因子所要求的最佳值，i 是生态因子的个数（$i=1$、2、$\cdots$、n），j 指作物的生育阶段（$j=1$、2、$\cdots$、m）。

（二）生物节奏与季节节奏平行分析法

所谓生物节奏与季节节奏平行分析法，是将某作物不同生育阶段对某生态因素的要求与当地该生态因素在相应时段的实际指标对比，分析其适应程度。这实际上是一种按时段的生态适应性分析法。以表2-3为例，北京地区冬小麦播种期、出苗期、分蘖期、越冬期、拔节期和抽穗期的温度要求环境是较适合的，但灌浆成熟期偏高；小麦要求水分与实际降水量差距较大，故不适于在北京非灌溉地上种植冬小麦。

（三）相关分析和回归分析法

作物生长发育是由许多因素综合作用的结果，但通常可以找出一些关键因子，分析其与作物生长或产量的相关性，进而求出相关系数，以评价作物对生态条件或经济条件的适应性。当研究产量与几个因素共同作用关系时，应进行偏相关分析。

另外，也可以利用作物产量或生长特征参数与研究区域的各影响因素做回归分析或逐步回归分析，并通过回归系数的检验来判断作物对该地区的适应性。

（四）线性规划法

作物布局方案的拟定属于多变量、多目标的复杂问题，线性规划法是在完成对大量定性农业资料及对系统定性描述分析基础上，为进一步明确各变量之间的关系，协调和寻求各生产要素的最优比例及组合而进行的定量分析，通过建立约束函数模型和目标函数模型，采用单纯形迭代法，经过多次反馈、修正来完成作物布局的最佳设计方案。一般过程包括资料收集、规划目标制定、建立约束条件、构建数学模型、问题求解和灵敏度分析。

表2-1 几种主要粮食作物生态适应性

（引自刘巽浩，1988）

作物	生长期(d)	光周期	光合效率 $[mgCO_2/(dm^2 \cdot h)]$	生长期适温(℃)	生长期积温(℃)	温度要求	土层(cm)	土质	肥力	酸碱度(pH)	需肥性
冬小麦	180~250	中至长	20~35	25~20	1 800~2 200			LS至MCs	中至上	5.2~8.5	少至多
春小麦	100~130	中至长	—	10~25	1 500~2 100	喜凉、耐寒、忌热	>50	SL至MCs	中至上	5.5~7.5	喜氮
燕麦	90~120	长	—	15~20	1 400~1 850	喜凉、不抗寒	>40	L至C	下至中	5.2~8.5	耐瘠
玉米	85~140	中至短	30~70	20~30	2 000~3 000	喜温、忌高温	>75	LS至MCs	下至中	5.2~8.5	耐肥不耐瘠
高粱	90~140	短至中	25~70	25~30	2 100~3 000	喜温、霜敏	>75	LC（SL至MCs）	下至中	5.2~8.5	耐瘠需肥
谷子	80~120	短	20~30	20~25	1 700~2 500	喜温、稍耐凉、霜敏	>40	SL至L	下至中	稍耐酸碱	耐瘠
水稻	90~150	短至中	15~40	20~30	1 800~2 700	喜暖湿、<20℃不实	>50	CL至KC	中	5.2~8.5	中
甘薯	90~150	短	12~33	20~25	2 200~4 000	喜暖、霜敏	>75	SL至L	下至中	5~8 稍耐酸	耐瘠不耐氮
马铃薯	80~150	长至中	20~30	15~18	1 300~2 700	喜凉、>26℃不种、-1℃受冻、<15℃为宜	>75	L至SiL	中	5~7	喜肥
大豆	85~130	短至中	11~30	20~25（18~30）	2 000~2 400	喜温、>25℃或<15℃不利于生长	>50	SL KC 不限	下至中	5.5~7.5 稍耐酸碱	耐瘠不耐氮
绿豆	80~110	短	—	20~25	1 800~2 200	喜温、霜敏、短生育期	>40	不限	下至中	5.5~7.5	耐瘠不耐氮

注：LS代表壤砂土，MCs代表蒙脱黏土，SL代表砂壤土，L代表壤土，C代表黏土，SiL代表粉砂壤土，KC代表高岭土，CL代表黏壤土。

表2-2　几种主要经济作物的生态适应性
（引自刘巽浩，1988）

作物	生长期 (d)	生长期适温 (℃)	生长期积温 (℃)	光周期	温度特殊要求	土层 (cm)	土质	肥力	酸碱度 (pH)	需肥性
棉花	150~180	20~30 (15~35)	3 200~4 500	短至中	喜高光高热，开花吐絮有效积温>650℃	>75	SL 至 SiC	中	6.5~7.5 (5.5~8.0)	喜肥耐瘠
红麻	120~140	20~25	2 000~2 500	中	喜温暖，适温带、亚热带	>75	SL 至 L	中	—	喜肥
花生	95~140	18~33	2 400~3 400	中	喜暖，耐 40℃	>75	SL 至 MCs	中	5.5~7.5	耐瘠
冬油菜	150~170	14~20	1 400~2 500	长	喜凉，苗期耐−5~0℃	>50	L 至 KC	中至中上	5~7 适酸盐	耐肥
春油菜	70~100		1 300~1 500							
芝麻	80~120	20~28	2 200~2 500	短	喜暖，−16~−18℃不利	>50	SL 至 L	中	5.5~7.5	喜肥耐瘠
向日葵	90~130	18~25	1 300~1 700	短至中	喜温凉，幼苗耐−7℃	>75	不限	下至中	6.0~7.5 耐盐	耗地
烟草	100~120	15~35	3 200~3 600	短至中	喜温，霜敏	>50	SL 至 SiL (SL 至 CL)	中	6~7 (5~8)	不限
甘蔗	270~365	20~30 (15~35)	6 500~8 000	短至中	喜温，<10℃停止生长	>100	—	上	6.5 (5~8.5)	甚喜肥
甜菜	160~200	18~22 (10~30)	2 400~2 700	长	喜温凉，耐霜	>75	SL 至 CL	中至上	5.5~8.2 耐盐	喜肥

注：LS代表壤砂土，MCs代表脱黏砂土，SL代表砂壤土，SiL代表粉砂壤土，KC代表高岭黏土，C代表黏土，L代表壤土，CL代表黏壤土。

表 2-3　北京地区冬小麦生态适应性分析表

(引自韩湘玲，1985)

项 目	播种期	出苗期	分蘖期	越冬期	拔节期	抽穗期	成熟期	累计
作物要求温度（℃）	15~18	12~14		>-20	12~16	16~20	20~22	
当地实际温度（℃）	15~22		11~13	-16~-20	12~15	17~20	21~25	
作物要求降水量（mm）			80		64	108	148	400
当地实际降水量（mm）			51		20	17	57	145

（五）地理信息系统法

地理信息系统（GIS）是个综合应用系统，它能把各种信息的地理位置与有关的属性和视图结合起来，用于省级或重点区域的多种作物精细区划和布局分析。地理系统法的基本过程为：依据作物生长发育与气候因子的关系，建立基于地理信息系统技术的要素推算模式，模拟作物生长所需各要素的空间分布并结合地形（坡度、坡向等）进行图层的综合计算分析，根据人们确定的区划指标，划分不同适宜程度的区域，从而达到对作物的精细区划和布局分析目的。

第二节　作物生态适应性

作物生态适应性（crop ecological adaptation）是指作物的生物学特性及其对生态条件的要求与当地实际外界环境相适应（吻合）的程度。作物生态适应性是作物本身所固有的特性，是作物合理布局的基础。作物的生态适应性好，与当地生态环境的吻合度高时，该作物在当地种植的生产潜力发挥有保证，稳产高产，品质好，能够以较少的投入获得较高的产量和收益。

对作物生态适应性影响较大的自然生态因子包括光照、温度、水、土壤、地形地貌等，各生态因子之间并不是孤立的，而是相互联系、相互影响的，这就造成了作物布局的多样性和可能性，同时也增加了其复杂性。

一、作物对光照的适应性

光照对作物的影响主要表现在光照度、光质和光照时间 3 个方面。作物对光照度、光质、光照时间的不同适应，形成了不同的作物类型和代谢特征。

（一）C_3 作物和 C_4 作物

根据作物光合作用途径的不同，主要将其分为 C_3 作物和 C_4 作物，二者的差异主要表现为作物光合特征的差异。

C_3 作物是地球上栽培作物的主体，约占世界栽培作物面积的 70%。C_3 作物种类繁多，分布于冷凉、极干燥、高温多雨的地区。C_3 作物包括所有温带的麦类作物（小麦、大麦等）、温带的块根块茎作物（甘薯、马铃薯等）、豆科作物（大豆、红豆等）、部分喜温作物（水稻、棉花等）以及一些蔬菜和果树（番茄、甘蓝、葡萄等）。这些作物的特点是光饱和点低，光合效率比 C_4 作物低，二氧化碳补偿点高（50 mg/m³），在高纬度、温凉、湿润条件下，往往表现出比 C_4 作物更广的适应性。

C_4 作物主要分布在太阳辐射强的热带和亚热带地区，约占世界栽培作物面积的 30%。

C_4作物包括玉米、高粱、甘蔗、谷子等，其中玉米的面积最大，约占C_4作物面积的50%，其次是高粱和甘蔗。C_4作物的特点是光饱和点高，光合效率高，二氧化碳补偿点低（5～10 mg/m^3），水分利用效率高。当外界干旱时，气孔关闭，C_4作物能对细胞间隙浓度较低的二氧化碳加以利用。因此在干旱环境下，C_4作物的生长要比C_3作物好，但在弱光和温度较低的区域，C_4作物的生产力可能还低于C_3作物。

从表2-4和表2-5可以看出，C_4作物的净生产量、平均作物生产率（单位面积土地上干物质增加的速率，CGR）、净光合率、光能利用率都高于C_3作物。玉米的光能利用率比大豆高1倍多。作为C_4作物的玉米、高粱的净光合速率可达20～30 $mg CO_2/(dm^2 \cdot h)$，而水稻、大豆、甘薯等C_3作物只有10～18 $mg CO_2/(dm^2 \cdot h)$。因此玉米（日本）的净生产量可达26.5 t/hm^2，而大豆仅为9.4 t/hm^2

表2-4 C_3作物和C_4作物在不同区域净生产量、作物生产率和光能利用率

（引自村田吉男，1975）

作物	二氧化碳固定途径	净生产量（t/hm^2）	平均作物生产率（g/m^2）	生育期（d）	光能利用率（%）	地点
玉米	C_4	26.5	20.7	128	2.18	日本
玉米	C_4	13.9	23.0	61	—	美国加利福尼亚
高粱	C_4	39.6	19.0	210	—	美国加利福尼亚
甘蔗	C_4	78.0	21.0	365	—	美国夏威夷
水稻	C_3	20.0	16.0	125	—	菲律宾
水稻	C_3	29.7	12.2	161	1.45	日本福井
甜菜	C_3	42.6	14.0	300	—	美国加利福尼亚
甜菜	C_3	22.9	13.1	175	1.57	日本札幌
苜蓿	C_3	32.5	13.0	250	—	美国加利福尼亚
甘薯	C_3	14.0	8.7	160	—	日本跨玉
大豆	C_3	9.4	8.3	113	0.88	日本盛冈
大麦	C_3	15.3	7.5	203	—	日本跨玉

表2-5 不同作物日平均净光合率比较 [$mg CO_2/(dm^2 \cdot h)$]

（引自刘巽浩等，1981）

测定时间	温度（℃）	光照度（$\times 10^4 lx$）	作物				
			玉米	高粱	水稻	大豆	甘薯
6月30日	26.3	9.5	23.7	19.0	14.8	10.0	—
7月4日	27.3	4.4	27.1	25.0	13.7	18.2	8.9
7月20日	29.1	6.6	30.4	21.2	13.5	14.8	15.0
7月25日	33.1	5.0	19.5	22.5	11.9	12.9	9.6
8月23日	37.6	7.4	18.6	21.4	14.0	8.3	10.1

（二）喜光作物和耐阴作物

作物生长发育离不开光照，但不同作物对光的需求程度不同，根据对光照度的不同需求，一般把作物分为喜光作物和耐阴作物，喜光作物光饱和点和光补偿点高，而耐阴作物则相反（表2-6）。

大田作物和果树一般需光较多，遮光后同化量减少，产量、品质下降。某些以茎叶为产品器官的蔬菜如叶菜类、萝卜、马铃薯、胡萝卜及茶叶、咖啡等某些树种较耐阴。

同一作物不同发育时期对光的需求也不一致。营养生长期光照不足对其影响较小，生殖生长期光照不足危害较大。例如玉米在遮阴下物质运输的速度仅为正常光照下的1/4。

表2-6 各类作物的光补偿点和光饱和点（$\times 10^4$ lx）

	植物类型	光补偿点	光饱和点
草本	C_4作物	1～3	>80
	C_3作物	1～2	30～80
	阳性草本植物	1～2	50～80
	阴性草本植物	0.2～0.5	5～10
木本	冬季落叶乔灌木阳生叶	1.0～1.5	25～50
	冬季落叶乔灌木阴生叶	0.3～0.6	10～15
	常绿树及针叶树阳生叶	0.5～1.5	20～50
	常绿树及针叶树阴生叶	0.1～0.3	5～10

（三）长日照作物和短日照作物

地球上同一纬度在不同的季节、不同纬度在同一季节之间存在日照时间长短的不同，作物为了适应这种差异，分化成了长日照作物、短日照作物和中间型作物。作物的这种特性也称为作物的光周期现象，作物光周期反应的不同类型是长期适应环境的结果。

长日照作物是指在24 h昼夜周期中，日照长度长于一定时数（临界日长）才能通过发育阶段正常开花结实的作物，例如冬小麦、大麦、油菜、萝卜、甜菜等。长日照作物多是秋、冬季播种，夏季收获的作物。

短日照作物是指在24 h昼夜周期中，日照长度必须短于一定时数才能通过发育阶段正常开花结实的作物，例如水稻、棉花、大豆、玉米、高粱、谷子等，适于安排在春、夏季播种，秋季收获。

介于长日照作物和短日照作物之间的作物称为中间型作物，例如黄瓜、番茄、四季豆、菜豆等。

在正常的生长季节内，长日照作物北移时，由于光照时间延长，发育会提前；南移则由于光照缩短，生育期延迟，有的甚至不能开花结实。反之，在正常的生长季节内，短日照作物北移时，会使发育延迟，而南移则提前开花。因此在作物布局上引进某种作物的时候，要特别注意作物的光周期特性，考虑引进后能否适时开花结实，否则就可能导致颗粒无收。

二、作物对温度的适应性

温度是影响作物生长发育的重要生态因子之一。由于作物的生物学特性存在差异，不同作物或作物组合完成其生长周期所需的积温不同；同时，不同作物或同一作物的不同生育阶段对温度的需求也存在较大差异（表2-7至表2-9）。根据作物生长发育对温度要求的不同，通常将其分为以下几种类型。

（一）喜凉作物

喜凉作物是指生长发育对温度要求较低，整个生长期需要积温较少，可以忍耐冬春低温的一类作物。喜凉作物一般需≥10 ℃积温 1 500～2 200 ℃，有的只需 900～1 000 ℃，一般生长盛期适宜温度为 15～20 ℃，出苗后 60～80 d 即可成熟。喜凉作物在种植制度中起两方面作用，一是在无霜期较短的北方或者南方山区起主导作用，二是在暖温带或亚热带利用冬春季作复种或填闲作物用。根据对极限温度的适应性不同，把喜凉作物又细分为喜凉耐寒型和喜凉耐霜型两种类型。

1. 喜凉耐寒型　喜凉耐寒型作物包括冬小麦、大麦、黑麦、青稞等越冬性作物。其特点是冬季可耐−18～−20 ℃的低温，冬小麦以−22 ℃为极限，黑麦甚至可耐−25 ℃的低温。因此这类作物的耐寒品种可在我国西北暖温带的半湿润、半干旱地区安全越冬。

2. 喜凉耐霜型　喜凉耐霜型作物包括油菜、豌豆、大麻、向日葵、胡萝卜、芥菜、菠菜、大白菜、春小麦、春大麦以及喜凉饲料绿肥（例如箭筈豌豆、毛苕子、草木樨）等。其特点是生长盛期适宜的温度为 15～20 ℃，生物学最低温度为 2～8 ℃，不怕轻霜，可耐短期−5～−8 ℃的低温。例如马铃薯薯块形成期适宜温度为 16～18 ℃，当日平均温度高于 26 ℃时就不结薯。需要注意的是，同一作物的不同发育阶段，对低温的忍耐能力不同，有的作物苗期较耐低温，但到生殖生长期耐低温能力下降。例如小麦拔节孕穗期对低温耐受能力下降，该阶段如果最低气温下降到 3 ℃以下，就会使小麦遭受不同程度的晚霜冻害。

表 2−7　不同作物一生对温度的需求

作物	一生所需≥10 ℃积温（℃）	作物	一生所需≥10 ℃积温（℃）
冬黑麦	1 700～2 125	黍	1 450～2 100
冬小麦	1 800～2 100	谷 子	1 700～2 500
冬大麦	1 700～2 075	甜 菜	2 400～2 700
冬油菜（直播）	2 000～3 000	玉 米	2 300～2 800
冬油菜（移栽）	1 400～2 500	大 豆	2 000～2 800
春小麦	1 500～2 200	高 粱	2 400～3 000
春大麦	1 600～1 900	北方稻（直播）	2 300～4 000
莜 麦	1 450～1 880	北方稻（移栽）	1 800～2 500
豌 豆	900～2 100	棉 花	3 500～4 000
荞 麦	1 000～1 200	甘 薯	2 200～4 000
亚 麻	1 600～2 000	花 生	2 400～3 400
小油菜（直播）	1 300～1 500	烟 草	3 200～3 600
马铃薯	1 300～2 700	中稻（移栽）	2 300～2 800
青稞	1 000～1 200	早稻（移栽）	1 700～1 900
向日葵	1 300～2 200	晚稻（移栽）	2 000～2 700

（二）喜温作物

我国多数地区气候温暖，故喜温作物是我国作物生产的主体。喜温作物的特点是生长发育盛期适宜温度为 20~30 ℃，需≥10 ℃积温 2 000~3 000 ℃，不耐霜，通常又分为以下 3 种类型（表 2-8 和表 2-9）。

1. 温凉型 温凉型作物如大豆、谷子、甜菜、红麻等，其适宜生长温度为 20~28 ℃，需≥10 ℃积温 1 800~2 800 ℃。

2. 温暖型 温暖型作物如水稻、玉米、棉花、甘薯、芝麻、黄麻、蓖麻、苎麻、田菁等，其适宜生长温度为 25~30 ℃，温度过低时生长慢、生殖生长受阻，温度超过 30 ℃时对一些喜温作物不利。

表 2-8　主要农作物不同阶段对温度的要求（℃）

（引自刘巽浩和韩湘玲，1987）

类型	作物	播种期		营养生长期			开花期			灌浆期			
		最低	适宜	最高	最低	适宜	最高	最低	适宜	最高	最低	适宜	最高
喜温作物	水稻	10~12 —	早稻12~15 晚稻20~25	30~32 —	18~20	25~30	32~35	20~22	25~28	30~32	10~12	20~25	30~32
	棉花	12	12~24	—	15	25~30	32~35	20~22	25~30	30~32	10~12	20~25	—
	玉米	7~8 —	春玉米10~12 夏玉米20~25	30~35	10	25~28	30~32	20~22	24~26	28~30	15~16	20~25	30
	大豆	6 —	春大豆10~12 夏大豆25~30	33	10	25~28	30~32	18~22	25~28	30	15	20~30	32
	甘薯	13	15~25	30	10	20~30	32~35	—	15		15	20~25	30
喜凉作物	冬小麦	10~12	14~18	18~20	0~3	5~10	25	10~12	15~18	25~28	12~15	20~22	25~26
	冬油菜	12~14	16~18	20~22	3~5	5~20	25	8~10	15~18	25~28	10~12	15~22	25~26

表 2-9　各类蔬菜的温度适宜范围

类别	生长适宜的月平均温度（℃）	生长适宜的温度范围（℃）	主要蔬菜作物
耐寒多年生宿根蔬菜	12~14	−10~40	韭菜、茭白、金针菜、石刁柏等
耐寒性蔬菜	15~18	−5~40	芹菜、菠菜、大蒜、洋葱、白菜、甘蓝等
半耐寒性蔬菜	15~18	−1~30	花椰菜、马铃薯、莴苣、蚕豆、豌豆等
喜温性蔬菜	18~26	零下冻死	番茄、黄瓜、四季豆、生姜、茄子等
耐热性蔬菜	>21	10~40	西瓜、甜菜、丝瓜、冬瓜、豇豆、南瓜等

3. 耐热型 耐热型作物有高粱、花生、烟草、苜蓿和南瓜、西瓜等。花生可耐 40 ℃高温。烟草生长发育的适宜温度为 22 ℃，但可耐 35~37 ℃的高温。苜蓿较耐寒，但在灌溉条件下，也耐高温。南瓜、西瓜、甜瓜等可耐 35 ℃以上高温。

作物对温度的适应性，表现为明显的随纬度变化而产生的水平地带性分布和随海拔变化而产生的垂直地带性分布的特点。其中作物水平地带性分布的差别不太显著，例如地处北纬 34°~35°陕西关中地区，其主要作物为小麦、玉米、棉花等，而纬度相差近 10°，位于北纬 44°左右的北疆，同样盛产小麦、玉米、棉花。我国西北地区，地势由东南向西北上升，有高山、高原、河谷、盆地、冲积平原等各种地形，在各地区之间甚至一个县境内，海拔高度差异很大，因此作物分布的垂直地带性特别明显。例如青海省，在海拔 1 700～2 650 m 的山区、浅山地区以种植春小麦和豆类作物为主，还可种植喜水喜肥、生育期较长的甘蓝型油菜；在海拔 2 800～3 200 m 的高山地区，有 70％以上的耕地种植生育期短、适应高寒气候的青稞和白菜型油菜。

（三）亚热带作物和热带作物

我国最主要的亚热带作物包括茶、油茶、柑橘、油桐、马尾松、杉木、楠竹、甘蔗等。一般这些作物需年平均温度 15 ℃以上，冬季的极端最低温度是它们向北推进的限制因素，故这些作物绝大部分分布在我国秦岭—淮河以南地区（表 2-10 和表 2-11）。亚热带作物分布的极端最低温度，茶树为－8～－14 ℃，油茶为－10～－13 ℃，柑橘为－7～－9 ℃，油桐为－10 ℃，马尾松为－13 ℃，杉木为－17 ℃，楠竹为－15～－22 ℃，甘蔗为 0 ℃。我国的热带作物主要包括橡胶、油棕、椰子、可可等，这些作物喜热忌霜，气温升至 18 ℃时开始生长，气温低于 5 ℃左右将遭受冻害。

表 2-10　我国各种积温（℃）地带的适宜作物与组合

（引自中国科学院地理研究所，1983）

>0 ℃积温（℃）	无霜期（d）	类型	适宜作物与组合
1 000～1 500	<100	寒冷带	早熟春小麦、青稞、豌豆、小油菜、马铃薯、芜菁、萝卜
1 500～2 500	100～120	温冷带	亚麻、马铃薯、莜麦、大麦、春小麦、早谷子、甜菜、向日葵、水稻
2 500～3 500	120～150	温凉带	谷子、糜子、玉米、大豆、高粱、春小麦、甜菜、向日葵、水稻
3 500～4 500	140～180	温和带	冬小麦、玉米、高粱、豆类、早熟棉、水稻、糜子、谷子、饲料绿肥
4 500～5 500	180～200	暖温带	冬小麦、棉花、花生、甘薯、小麦—玉米、大豆、甘薯
5 500～7 500	220～280	北中亚热带	茶、油菜、油桐、竹、柑橘、马尾松、杉、麦（油、肥、蚕豆）—稻—稻、麦—棉
7 500～9 500	280～360	南亚热带、热带	甘薯—稻—稻、香蕉、甘蔗、橡胶、油棕、椰子、可可

表 2-11　几种果树耐低温程度

果树	温度（℃）	果树	温度（℃）
大苹果	－30	杏	－30～－40
小苹果	－40～－50	桃	－23～－25
秋子梨	－37	李	－35～－40
白梨	－25～－28	樱桃	－20
葡萄	－25～－30	栗	－25～－29

三、作物对水的适应性

水是地球表面最普遍和最重要的物质之一，水的多少决定了作物的类型和分布，几乎影响作物的每个生理生化过程。在作物生长过程中，需要消耗大量的水，例如制造 1 g 干物质所需的水，玉米约为 349 g，小麦约为 557 g，而水稻为 682 g。不同植物（作物）类型对水需求和适应性存在较大差别。

（一）大田作物的水旱适应性

在长期的栽培过程中，大田作物形成了对水的不同适应类型。

1. 喜水耐涝型 喜水耐涝作物以水稻最为典型，植株的根、茎、叶组织中有通气间隙（占 25%），喜淹水或适应在沼泽低洼地生长，所以在我国年降水量 800 mm 以上的地区才盛产水稻，双季稻则主要分布在年降水量 1 000 mm 以上的地方。但即使是水稻，也并非一切时候都要求水越多越好，适当的落干晒田或水旱轮作对其生长发育是有利的。此外，稗、高粱、苘麻、高秆玉米等，也有一定的耐涝能力。

2. 喜湿润型 喜湿润型作物需水较多，对土壤或空气湿度要求较高，例如旱稻、燕麦、黄麻、烟草等。许多叶菜、根菜类作物也喜湿润，例如黄瓜、油菜、白菜、马铃薯等，适宜空气湿度为 75%～95%。一些亚热带生长的植物不但喜温也喜湿润，例如甘蔗、茶、柑橘、毛竹等。茶适宜生长在降水量多于 1 000 mm、相对湿度大于 80%、多云雾的地方，常有高山出名茶的说法。

3. 中间水分型 许多大田作物，例如小麦、玉米、棉花、大豆等均属此类，既不耐旱，也不耐涝，一般前期较耐旱，中后期需水多。例如小麦、玉米等苗期要求土壤相对含水量为 50%～60%，中后期则需要 70%～80%，在干旱少雨的地方虽然也可生长，但产量不高不稳。

4. 耐旱怕涝型 耐旱怕涝型作物较耐旱但怕涝，适宜在干旱地区或干旱季节生长，例如谷子、糜子、苜蓿、甘薯、黑麦、向日葵、芝麻、花生、黑豆、绿豆、蓖麻等。其抗旱的原因，一是通过小叶、角质、茸毛、气孔陷入皮内、叶直立、气孔少、肉质、根系发达等，减少了叶面蒸腾，二是细胞浓度高，使植物不易失水，细胞内多有亲水胶体等物质和多种糖类、脂肪，加强了固水保水能力。

5. 耐旱耐涝型 耐旱耐涝型作物既耐旱又耐涝，适应性很强，在水利条件较差的易旱地和低洼地均可以种植，并可获得一定产量，例如高粱、田菁、草木樨等，大豆、黑豆在一定程度上也是如此。

6. 避旱避涝型 避旱避涝型作物有些作物本身没有耐旱或抗涝能力，但可以躲避它。例如谷子、糜子、荞麦、绿豆、一些饲料绿肥作物、萝卜、芜菁等短生作物，无雨时可以等雨播种，并在较短时间内完成生命史。在华北小麦能避开伏涝，玉米套作也可避开芽涝。

（二）树木的水旱适应性

树木根深，生长期长，比表面积大，吸收的短波辐射多，因而蒸腾水分比一年生作物或草类要多，其蒸腾系数在 300～1 000。因此林地的空气湿度比无林地要高 2%～10%，白天或夏季气温要低 1～3 ℃，夜间或冬季气温要高 1 ℃左右。但也正因为如此，乔木主要分布于降雨多、湿润，或土壤水丰富的地方。灌木的耐旱能力比较强，一般维持一个稀疏的木本植被（矮松、桧、柏林、栎林等）的生长，需 400 mm 以上的年降水量，而郁闭的针叶混交林则需 625 mm 以上的年降水量。根据各种树木对水分要求的程度不同，可分为如下类型。

1. 旱生型 旱生型树木渗透压高，根系吸水力强，根系发达而叶片不发达，例如梭梭、骆驼刺、柽柳、圆柏、侧柏、黄连木、马尾松、矮松、木麻黄、栓皮栎、臭椿、枣、梨。旱生型树木常具有隐蔽的气孔，叶面小，表皮厚，或有其他防旱构造。

2. 中旱生型　中旱生型树木主要包括夏橡、桦木、尖叶槭、皂荚、苹果等。

3. 中生型　中生型树木主要是指生长于中等水湿条件下，不能忍受过干或过湿的树种。其渗透压大部分为 1 115～2 533 kPa，大部分森林树种属于此类，例如椴、千金榆、白蝉、胡桃、西伯利亚落叶松、水青冈、冷杉、榆、黄檗、榛等。这类树木不能忍耐土壤和空气中水分的缺乏，而只能在水分足够的潮润土壤上生长。

4. 中湿生型　中湿生型树木主要包括稠李、杨、白柳、爆竹柳、毛桦、灰桤木等。

5. 湿生型　湿生型树木主要有赤杨、枫杨、水松、落羽杉、黑桤木、沼泽生白蜡、灰柳、耳叶柳等，其特点是渗透压较低（811～1 216 kPa），根系不发达，习惯生长在极潮湿的地方。

对于水分的要求，不仅在不同属的树种间有所不同，而且在同一属内各种或各变种之间也存在差异。例如胡杨、加杨等能忍耐比较干燥的土壤，新疆戈壁滩的边缘就有许多胡杨，但黑杨、白杨对土壤湿度要求较为严格。同样是桦树，毛桦主要生长在较潮湿地方，而火皮桦可在湿度较小的丘陵起伏地区生长。

（三）草类的水旱适应性

旱生草类是草原的主要成分，例如针茅、羊茅、蒿类等，这类草根系发达，叶片细小，有茸毛、蜡质，抗旱能力强，多分布于年降水量为 300～450 mm 的地方。湿生草类茎长叶大，根系不发达，例如蕨类（阴生）、薹草、灯芯草、芦苇、香蒲等。中生草类介于二者之间，叶片细薄扁平，光滑无茸毛，是草甸植被的主要植物，例如猫尾草、三叶草、鸡脚草等，其中偏于旱中生的有鹅观草、早熟禾、苜蓿等，偏于湿中生的有看麦娘等。

所有栽培草类都喜欢排水良好、肥沃、水分供应充足的土壤，但是这类土壤更适于栽培一般谷物或中耕作物，而年降水量低于 400 mm 的干旱土壤则分布着不同的草类。根据草类对水的适应性可分为以下类型。

1. 耐湿型　耐湿型草类包括小糠草、杂三叶、一年生黑麦草、多年生黑麦草、加拿大早熟禾等。

2. 耐旱型　耐旱型草类包括鸭茅、无芒雀麦、苜蓿、草木樨、沙打旺等。

3. 中间型　中间型草类包括猫尾草、牛尾草、红三叶、肯塔基早熟禾、羊茅等。

由于不同草类对水的适应性不同，在不同的年降水量带，形成了不同类型的草原类型（表2-12）。

表2-12　我国年降水量与草原分类

（引自中国农业资源与区划要览，1987）

	青藏高寒草原	荒漠区	荒漠草原	干草原	草甸草原	南方草原
年降水量（mm）	—	100	100～200	200～350	350～500	1 000
覆盖度（%）	—	5	15～25	15～25	60～80	—
草高（cm）	—	3～10	5～10	5～30	80～60	—
鲜草产量（kg/hm²）	750～1 500	750	750～1 500	1 500～3 000	3 000～4 500	7 500

（四）灌溉农区的作物布局

灌溉农业是我国农业的重要组成部分，在作物生产中起到了至关重要的作用，截至2018 年年底，我国农田有效灌溉面积达 6.8×10^7 hm²，占我国耕地面积的 50% 以上。水利是农业的命脉，以水为核心，在作物布局方面灌溉农区具有以下显著特征。

1. 有水则水，无水则旱 在水资源丰富的地区种植需水多的作物，例如水稻、小麦、玉米；而在水资源较缺的地方则种植需水较少的作物，例如谷子、高粱、芝麻等。在黄淮海地区，在作物布局的时候，应以"麦随水走"为原则，黄河以北水资源缺的地区少种小麦；黄河以南，降水相对充沛，则可积极发展小麦；水稻应在降水量较多的淮北、沿淮和黄淮地区发展。

2. 多种"雨季作物" 使自然界降雨节奏与作物需水节奏结合起来。当自然降水不足时，可在关键时期进行补充灌溉，优先灌溉经济收益高的作物，例如蔬菜、集约经营的果园以及橡胶、甘蔗、甜菜等经济作物等。

3. 同心圆式作物布局 为了合理利用有限的水资源，可将经常灌溉与补充灌溉作物和耐旱作物，以水源为中心，进行同心圆式布局。水稻、小麦、玉米、蔬菜等要求灌溉次数多、灌溉定额大的放在第一圈，以便随时有水分保证供应；需水较少的棉花、大豆等放在第二圈，在关键时期（例如棉花保苗、大豆开花）趁第一圈作物灌溉的间期补充性灌溉；第三圈则离水源较远，为保证第一圈和第二圈作物所需的水源，则可安排耐旱的花生、谷子、高粱、芝麻等作物。

四、作物对土壤的适应性

除光热水因素外，土壤母质、土壤肥力状况、碱酸盐状况也影响作物的分布和配置，尤其在一个较小范围内，土壤、肥料是影响作物布局的重要因素。因此根据不同作物对土壤的要求，掌握土壤的特性，合理种植是进行作物合理布局的重要内容之一。

（一）作物对土层厚度的适应性

根据联合国粮食及农业组织（FAO）标准，对于大多数多年生作物来讲，最佳土层深度是 150 cm 以上，临界值为 75~150 cm；块根块茎作物要求土层深，一般为 75 cm，临界范围为 50~75 cm；对于谷类作物来讲，50 cm 以上的土层深度可以认为是最佳，25~50 cm 为临界。根据测定，小麦、玉米、高粱等根系分布较深，豆类、糜子、谷子、芝麻等根系分布较浅。因此对于小麦、玉米、水稻、棉花、麻类、甜菜等作物，土层应较厚，才有利于高产；豆类、糜子、谷子、芝麻、饲料牧草、甘薯等可浅一些。一般平原土层厚，有利于深根作物生长；山坡地土层较浅，宜于种植麦类、糜子、谷子、牧草等浅根作物。

（二）作物对土壤养分的适应性

土壤养分是指主要靠土壤提供的植物必需的营养元素，一般以水溶态、难溶态和有机态3 种形态存在。在长期的栽培过程中，不同作物对土壤养分具有不同的适应性，通常分为以下 3 种类型。

1. 耐瘠型 耐瘠型作物耐瘠的原因主要有以下 3 种情况：①具有共生固氮作用的豆科作物，例如绿豆、豌豆及豆科绿肥（紫云英、苜蓿、苕子、田菁）；②根系强大、吸肥能力强的作物，例如高粱、向日葵、荞麦、黑麦等；③根系和地上部都不太发达，但吸肥能力较强或需肥较少、适应性强的作物，例如谷子、糜子、大麦、荞麦、胡麻、芝麻等。

2. 喜肥型 喜肥型作物有的是地上部生物量大，有的是根系强大而吸肥多，有的是根系不发达而要求土壤有良好供肥能力或耕层深厚。例如小麦、玉米、杂交水稻、青稞、纤维用大麻、蔬菜、西瓜、枸杞等。玉米在生长盛期需肥较多，这时缺肥常常会形成空秆。

3. 中间型　中间型作物对土壤肥力有较宽的适应性，在较瘠薄土壤中能生长，在肥沃土壤中生长更好，例如籼稻、谷子、大麻、棉花、小麦、糜子以及豆类作物等。

（三）作物对土壤质地的适应性

土壤质地指土壤中各种粒径土壤颗粒的比例，是土壤物理性质的一个十分重要的特性，它影响土壤水分和空气的保持与有效性、根系发育状况、土壤的透水速率和耕性等。根据作物对土壤质地的适应性不同，可分为以下几种类型。

1. 适砂型　砂土质地疏松，总孔隙度虽小，但非毛管孔隙度大，蓄水量小，蒸发量大，土壤升温快，昼夜温差大。由于表面积小，故蓄水、保肥性能差，土壤肥力较低，适宜于花生、块根块茎作物以及瓜类（例如西瓜）等作物的生长，而且品质优良。此外，沙打旺、苜蓿、大豆、西瓜、南瓜等在砂土上亦生长良好。

2. 适壤型　壤土质地轻松，通透性良好，土壤肥力较高，适宜大部分作物生长。例如棉花、麻类、亚麻、烟草、大麦、豆类、谷子、萝卜、胡萝卜等适于偏砂的壤土类型，而需肥较多的小麦、玉米则适于偏黏的壤土类型。

3. 适黏型　黏土保肥保水能力强，但透水性、透气性等物理性质差，耕作难，易成大土块。作物在黏土上的生长常表现为"发大不发小"，说明黏土上作物的管理重在保苗。水稻、莲藕、慈姑、马蹄、鱼腥草、蕹菜、水芹、菖蒲、水葫芦、菱角等作物较适宜在黏土上生长。

作物对土壤质地的适应性是相对的，因为有些作物对土壤质地的适应是比较宽的，或者当某个限制因素消除后适应性就会发生变化。

（四）作物对土壤酸碱度和含盐量的适应性

不同类型土壤，由于母质、成土条件和利用程度的不同，在酸碱度和盐度方面有很大差别。一般南方土壤多呈酸性，北方土壤和沿海滩涂多为盐碱性。

不同作物，对土壤酸碱度的要求不同。荞麦、马铃薯、燕麦、甘薯、花生、黑麦、油菜、烟草、芝麻、绿豆、豇豆、肥田萝卜、木薯、扁豆等作物，适于在 pH 为 $5.5 \sim 6.0$ 的酸性土壤中生长；大麦、玉米、花生、油菜、豌豆、大豆、向日葵、亚麻、甜菜、水稻等作物，适于在 pH 为 $6.2 \sim 6.9$ 的土壤中生长；苜蓿、棉花、甜菜、苕子、草木樨、高粱等适于在 pH>7.5 的土壤中生长。

耐盐性较强的作物有稗、向日葵、蓖麻、高粱、田菁、苜蓿、草木樨、苕子、紫穗槐、芦苇等。中等耐盐的作物有棉花、甜菜、油菜、黑麦、黑豆、葡萄等。棉花在出苗后有较强的耐盐能力。不耐盐或忌盐的作物有糜子、谷子、小麦、甘薯、燕麦、马铃薯、蚕豆等。

五、作物对地形地貌的适应性

我国疆域辽阔，大陆总面积约 9.6×10^6 km²，地形地貌十分复杂，其中山地（含高原、丘陵）约占全国土地面积的 69%，平地（含盆地）约占 31%。具体而言，高原占 26%，山地占 33%，丘陵占 10%，平原占 12%，盆地占 19%。而在全国耕地中，平地占 52%，低洼地占 6%，山地丘陵占 42%。地形地貌的差别，会造成光照、温度、水、土壤、肥力等条件的重新分配，从而影响作物的分布和种植。

（一）作物对地势的适应性

地势一般指海拔高度，随着地势升高，温度降低，同时降水量增加，在作物结构上也出现了明显的垂直地带性。在我国，地势从低到高的作物分布规律，在北方大致是棉花→玉米→冬麦、糜子、谷子→喜凉作物（油菜、豌豆、春小麦、青稞）→林地→草地→荒地，在南方大致是双季稻三熟制→双季稻、果树→单季稻‖麦（油菜）→亚热带作物（茶、竹、油茶、杉）→常绿阔叶林→落叶阔叶林→草地。此外，地势高低也影响熟制布局，高寒地区只能一年一熟，低海拔地区可以复种。

（二）作物地对形的适应性

地形是指地球陆地表面的形态特征，因地形的不同造成光热水资源的分布不同，从而影响作物的生产和分布。在山地，同一海拔的不同坡向，由于太阳照射的角度不同，作物的生态环境也有较大差别。阳坡日光充足，温度较高，适宜的作物是喜光喜温类作物，例如玉米、高粱、谷子、糜子、大豆、甘薯、棉花等。阴坡光照较弱，温度偏低，湿度大，耐阴喜凉作物较为适应，例如马铃薯、蚕豆、豌豆、油菜等。

在平原地区，农田小地形有岗地、平地与洼地之分。虽然相对高度上只相差 1～2 m 或几十厘米，但作物的适应上有很大的不同。以陕北米脂县丘陵土地利用为例，最底部的川道地，水利条件好，适宜种植小麦、玉米等粮食作物或蔬菜，有时还可以在冬春收获后复种一季小作物。稍靠上的沟道地，水利条件良好，以小麦、玉米为主。而再向上的水平梯田，已无灌溉条件，但梯田保蓄了水分，仍以小麦、玉米、高粱、谷子等为主。靠上未经治理的缓坡地，坡度低于 20°的，可作为整修梯田的对象，适于旱杂粮种植，例如谷子、糜子、豆类；上部的陡坡地（20°～30°）冲刷切割严重，适于草、林生长；而极陡坡地（30°～40°）适于灌木林封山育草，也可结合反坡梯田或鱼鳞坑种植乔木。

第三节　我国作物布局和结构调整

一、我国主要作物布局

我国的作物结构中主要包括粮食作物、经济作物、纤维类作物、饲料作物以及绿肥作物等。改革开放前，我国农作物结构中主要为以粮食作物为主的一元结构或以粮经为主的二元结构。1975 年，在粮食与经济作物总播种面积中，粮食约占 88%，油料占 9%，棉花占 2.7%。改革开放后，随着家庭联产承包责任制的实施以及以商品性生产为主的市场体系的完善，温饱问题得到了基本解决，经济快速发展，市场需求多样性与农民自主经营灵活性的相推互促，使得作物生产结构从改革开放前的一元结构或二元结构逐渐向粮经饲特等多元结构发展，并形成了以粮食作物为主，经济作物、饲用作物、特用作物并存的作物生产结构，各类作物所占比例趋于稳定。2015 年，粮食作物播种面积为 1.13×10^8 hm²，占播种面积的 68.13%；经济作物（包括油、棉、麻、糖、烟）播种面积约为 2.1×10^7 hm²，占播种面积的 12.60%；其他作物（包括蔬菜、瓜类、绿肥、青饲料等）播种面积约为 3.2×10^7 hm²，占播种面积的 19.27%。

（一）粮食作物布局

粮食作物是我国种植业的主体，主要包括水稻、小麦、玉米、薯类和豆类等 5 大类作物。大体上，我国水稻主要分布在东北地区、秦岭—淮河以南青藏高原以东的南方地区；冬小麦主要分布在黄淮海平原、江淮地区、四川盆地、黄土高原等区域；玉米主要分布在东北地区（含内蒙古东部）、黄淮海平原、西南丘陵山地等；甘薯主要分布在黄淮海平原、长江流域和东南沿海；大豆主要分布在东北地区（含内蒙古东部）、黄淮海平原、西南丘陵山区等。

新中国成立后，我国粮食作物的播种面积呈增加趋势，从 1949 年的 $1.10×10^8$ hm^2 增加到 1975 年的 $1.21×10^8$ hm^2。改革开放以后，粮食作物播种面积略有下降，到 2010 年以后，基本稳定在 $1.1×10^8$ hm^2 左右。粮食作物播种面积占总播种面积的比例总体呈下降趋势，从 1949 年的 88.47% 下降到 1975 年的 80.95%，2010 年以后稳定在 70% 左右。由于科技进步和农业生产条件改善，粮食作物产量持续增加，从 1949 年的 $1.13×10^8$ t 增加到 1975 年的 $2.85×10^8$ t；改革开放以后，粮食产量大幅增加，2020 年全国粮食产量为 $6.69×10^8$ t。

5 类主要粮食作物的种植面积有明显的北扩趋势，进一步向东北、黄淮海、长江中下游聚集，尤其在东北农作区与长城沿线内蒙古农牧区交界处、黄淮海与长江中下游农作区交界处粮食作物的种植面积扩大趋势尤为明显。水稻总体种植面积变化不大，在东北种植面积有扩大趋势；玉米种植面积发展迅速，主要集中在东北一熟区和黄淮海二熟区；小麦种植进一步向黄淮海和长江中下游聚集，新疆西部种植面积也增加明显；大豆种植面积不断减少，现在主要集中在东北平原山区的一熟农林区以及黄淮海平原的二熟区南部；马铃薯作为第四粮食作物，近年来面积有明显增加趋势，主要集中在内蒙古、东北农林区、黄土高原北部及东部、西南山地（表 2-13）。

表 2-13 2015 年我国水稻、小麦、玉米、大豆、薯类种植面积（$×10^4$ hm^2）

区号	名称	水稻	小麦	玉米	大豆	薯类
1	东北平原丘陵半湿润喜温作物一熟区	354.17	22.45	1 228.02	272.84	38.76
2	长城沿线内蒙古高原半干旱温凉作物一熟区	36.82	54.49	492.98	15.37	73.04
3	甘新绿洲喜温作物一熟区	4.70	132.09	114.86	5.72	7.39
4	青藏高原喜凉作物一熟区	0.76	12.80	6.61	0.84	9.06
5	黄土高原易旱喜温作物一熟二熟区	4.32	350.09	433.34	47.58	113.85
6	黄淮海平原丘陵灌溉二熟区	143.76	1 327.51	1 069.12	105.27	43.58
7	西南山地丘陵旱地水田二熟区	240.27	95.28	294.14	43.02	258.98
8	四川盆地水田旱地二熟区	253.06	115.83	147.30	31.13	154.91
9	长江中下游平原丘陵水田三熟二熟区	1 303.99	345.28	94.02	57.80	49.51
10	江南丘陵山地水田旱地三熟区	286.48	1.76	45.73	20.90	53.12
11	华南丘陵平原水田旱地三熟区	346.27	11.80	116.11	20.41	53.52

（二）经济作物布局

经济作物的特点是地区性强，技术性强，投入高，经济收益多，商品率高，故布局上较为集中，专业性强。大体上，我国棉花主要集中在新疆、湖北、河北、山东、安徽、湖南等地，油菜主要集中在长江流域，花生主产地集中在山东、河北、河南、辽宁等地，芝麻集中于河南、湖北、安徽等地，向日葵分布在东北三省及内蒙古地区，胡麻产于西北和辽宁，甘蔗集中在华南，甜菜集中在东北三省及内蒙古地区，桑蚕主产地是杭嘉湖平原、四川盆地、珠江三角洲，烟草主要产地是河南、山东、云南和贵州，茶叶主要分布于长江流域。热带亚热带作物中面积最大的是油茶，主要分布于长江以南丘陵山地上；其次为橡胶，集中于海南、云南、广东等地；咖啡、椰子、油棕等面积很少。

从经济作物的生产情况来看（表2-14），改革开放以后，全国经济作物播种面积及其占农作物总播种面积的比例整体呈增加趋势，1980年分别为 1.49×10^7 hm² 和 10.21%，2000年分别为 2.27×10^7 hm² 和 14.49%；2015年，播种面积为 2.10×10^7 hm²，占比为 12.60%。

从主要经济作物区域分布的变化看，总体有减少趋势，并向东北农林区、黄淮海平原、长江中下游平原和四川盆地集中。棉花种植面积在新疆地区发展较快，其余地区减少明显；油菜和花生种植面积均在改革开放初期增加明显，2000年以后基本稳定或略有减少。

表2-14 2015年我国棉花、油菜、花生种植面积（×10⁴ hm²）

区号	名称	棉花	油菜	花生
1	东北平原丘陵半湿润喜温作物一熟区	0.00	0.46	1.16
2	长城沿线内蒙古高原半干旱温凉作物一熟区	0.01	5.02	4.42
3	甘新绿洲喜温作物一熟区	81.07	2.05	0.15
4	青藏高原喜凉作物一熟区	0.01	3.35	0.01
5	黄土高原易旱喜温作物一熟二熟区	2.59	12.28	10.51
6	黄淮海平原丘陵灌溉二熟区	27.33	4.79	48.79
7	西南山地丘陵旱地水田二熟区	0.21	45.46	5.48
8	四川盆地水田旱地二熟区	0.30	32.81	8.58
9	长江中下游平原丘陵水田三熟二熟区	27.21	134.34	20.70
10	江南丘陵山地水田旱地三熟区	0.14	4.26	7.91
11	华南丘陵平原水田旱地三熟区	0.02	3.94	22.01

（三）果品蔬菜布局

果品蔬菜是人民生活的必需食品，随着经济的发展和人民生活的提高，优质的果品蔬菜将有较大发展。果树的合理布局尤为重要，主要原因如下：①果树是多年生作物，应将其配置于生态适应最适区或适宜区；②果树可以利用一些一年生大田作物难以利用的耕地或非耕地，例如山区丘陵的下坡地、多卵石的河谷滩地、河流故道、砂质地或轻盐碱地（枣、梨、葡萄），也可与粮食作物、经济作物、饲料作物间作；③交通运输和储藏加工是果树布局的重要因素，一般浆果（葡萄、草莓）、其他鲜果（苹果、梨、桃、柑橘、香蕉、荔枝等）要布局在离市场近一些或是便于运输的地方，干果（核桃、板栗、杏仁等）则可远一些或分布于山区。

大致以北纬30°的长江中下游河段与秦岭为界，其北主要是温带水果，生产苹果、梨、葡萄、桃、杏、核桃、板栗、枣、柿等，生产地为黄淮海地区（山东、河南、河北）和辽宁；其南为亚热带常绿果树带，主产柑橘、香蕉、菠萝、龙眼、荔枝、杨梅、枇杷等，生产地为华南和长江流域。

苹果喜温和半湿润气候，主要分布于沿海的辽东和胶东，其次为河北和河南。梨则主要分布于河北、山东和辽宁。喜温暖潮湿的柑橘则主产于四川、广东、湖南、浙江等地。

蔬菜（包括瓜类）除西北较少外，各地均有分布，城郊附近较多集中。它经济价值高，商品性强，要求水肥条件好，大部分均分布于有灌溉的肥沃的水浇地上。蔬菜作物大体可分为喜温、喜冷凉和耐寒 3 大类。喜温蔬菜多为茄科和葫芦科，有番茄、黄瓜、生姜、茄子、西瓜、甜瓜、南瓜、豇豆、四季豆等；喜冷凉蔬菜有白菜、甘蓝、萝卜、胡萝卜、莴苣、花椰菜、苤蓝、马铃薯、蚕豆、豌豆等；耐寒性较强的蔬菜有大葱、大蒜、韭菜、百合、菠菜、芹菜、洋葱、不结球的白菜等。生育期短是一些蔬菜的重要特点，故一年内可以种 2～3 茬（华北），以至于 4～5 茬（长江以南）。

从果品蔬菜的生产情况来看，改革开放以后，其播种面积和在作物中所占的比例均呈增加趋势，1980 年播种面积为 3.6×10^6 hm²，在作物中所占的比例为 2.53%；2000 年播种面积为 1.7×10^7 hm²，在作物中所占的比例为 11.06%；之后增加幅度变缓，2015 年，播种面积已经达到 2.2×10^7 hm²，在作物中所占的比例为 13.07%。

从作物布局的变化来看，果品类作物的区域分布变化不大，主要是规模的扩大、种植的规范和品牌的建立。而蔬菜区域分布变化较大，改革开放初期，我国主要是城郊型蔬菜布局；在 2000 年前后，形成了近郊、远郊和农区三线相互配合补充的蔬菜生产格局，并形成了南方冬季蔬菜、黄淮早春蔬菜、京北夏秋蔬菜、西北延时果菜和华北秋菜等 5 大生产基地；2015 年前后，又逐渐形成了 5 个内销蔬菜重点区和 3 个出口蔬菜重点区，5 个内销蔬菜区为黄土高原夏秋蔬菜区、黄淮海和环渤海设施蔬菜区、长江上中游冬春蔬菜区、云贵高原夏秋蔬菜区和华南冬春蔬菜区，3 个出口蔬菜区为西北内陆出口蔬菜区、东北沿边出口蔬菜区和东南沿海出口蔬菜区，产业进一步集中，产值进一步增加。

（四）饲料绿肥作物布局

我国所有作物种植中，专用的饲料作物很少，畜牧业所需饲料都是以粮食作物为主，例如玉米、甘薯、糠、麸、饼、作物秸秆等。随着社会发展，畜牧产品的需求越来越多，饲料绿肥在作物构成中所占的比重有一定增加，专用型绿肥作物也将逐步为饲料绿肥兼用型所代替。目前主要的饲料绿肥作物是紫云英和苜蓿。

紫云英为豆科作物，喜温冷湿润，不耐严寒和干旱，主要分布于长江流域，是我国种植面积最大的饲料绿肥作物。紫云英作饲料适口性好，粗蛋白含量丰富（20%～30%），1.9 kg 干草粉可使猪增重 0.5 kg。

苜蓿为多年生豆科作物，喜温耐寒，需水少耐干旱，根深为 3～10 cm，广泛分布于欧洲、美洲和亚洲各地，在我国主要分布于西北、华北，是优良牧草，同时又利于提升地力和保持水土。

此外，我国有许多可作为青饲料（有的饲料绿肥兼用）的作物，包括豆科饲料绿肥作物、禾本科栽培饲草、根茎类瓜类、水生饲料作物和青刈青贮饲料。

豆科饲料绿肥作物有金花菜，其耐寒性比紫云英差，但抗旱性较好，分布于长江流域；还有各种三叶草，例如红三叶、白三叶、杂三叶、绛三叶、埃及三叶草、地三叶等，其喜温暖湿润，在长江以南和西南有较广分布。普通苕子（春箭筈豌豆）和毛苕子，适合在北方春播，毛苕子在黄河以南可越冬。草木樨耐旱耐寒，但适口性稍差。沙打旺很耐旱，在北方高寒地区尚能越冬，是砂质土上的优良牧草，但适口性差。

禾本科栽培饲草适应性强，营养丰富，适口性好，耐践踏、刈割和放牧。在欧洲和美洲，禾本科饲草常与豆科牧草混播，但在我国栽培甚少。禾本科栽培饲草有猫尾草、鸭茅、多年生黑麦草、无芒雀麦、羊草、披碱草、苏丹草、象草等，很有发展前途。

根茎类、瓜类（例如胡萝卜、饲用甜菜、萝卜、芜菁、甘蓝、南瓜、甘薯、马铃薯等）均为良好的多汁饲料。

水生饲料作物（例如水葫芦、水花生、绿萍等）为我国主要水生作物，分布于温暖的南方较多。绿萍既是优良饲料，又可与蓝萍共生固氮。

青刈青贮饲料中最有前途的是玉米、高粱、大豆、燕麦、大麦、油菜、向日葵、绿豆、小豆、饲用大豆、苜蓿、甘薯等。它比干秸秆营养丰富，含多种维生素或氨基酸，适口性也好，尤其适于养牛。

二、我国种植业结构变化特征

安排农业生产首先要面对的问题就是所研究地区或生产单位作物及品种的类型、各作物的面积比例、不同作物在不同田块上的配置，即作物布局问题。种植业结构调整是农业区划的主要依据和组成部分，综合农业区划必须以各单项区划和专业区划为基础，作物种植区划是各单项区划和专业区划的主体，而作物种植区划必须以作物种植业结构为前提。作物种植业结构是制定农业发展规划、土地利用规划、气候资源利用规划、农业机械化规划等各种规划的依据。我国种植业结构变化的主要特征如下。

（一）种植业在农林牧渔总产值中处于主导地位，占比逐年下降

据中国统计年鉴资料（表2-15），改革开放之初，1978年，全国农业总产值（农林牧渔）为1 397.0亿元，其中种植业产值为1 117.5亿元，约占80.0%，林牧渔产值约占20.0%；2000年，全国农业总产值（农林牧渔）为24 915.8亿元，其中种植业产值为13 873.6亿元，占55.7%，林牧渔产值占44.3%；2015年，全国农业总产值（农林牧渔）为107 056.4亿元，其中种植业产值为57 635.8亿元，占53.8%，林牧渔产值占46.2%。

从农林牧渔各业及农业总产值的发展趋势来看，农业总产值从1978年的1 397.0亿元增加到2015年的107 056.4亿元，增长了76.6倍；种植业产值从1978年的1 117.5亿元增加到2015年的57 635.8亿元，增长了51.6倍；林牧渔产值从1978年的279.5亿元增加到2015年的45 097.4亿元，增长了161.3倍。改革开放以来，我国农林牧渔各业的快速发展，推动了整个农业的整体发展，其中林牧渔各业产值的增速高出了种植业的增速。

从农林牧渔各业产值占农业总产值的份额来看，种植业产值占农业总产值的份额从1978年的80.0%下降到2015年的53.8%；林牧渔产值占农业总产值的份额从1978年的20.0%上升到2015年的46.2%。改革开放以来，我国种植业产值占农业总产值的份额呈下降趋势，而林牧渔产值占农业总产值的份额则呈上升趋势。

表2-15 农林牧渔业总产值（亿元）

（引自中国统计年鉴）

年份	农林牧渔业总产值	种植业	林业	牧业	渔业
1978	1 397.0	1 117.5	48.1	209.3	22.1
1985	3 619.5	2 506.4	188.7	798.3	126.1
2000	24 915.8	13 873.6	936.5	7 393.1	2 712.6
2015	107 056.4	57 635.8	4 436.4	29 780.4	10 880.6

（二）农作物种植面积增加、农产品产量提高

2015 年我国农作物总种植面积为 $1.663\,75\times10^8\ hm^2$，与改革开放前的 1978 年相比增加了 $1.627\,1\times10^7\ hm^2$，其中，粮食作物和棉花种植面积分别为 $1.133\,43\times10^8\ hm^2$ 和 $3.797\times10^6\ hm^2$，分别缩减了 $7.244\times10^6\ hm^2$ 和 $1.069\times10^6\ hm^2$；油料作物和糖料作物种植面积分别为 $1.403\,5\times10^7\ hm^2$ 和 $1.737\times10^6\ hm^2$，分别增加了 $7.813\times10^6\ hm^2$ 和 $8.38\times10^5\ hm^2$；蔬菜作物和果品作物种植面积分别为 $2.2\times10^7\ hm^2$ 和 $1.281\,7\times10^7\ hm^2$，分别增加了 $1.866\,9\times10^7\ hm^2$ 和 $1.116\times10^7\ hm^2$。这 30 多年，我国农作物总种植面积增加了 $1.627\,1\times10^7\ hm^2$，其中粮食作物和棉花种植面积有所缩减，油料作物和糖料作物种植面积略有增加，蔬菜作物和果品作物种植面积大幅增加。

与改革开放前的 1978 年相比，2015 年我国主要农产品总量均有大幅度的增长。粮食和棉花的产量分别为 $6.214\,39\times10^8\ t$ 和 $5.603\times10^6\ t$，分别增加了 $3.166\,74\times10^8\ t$ 和 $3.436\times10^6\ t$；油料和甘蔗的产量分别为 $3.537\times10^7\ t$ 和 $1.169\,68\times10^8\ t$，分别增加了 $3.015\,2\times10^7\ t$ 和 $9.585\,2\times10^7\ t$；水果产量为 $2.737\,5\times10^8\ t$，增长了 $2.671\,8\times10^8\ t$。尽管同期粮食作物和棉花的种植面积下降，但是由于单产提高，粮食和棉花的产量仍有大幅提高，而油料、甘蔗、水果受同期种植面积和单产增加的影响，产量呈大幅度增加。

（三）粮经果菜等作物种植面积趋于稳定

1995—2015 年，我国各类作物种植面积占农作物总种植面积如表 2-16 所示，各类农作物中，粮食作物种植面积所占比例最高，1995 年占比为 73.43%，2015 年占比为 68.13%，总体上呈缓慢下降趋势，并于近年相对稳定，其中，水稻和小麦种植面积占比 1995 年分别为 20.51% 和 19.26%，2015 年分别为 18.16% 和 14.51%，与粮食作物种植面积占比的变化趋势一致；玉米种植面积占比 1995 年和 2015 年分别为 15.2% 和 22.91%，总体呈缓慢上升趋势，并于近年相对稳定。其他粮食作物种植面积所占比例较少，年际变幅也不大。油料作物种植面积所占比例为 8.44%~9.85%，棉花种植面积所占比例为 2.28%~3.62%，麻类作物种植面积所占比例为 0.05%~0.25%，糖料作物种植面积所占比例为 0.97%~1.21%，烟草种植面积所占比例为 0.79%~0.98%，药材种植面积所占比例为 0.43%~1.23%，蔬菜、瓜果种植面积所占比例为 7.08%~14.76%。

表 2-16 主要农作物种植面积占比（%）

项目	1995 年	2000 年	2005 年	2010 年	2014 年	2015 年
农作物总种植面积	100	100	100	100	100	100
粮食作物	73.43	69.39	67.07	68.38	68.13	68.13
谷物	59.59	54.55	52.66	55.92	57.18	57.48
稻谷	20.51	19.17	18.55	18.59	18.32	18.16
小麦	19.26	17.05	14.66	15.10	14.55	14.51
玉米	15.20	14.75	16.95	20.23	22.44	22.91
谷子	1.02	0.80	0.55	0.50	0.47	0.50
高粱	0.81	0.57	0.37	0.34	0.37	0.35
其他谷物	2.80	2.21	1.58	1.16	1.03	1.05
豆类作物	7.49	8.10	8.30	7.02	5.55	5.33

（续）

项目	1995 年	2000 年	2005 年	2010 年	2014 年	2015 年
薯类作物	6.35	6.74	6.11	5.45	5.40	5.31
油料作物	8.74	9.85	9.21	8.64	8.49	8.44
棉花	3.62	2.59	3.26	3.02	2.55	2.28
麻类作物	0.25	0.17	0.22	0.08	0.05	0.05
糖料作物	1.21	0.97	1.01	1.19	1.15	1.04
烟草	0.98	0.92	0.88	0.84	0.88	0.79
药材	0.19	0.43	0.78	0.77	1.20	1.23
蔬菜、瓜果	7.08	11.06	12.82	13.31	14.44	14.76
其他农作物	4.49	4.70	4.78	3.76	3.10	3.29
青饲料	1.22	1.37	2.17	1.17	1.22	1.20

（四）春（夏）收作物和秋收作物合理配置

春（夏）收作物与秋收作物在不同地区的合理分布及其比例关系，是作物布局的重要方面。合理布局可以充分利用农业资源，可以实现作物的全面增产增收，因此处理好春（夏）收作物与秋作物的比例关系是作物布局中的一个重要方面。多年来，我国受人口众多、人均农业资源稀缺等因素的刚性制约，为了充分高效利用有限的农业资源，各地结合当地的实际情况，本着宜温则温、宜凉则凉的原则，合理配置喜凉作物喜温作物，在北方采用麦类与喜温作物配置，南方采用麦类、油菜、绿肥与稻谷等配置，实现作物的多熟，提高了资源的利用效率。

（五）主导作物和辅助作物互为补充

主导作物是指社会需求量大、生态适应性好、经济收益较高的作物，例如水稻、小麦、玉米、棉花、甘蔗等。主导作物既承载了合理高效利用光温水气等自然资源、生产大量农产品满足人类多样性需求的自然属性，又承载了确保食物安全、维护社会稳定、增加农民收入的社会功能，所以主导作物种植业的主体，也是农业生产的主体。辅助作物是指社会需求量小、种植面积小的作物，例如杂粮、杂豆、饲料、绿肥等。辅助作物在生产中起调剂作用，是对主导作物生产的一种完善和补充，是实现作物生产多样性的基础。因此我国各地应因地制宜，依据不同作物的生物学特性，结合当地的资源特点，协调好主导作物与辅助作物的比例关系，合理利用农业资源，满足社会多样性需求，增加农民收入。

（六）禾谷类作物和豆类作物适当兼顾

我国人口众多、人均农业资源紧缺，改革开放前一直受食物短缺制约，农作物种植主要以水稻、小麦、玉米等高产稳产的禾谷类作物为主，豆类作物并没有受到重视。与禾谷类作物相比，豆类作物碳氮比低，作物生产结构中加入一定比例的豆类作物，可以改善人与牲畜对蛋白质的需求，减少对糖类的浪费。此外，豆类作物或豆科饲料牧草具有固氮作用，对维持农田氮素平衡、培育与维护地力有良好作用。改革开放以来，特别是 2010 年以后，我国粮食连年丰收，已基本实现了农产品供需平衡，国家已经从宏观层面上开始关注作物结构性，发展豆类作物，提出大豆振兴计划，兼顾了豆类作物在作物种植结构中的比例。

三、我国种植业结构调整

因为需求、环境、技术等因素的改变,需要对原有种植结构进行必要的修改和变更,以更好地适应社会形势发展,统称为种植业结构调整。

(一)种植业结构调整的必要性

1. 调整优化种植业结构是新阶段农业发展的客观要求 随着我国农业生产力水平的提高,农产品供求关系逐步从卖方市场向买方市场转变,农业发展的主要制约因素由过去单一的资源约束变为资源和需求双重约束,农产品结构和品质问题成为当前农业发展的突出矛盾。随着城乡居民生活由温饱向小康迈进,消费结构发生了很大变化,对优质农产品的需求明显上升,并且表现出农产品需求多样化的特点。面对这种市场需求的变化,迫切要求农业生产从满足人民的基本生活需求向适应优质化、多样化的消费需求转变,从追求数量为主向数量、品质并重转变。

2. 调整优化种植业结构是扩大农业对外开放的必然要求 随着全球经济一体化进程的加快,农业的国际化趋势越来越明显。特别是我国加入世界贸易组织(WTO)后,农业的国际化进程大大加快。面向国内和国际两个市场的需求来安排农产品的生产,利用国内和国际两个市场的生产资源来调整优化种植业结构,有利于扬长避短发挥优势,提高我国农产品的国际竞争力。

3. 调整优化种植业结构是增加农民收入的有效途径 从目前看,由于供求关系的变化,依靠增加农产品数量或提高农产品价格来增加收入的潜力已经不大。而调整优化种植业产业结构,提高农产品品质和档次,发展名特优新产品,一方面可适应市场优质化、多样化的需求,另一方面可以提高农业的经济效益,增加农民收入。

4. 调整优化种植业结构是合理开发利用农业资源的重要手段 人多地少是我国的基本国情。我国农业资源一方面相对短缺,过度开发利用,另一方面配置不合理,利用率不高,浪费严重。通过调整优化种植业结构,充分发挥区域比较优势,挖掘资源利用的潜力,实现资源的合理配置,提高资源开发利用的广度和深度,就可以做到资源的有效利用与合理保护相结合,促进农业的可持续发展。

(二)种植业结构调整的原则

1. 要与市场需求有效对接 随着国内市场体制的完善和国际市场一体化的发展,我国的农业已全面转向商品经济和市场农业。农产品要转变为商品,要由使用价值实现为价值,其数量结构、品种结构乃至品质结构就必须与市场需求结构精准对接,这不仅是一个基本原则,而且也是一个不可忽视的客观规律。在市场农业中,社会消费结构决定市场需求结构,市场需求结构制约和引导着产品供给结构,而产品供给结构又来自种植业生产结构。它们是相互决定和相互制约的关系。

要按专业化、基地化的生产方式把农民组织起来,要利用一切现代化的信息、中介、合同等市场组织手段,使农业生产供给结构与市场消费需求结构实现精准对接。即不仅要在产品种类上与市场需求对接,而且要在产品品质、产品规格、产品加工标准和形式上与市场需求对接;不仅要在数量上与市场需求对接,而且要在时间上、空间上与市场对接;不仅要与本地市场、国内市场对接,而且要与国际市场对接。要在发展专业化生产和基地化生产的基础上,直接与需求厂商对接,实行订单农业,广泛发展横向流通渠道。根据当代新经济理论，要优先占领巩固本地市场、省内市场，再推向国内市场和走向国际市场。

2. 要与当地生态条件相适应 不同地区或不同生产单位的自然资源状况和社会生产条件存在很大差异，组织农业生产只有依据作物生态适应性，以当地自然资源状况为基础，充分考虑区域的社会生产条件，才能充分合理高效地利用资源。

进行作物布局时，要充分了解所在区域或生产单位的光照、温度、水分、气象、土壤等自然资源的状况与特征，明确当地的人力、财力、物力、技术、管理等社会生产条件的现状和特点。在此基础上，结合不同作物的生物学特性，合理确定作物种类品种；按照国内外市场的需求，合理安排作物的面积比例；依据自然资源的状况，合理布局农田上的作物。实现作物布局与当地生态条件相互吻合，协调一致。

3. 要符合可持续发展的要求 我国人多地少，资源相对不足，农业发展历来受资源约束。所以发展农业生产，必须搞好作物布局，选择最能发挥资源优势的作物及其品种，提高资源的利用效率，进而提高农业的产出水平。

面对资源紧缺的严峻形势，不仅要强调充分利用资源，提高资源利用效率，而且还要强调合理利用和保护资源，保证可持续发展。选择合理的种植业结构和科学的栽培模式，也是合理利用和保护资源的基本途径，是实现农业可持续发展的基本战略措施。

4. 要有利于农民收入的不断提高 农业生产的目标是在满足社会对农产品需求的同时，不断增加农业经营者的收入。农业经营者的经济收入是影响其生产积极性的关键因素，也是决定农业生产条件改善、农业经营者生活水平提高和农村经济发展的基础因素。

进行作物布局时，应依据市场供需、资源状况和可持续发展的原则，以满足社会需求和提高农业经营者的收入为主要目标，灵活确定区域或生产单位的作物种类，合理安排种植面积，增加农业经营者的收入。

5. 要有利于人民生活质量的改善 当今大部分发达国家已经从大量消费阶段进入追求生活质量阶段。而我国正处于快速发展时期，许多发达地区正在或即将跃入追求质量阶段，人们对农产品的消费已从数量追求开始转向质量追求。因此在安排作物布局时，要研究人们的消费需求特点，满足人民对生活质量的要求。

（三）种植业结构的稳定性和变动性

在一定的条件下，作物结构具有一定的相对稳定性。这是由当地的自然资源、生产条件、人们的生活习惯等因素所决定的。作物结构的稳定性是长期实践的结果和多年经验的积累，它有利于作物与资源环境的相一致，因而提供高产优质的产品，有利于专业化、区域化，有利于提高经济效益。同时，由于生产条件（水利、肥料、种子、技术、劳力）以及需求（人口、市场、价格等）的变化，结构总会在基本稳定的基础上不断发展变化。

随着我国社会经济的发展和人民生活水平的提高，农作物种植结构也发生了显著变化。例如改革开放前的 1975 年，我国的种植业结构中主要以粮食作物为主，总播种面积占比88%，经济作物占其余大部分。改革开放以后，我国经济快速发展，人民生活水平大幅提高，肉蛋奶畜牧产品消费量大幅增加。2015 年，粮食作物种植面积比重下降到 68.13%，而蔬菜、绿肥、青饲料作物的比重大幅增加，占比达到 19.27%。

（四）种植业结构调整的阶段性

种植业结构调整，要根据当地的实际条件，还要根据经济发展的阶段性和人民的生活需求确定结构调整的步伐。收益较低的结构向收益较高的结构发展时，必须有原料、资金、技术、人员、市场等的积累和准备，否则往往事与愿违。人民的生活要求满足之后，资源消耗型种植业结构要向高效可持续型种植结构发展。

☆ 思考题

1. 作物布局的概念和内涵各是什么？
2. 作物布局在农业生产中的作用体现在哪几个方面？
3. 影响作物布局的环境因素有哪些？
4. 作物布局应该遵循的原则有哪些？
5. 作物布局的设计步骤有哪些？
6. 简述我国作物布局的特点及主要作物的布局概况。
7. 简述我国种植业调整的内容和方向。
8. 简述作物布局与种植业结构调整的关系。

3

第三章

多 熟 种 植

本章提要

- **概念与术语**

  多熟种植（multiple cropping）、单作（sole cropping）、间作（intercropping）、混作（mixed cropping）、套作（relay cropping）、复种（sequential cropping）、立体种植（multistory cropping）、立体种养（multistory cropping and raising）、复种指数（cropping index）、土地当量比（land equivalent ratio，*LER*）

- **基本内容**

  1. 多熟种植内涵和类型、多熟种植的地位和作用、国内外多熟种植的发展
  2. 复种的概念和类型、复种的基本条件、复种的模式和技术
  3. 间混套作的作用、效益原理、关键技术、主要类型与方式

- **重点**

  1. 复种的效益原理和技术
  2. 作物间的互补与竞争理论及其应用

第一节　多熟种植概况

我国用占世界不到 9％的耕地养活了世界 1/5 的人口，多熟种植功不可没。多熟种植属于集约利用时间和空间的栽培技术。在人均耕地相对少、水热资源相对富足的地区，多熟种植在保证粮食安全、农业增效、农民增收等方面发挥着重要作用。为了实现农牧结合和农业可持续发展，一些发达国家也非常重视多熟种植。因此多熟种植不仅是传统农业的精华瑰宝，在现代农业中也同样至关重要。

一、多熟种植的类型和内涵

（一）种植方式

种植方式是指作物在农田上的时空配置。主要的种植方式有单作、间作、混作、套作和复种等（图 3-1）。

1. 单作　单作（sole cropping）是指在同一块田地上只种植一种作物的种植方式，也称为纯种、清种、净种、平作。这种种植方式的作物组成和群体结构单一，全田作物对环境条

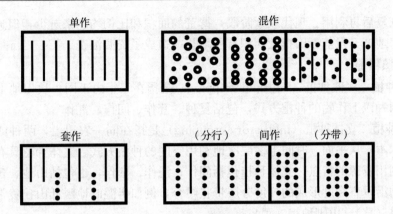

图 3-1　作物种植方式

件要求一致，生长发育进程一致，便于田间统一种植、管理和机械化作业。作物生长发育过程中，个体之间的关系主要为种内关系。

2. 间作　间作（intercropping）是指在同一田地上于同一生长期内，分行或分带种植两种或两种以上作物的种植方式，用"‖"表示。所谓分带（称为带状间作）是指间作作物成多行或占一定幅度形成带状，例如 2 行玉米间作 6 行花生、4 行玉米间作 5 行苜蓿等。与分行间作相比，带状间作更便于机械化和提高劳动生产率。农作物与多年生木本作物或植物相间种植也称为间作。农作物包括粮食作物、经济作物、园艺作物、饲料绿肥作物等，木本植物包括林木、果树、桑树、茶树等。以农作物为主的间作称为农林间作，以林（果）业为主的间作称为林（果）农间作。

3. 混作　混作（mixed cropping）是指在同一块田地上，同期混合种植两种或两种以上作物的种植方式，用"×"表示。混作在田间一般无规则分布，可同时播种，或在同行内混合、间隔播种，或一种作物成行种植而另一种作物播于其行内或行间。混作的作物生态适应性要尽量一致。近年来，还出现了多种牧草根据饲养动物营养需求混作混收、混合青贮的模式。

4. 套作　套作（relay cropping）是指在前季作物生长后期的株行间播种或移栽后季作物的种植方式，用"/"表示。它主要是一种集约利用时间的种植方式。间作与套作的区别主要在共处期长短上，套作时前后两种作物的共处期较短，低于两个作物中各自作物生育期的一半；而间作时前后两个作物的共处期至少超过模式中一个作物生育期的一半。

5. 复种　复种（sequential cropping）是指在同一田地上一年内接连种植两季或两季以上作物的种植方式。包括年内复种（用"—"表示）和年间复种（用"→"表示）。

6. 休闲　休闲（fallow）是指耕地在可种作物的季节只耕不种或不耕不种的方式。根据休闲时间的长短，可分为全年休闲和季节休闲。全年休闲是指一年内不种植任何作物，主要分布在降水量为 250~400 mm 的半干旱且人少地多地区，可将两年的降水蓄积供一年作物之用。季节休闲在各农区均较为普遍，根据休闲的季节不同可分为冬闲、夏闲和秋闲。

农业生产中进行休闲的主要目的是使耕地短暂休息、降低水分及养分消耗、蓄积雨水、消灭杂草、促进土壤潜在养分转化，为后季作物创造良好的土壤条件。休闲期间自然生长的植物还田有助于培肥地力，但休闲的不利方面是降低了资源利用效率。

7. 撂荒　撂荒（shifting cultivation）是指休闲年限在两年以上并占到整个轮作周期的 2/3 以上的土地利用方式。在原始农业和传统农业阶段，撂荒是为了依靠自然力恢复地力，以便待地力恢复后再利用。现代农业阶段，撂荒的面积和比例均越来越少，但近年因农业比较效益低、房地产开发等原因撂荒面积有所增长，造成了资源浪费。

（二）多熟种植

1. 多熟种植 多熟种植（multiple cropping）是指在一年内于同一块田地上前后或同时种植两种或两种以上作物的种植方式，包括复种、套作、间作、混作等。

2. 立体种植 立体种植（multistory cropping）是指在同一农田上，两种或两种以上的作物（包括木本）从平面、时间上多层次地利用空间的种植方式。立体种植具有多物种、多层次地立体利用资源的特点。立体种植包括间作、混作、套作，也包括山地、丘陵、河谷地带的不同作物沿垂直高度形成的梯度分层带状组合，例如半湿润地区低山丘陵常见的山顶种树、山腰种果（草）、山脚种粮（菜）等。

3. 立体种养 立体种养（multistory cropping and raising）是指在同一块田地上，作物与食用菌、农业动物或鱼类分层利用空间的种植与养殖结合的结构；或在同一水体内，水生植物与鱼类、贝类相间混（种）养、分层混（种）养的结构。前者如玉米菌菇立体种养、稻鱼立体种养，后者如海带-扇贝-海参立体种养。

（三）多熟种植的内涵

多熟种植的"多熟"常用复种指数和熟制来衡量。复种指数（cropping index）是一个地区全年总收获面积占耕地面积的百分比。熟制是指一年内种植作物的季数。每季作物的生长期应该在3～4个月及以上。例如一年一熟、一年二熟、二年三熟、一年三熟、三年二熟等均表示熟制。其中，播种面积大于耕地面积的熟制统称多熟制，例如一年二熟、二年三熟；而年平均播种面积小于耕地面积的属于休闲制，例如三年二熟。间作和混作因主要是空间的集约化种植，不计入复种指数；而套作和复种计入复种指数。

多熟种植的目的是多物种、多层次、多季节实现耕地和气候等农业资源的高效利用。多熟种植至少涉及两种作物，有的甚至涉及植物、食用菌、农业动物、水生动植物等（表3-1）。多物种有利于发挥物种间的相互关系，提高资源利用效率。多熟种植中，作物间的关系以混作最为紧密，其次是间作，最后是套作。这种密切的关系可能表现为互补，也可能表现为竞争。

表 3-1 作物种植方式比较

种植方式	物种构成	时空配置	符号	典型模式
单作	单一作物			
间作	≥两种作物	共生期>组合中某作物生育期的1/2，分行或分带	‖	玉米‖花生、春小麦‖玉米
混作	≥两种作物	共生期长，田间分布不规则	×	小麦×豌豆、燕麦×大麦
套作	≥两种作物	共处期≤组合中任一作物生育期的1/2，分行或分带	/	小麦/玉米/大豆、春玉米/夏玉米
年内复种	≥两种作物	同一田块、时间分离	—	小麦—玉米、油菜—早稻—晚稻
年间复种	≥两种作物	同一田块、隔年种植	→	春玉米→冬小麦
立体种植	≥两种作物	同基面或异基面		
立体种养	作物、食用菌、农业动物、水生动植物	同一田块或同一水体		

多熟种植的实质是多种作物在时间和空间上的种植集约化。时间上的集约化主要表现为生长季节的充分利用上，而空间上的集约化则主要是发挥作物间的有利作用。其中，时间上的集约化种植主要包括复种、套作，空间上的集约化种植主要包括间作和混作。

二、多熟种植的地位和作用

（一）提高土地利用率

多熟种植可以大大提高土地利用率。合理的间套作一般增产 30%～50%，复种可以多收获一季（一年二熟）甚至两季作物（一年三熟）。据刘巽浩等在北京连续 6 年的定点试验结果，在灌溉条件下，小麦、玉米一年二熟平均单产可达 12 375 kg/hm²，而一年一熟的单产为 6 000～7 125 kg/hm²，一年二熟比一年一熟产量增加 88% 左右。山东、河南、河北等地的研究结果表明，小麦/玉米比小麦—玉米年增产 15%～50%。湖南省早稻—晚稻、早稻—玉米一年二熟制平均单产比一年一熟中稻提高 65%，麦—稻—稻、大麦—玉米—稻两种一年三熟制平均单产比一年一熟和一年二熟分别提高 108% 和 26%，年光能利用率也随之提高。

随着世界人口增加以及食物安全危机加剧，多熟种植引起全世界的重视，成为解决粮食问题的重要途径。联合国粮食及农业组织认为，与过去相比，扩大耕地面积对产量的影响下降了，而提高复种指数和提高单产的集约经营作用增强了。在耕地资源有限的国家或地区，通过多熟种植可以最大限度地充分利用时间和空间，大幅度提高土地等资源的利用率，同时获得较高收益。多熟制在世界许多资源有限地区仍占统治地位。

（二）促进农民增收

多熟种植可以增加收入。甘肃河西走廊小麦和玉米间套作的"吨粮田"产量水平相当于一般农田的 3～4 倍，产值和纯收入分别增加 2～3 倍和 1～2 倍。华北地区小麦和玉米一年二熟比一年一熟增产 90%，成本虽增加 59%，但由于产值提高 86%，纯收入增加 103%。以粮菜、粮药、粮经、粮果、粮菇立体种植为特征的"双千田"等，平均产粮 7 500 kg/hm²以上，平均收入 15 000 元/hm²以上。近年来，华南地区建立的"菜稻菜"和黄淮海地区建立的"菜玉菜"等模式，均提高了复种指数，经济效益也显著提高。

（三）协调争地矛盾，有利于多种经营

多熟种植提高了粮食产量，缓和了粮食作物与经济作物争地的矛盾，有利于进行作物结构调整，扩大高价值作物以及饲料、水产品等的生产，促进粮经二元结构向粮经饲三元结构的转变。例如北方地区采用的小麦、玉米、大豆间套作，小麦、玉米、花生间套作等；西北地区采用的小麦、玉米间套作，小麦、饲用油菜复种等；南方采用的水稻、青饲料复种，饲料早稻、晚稻复种，水稻、经济作物、青饲料复种等。这些粮饲结合型高效种植，对于稳定粮食生产，促进畜牧业发展都起到了积极的推动作用。我国淮河—秦岭以南地区，已属亚热带气候，可一年二熟、一年三熟，历史上冬季多种植豆科绿肥，为主要作物提供一定量的氮素营养。近些年来，由于效益低下，冬闲田的面积则直线上升，已超过 6.0×10⁶ hm²。这部分冬闲田发展紫云英、黑麦草、象草、木豆、银合欢等青饲料多熟种植，可为畜、禽、渔等发展提供优质饲料，潜力巨大。可见，以多熟种植为中心的耕作制度改革对我国粮食作物和经济作物总产的增加及多种经营的发展有十分重要的作用。

（四）有利于耕地用养结合

多熟种植与地力持续性之间存在着用养双重关系。首先，多熟种植提高了用地强度，产

出增加，集约度提高，产品带走的土壤养分也随之增加。据刘巽浩研究得出，大麦和玉米一年二熟比大麦单作的生产力提高了 121%，而多消耗氮 81%、磷 80%、钾 68%，即使茎叶根茬全部还田，移出农田的氮素仍占 60%～70%，仍需补充肥料。其次，多熟种植在高产条件下，一方面通过高水平的农田基本建设和培肥，土壤肥力结构与肥力条件不断改善；另一方面，间套复种本身较高的残茬秸秆归还量以及复种作物轮作倒茬等，可起到改善土壤肥力的作用。据浙江省农业科学院试验，麦—稻—稻连续 10 年种植，在施用有机肥条件下，土壤有机质含量不仅不降低反而略有上升。同时，豆科作物与非豆科作物间套作，由于豆科作物的固氮作用使间套作优势较为明显，组合中非豆科作物从豆科作物获得氮素的数量一般为 25～255 kg/hm^2。Morris 等对 16 种间套作比较发现，间作总吸磷量与按照作物在单作中所占比例为权重对单作吸磷量进行加权平均相比提高 11%～83%，只有高粱与绿豆间作减少 4%。间套作对钾的吸收和利用也存在种间促进和抑制作用。但合理增施肥料可以弥补养分竞争造成的损失。因此多熟种植使地力提高还是降低，与管理密切相关。但是不可否认，多熟种植高产带动了用养结合，为提高地力水平提供了积极的条件和潜力。

（五）有利于保护生态和可持续发展

我国处于季风气候区，旱涝灾害频繁，间套复种多熟种植有利于产量互补，增强全年产量的稳定性和抵御自然灾害的能力。在山地丘陵地区，多熟种植可增加作物覆盖度，显著减轻水土流失。在西部地区，多熟增产缓解了进一步开垦荒地的压力，减少了土地的退化、沙化和草原林地的破坏，促进了农业可持续发展，并保护了生态环境。同时，多熟种植要求良好的农田基本建设和水利建设，促进了土地生产条件与生产力的提高，减少了旱涝等自然灾害。此外，多熟种植因遗传多样性和不同物种生态位的互补，可以实现内部资源的高效利用；也可利用复合群体的综合抗病虫害特性对某种病虫害进行综合治理。

三、国内外多熟种植的发展

早期，由于生产水平的限制，多熟种植发展甚慢，一度被人简单地认为是一种落后或暂时的东西。20 世纪 70 年代以来，由于多熟种植在提高单位面积粮食产量方面起重要作用，开始受到重视。20 世纪 90 年代以来，多熟种植被认为是可持续农业的重要技术，在生物多样性、土壤保护性植被、生物防治等方面受到广泛重视。

（一）世界各地多熟种植的发展

2018 年全球约有 30% 的粮食作物面积采用了多熟种植。亚洲、非洲和拉丁美洲自然条件适宜，且人多地少、粮食紧缺等推动了多熟种植的发展，是传统的多熟种植地区；间混套作与复种相结合、豆科作物与禾本科作物结合是多熟种植的重要特点。而北美洲和欧洲人少地多，农业现代化、机械化程度高，历史上以单作为主；多熟种植则以复种青饲料和耐寒短生育期作物为主，用于农牧结合或土地用养结合。

全球耕地利用强度最高的地区是东南亚赤道附近各国，其次是非洲、中亚、北美洲、南美洲及澳大利亚，其复种指数约为 150%（表 3-2）。大部分欧洲国家仅种植一季作物，复种指数约为 100%，单季作物包括雨养春季作物、夏季灌溉作物（例如玉米）。地中海气候夏季高温少雨，夏季作物常辅以灌溉，例如喷灌、地下水灌溉是意大利、法国与西班牙的绝大部分水稻的灌溉方式。不同的国家，复种指数的变幅差异巨大，而这种差异反映了农田利用强度的显著变化，其原因多与环境因素和农业政策等有关。农业生产资料的短缺（例如土地、水与生产要素投入）与环境的恶化将导致复种指数长期呈下降趋势。例如迫于尼罗河沿岸各国呼吁埃及减少尼罗河水资源消耗的压力，埃及政府大力减少水稻种植面积，导致复种指数降低。

表 3 - 2　2013 年世界部分国家作物复种指数
（引自中国科学院遥感与数字地球研究所，2013）

国家	复种指数	国家	复种指数
亚洲		欧洲	
中国	169	法国	101
哈萨克斯坦	100	德国	101
乌兹别克斯坦	111	波兰	100
孟加拉国	180	罗马尼亚	100
印度	165	英国	100
巴基斯坦	153	乌克兰	101
柬埔寨	256	俄罗斯	106
印度尼西亚	296	美洲	
马来西亚	204	加拿大	127
菲律宾	293	墨西哥	130
泰国	260	美国	135
越南	230	阿根廷	153
伊朗	140	巴西	135
土耳其	159	大洋洲	
非洲		澳大利亚	141
埃及	134		
埃塞俄比亚	140		
尼日利亚	133		
南非	123		

1. 亚洲　亚洲多熟种植主要集中分布在南亚、东南亚和中国。

（1）南亚和东南亚　地处亚热带和热带的南亚、东南亚地区，热量资源丰富，降水充沛，盛行复种。半干旱地区及雨水中等的地区，主要采用小麦—玉米一年二熟复种方式，还有小麦—谷子、小麦—棉花、小麦—饲料等复种方式；多雨地区主要采用小麦—水稻一年二熟制；温暖多雨的水田地区以双季稻为主，还有水稻—旱作物一年二熟或双季稻后再种一季豌豆、绿豆、蚕豆、大麦、油菜等冬作物的复种方式。印度多熟种植的面积大、类型多，豆类、高粱、谷子、小麦、棉花大量实行间套复种，在半干旱雨养旱地 90% 以上的高粱和全部的珍珠粟都采用间作。越南实行玉米与绿豆、大豆、花生、甘薯间套作。菲律宾有生长期短的玉米与生长期长的旱稻、木薯、甘薯或花生等间套作。国际水稻研究所还成功试种过四季水稻，年单产高达 25.65 t/hm²。

（2）东亚　东亚地区的日本、朝鲜和韩国多熟种植不太发达。日本在 20 世纪 60 年代以前盛行麦类、油菜、蚕豆等夏熟作物与水稻的复种，复种指数达 140%；但工业化之后，主要粮食作物小麦、玉米、大豆依靠进口,复种程度大幅度降低。朝鲜人多地少,受制于热量不足,以一年一熟为主,但北部山区广泛分布着玉米与大豆的间作,并利用套作使一年一熟制过渡到一年二熟制。韩国地处暖温带,水田主要实行小麦和水稻一年二熟,旱地多采用麦类与豆类、甘薯、大麻、烟草等一年二熟种植。

2. 非洲 非洲地处热带和亚热带,光热资源丰富,农业生产盛行多熟种植。但由于有明显的干湿季节交替,多熟种植以间混套作为主,复种比重较小。其中,豆科作物和禾本科作物的间混作最为普遍。豇豆几乎全部与其他作物间混作,禾谷类作物比例较高的地区80%的粮食作物实行间混作。

埃及是世界上多熟种植起源最早的国家之一,灌溉条件好,复种程度高。20世纪70年代初期复种指数曾高达188%,主要为一年二熟,冬作物主要是小麦、大麦、蚕豆、三叶草、羽扇豆、鹰嘴豆、小扁豆等,秋作物主要是棉花、水稻、玉米、高粱、花生等。北非的阿尔及利亚也有小麦—玉米(或高粱)一年二熟制。西非的尼日利亚,玉米、豇豆、谷子、山药、棉花、花生、瓜类等主要作物广泛采用间混作。东非的坦桑尼亚的木豆、豌豆、蚕豆、花生均与玉米间作,粟和高粱与花生间作,棉花与粮食作物间作。

3. 拉丁美洲 拉丁美洲除南部为亚热带外,大部分地区属于热带。1 000 m以下的低海拔地区,年平均温度为24~30 ℃,年降水量在2 000 mm以上,宜于多熟种植;1 000~2 000 m的中海拔地区,年平均温度为18~20 ℃,年降水量为1 200 mm,有3~6个月旱季,多熟种植受一定程度的限制;2 000 m以上的高海拔地区,年平均温度低于18 ℃,年降水量不稳定,有6~8个月的旱季,多熟种植受较大影响,复种较少。

拉丁美洲的主要粮食作物例如玉米、菜豆、木薯等多采用多熟种植方式生产。多熟种植的主要类型有禾本科作物与豆科作物间混套作(例如玉米与菜豆间套作)、禾本科作物与禾本科作物间套作(例如高粱与玉米的间套作较为普遍)多年生作物之间或多年生作物与一年生作物间混套作(例如甘蔗与豆类间作,可可、咖啡、橡胶、果树间套粮食作物玉米、木薯、大豆等)。

4. 北美洲 北美洲大部分农业区地处温带,只有南部少部分地区属于亚热带,热量条件或水分条件不利于多熟种植,大部分地区以一年一熟为主。另外,由于人少地多、机械化程度高、畜牧业比重大,实行多熟种植的客观要求也不强。从20世纪60年代以来,多熟种植开始发展并逐渐引起重视,主要是通过多熟种植发展饲料生产。

美国农业人口比重低,以大型机械作业为主的种植业注重农作物的经济效益,认为多熟无助于劳动生产率的提高,以往很少复种。20世纪70年代,美国在其南部进行小麦—大豆、小麦—玉米(或高粱)的一年二熟制试验并获得成功,复种面积开始不断增加,并在中部大平原玉米带倡导一年二熟复种、套作。在南部亚热带地区,大麦/玉米—大豆、大麦—青贮高粱—青贮高粱、大麦—玉米—青贮玉米(或豌豆、菜豆)等一年三熟制也获得成功。美国的复种以青饲料与谷物复种为主,有利于农牧结合。美国的西南部热量条件虽好,但降水量少,难以满足复种需要,除瓜、果、菜生产发达的加利福尼亚州南部复种程度较高外,其他各州仍以一年一熟为主。在得克萨斯等美国南部的一些棉区,为了冬季肉牛放牧和控制风蚀,多采用棉花/冬小麦套作方式,也有小麦—玉米一年二熟的情况。

加拿大人少地多、气候寒冷,主要实行一年一熟制,且盛行隔年休闲制。

5. 欧洲 由于热量资源不足,欧洲大部分地区实行一年一熟,间作很少,只是在20世纪上半叶才开始发展禾本科饲料作物与豆科饲草的混播。20 世纪 50 年代以来，积极发展饲料作物复种，主要是麦类、马铃薯复种或套作饲料作物和绿肥作物。

德国的饲料复种方式有：冬播填闲作物，小麦、马铃薯收获后 8—9 月播种饲用黑麦、箭筈豌豆、三叶草等，次年春收割后再种春作物；麦茬夏播填闲作物，例如羽扇豆、乌足豆、向日葵等，冬前收获；春季在冬播作物中套播三叶草、胡萝卜等。俄罗斯也积极发展饲料复种，在其欧洲部分中部复种饲用粟、青饲玉米、燕麦、油菜等作物。乌克兰复种玉米、高粱、苏丹草、谷子等作物。此外，在欧洲热量条件较好的南部地区也正在积极发展粒用谷物复种或青饲料与谷物相结合的复种方式。

（二）我国多熟种植的发展

在 5 000 年的中华文明历史长河中，传统农业的精耕细作、多熟种植、间混套作等使我国农业经久不衰，在人口激增、农业资源日益短缺、环境恶化、粮食安全日益严峻的形势下，多熟种植必须作为中国农业的精华和特色得以继承和发扬。

1. 间混套作等复种方式增加，复种指数提高阶段　新中国成立以来，我国复种指数提高了近 30 个百分点，相当于增加 2.6×10^7 hm^2 以上的播种面积。20 世纪 70 年代末到 80 年代初，全国进行了大规模、大范围、全局性的农作制改革，熟制增加，复种指数增加。首先，南方农田大多进行了改休闲为一年一熟，改一年一熟为一年二熟，改一年二熟为一年三熟的农作制改革，一年三熟制面积在 1980 年前约 1.0×10^7 hm^2，占南方稻田的 50% 左右；1980 年以后，双季稻的面积有所减少，一年三熟制中油—稻—稻的面积扩大。其次，华北平原小麦和玉米、小麦和大豆等一年二熟面积增加，这个时期的全国平均复种指数达到 150% 左右，其中一年一熟面积约占 36%，二年三熟约占 28%，一年二熟约占 36%，复种指数大幅度提高。再次，北方及南方丘陵山地的间作套作面积扩大，1980 年前后北方小麦和玉米一年二熟面积中约有 75% 实行套作，东北地区玉米和大豆间作面积占玉米播种面积的一半左右，湖北西部、云南、贵州、四川等南方丘陵旱地上间作套作面积也很大。

2. 农业结构调整，复种指数下降阶段　20 世纪 90 年代以来，受农业劳动力转移、种粮比较效益低下、机械化水平不高等因素影响，南方水田的单季稻、冬闲田面积较前期明显增多，仅 1998—2006 年有近 1.667×10^6 hm^2 双季稻改为单季稻。据农业农村部资料，我国南方 16 省（自治区、直辖市）秋冬种植面积仅占耕地面积的 60% 左右，冬闲田面积近 2.0×10^7 hm^2，其中有条件直接利用的约 3.333×10^6 hm^2。同时，黄淮海经济发达地区一年二熟改为二年三熟、一年一熟等，冬小麦种植面积下降、春玉米面积扩大等，导致冬季作物种植面积缩减，复种指数下降。与冬闲田规模较大情况相似，我国夏闲田面积估计也在 3.333×10^6 hm^2，其中华南地区面积在 2.0×10^6 hm^2 以上。研发与冬闲田、夏闲田需求相吻合的作物品种、种植技术以提高复种指数，是我国种植制度面临的重要课题。

3. 粮经饲结合发展，复种指数稳中有升阶段　2008 年以来，围绕提高土地利用效率和农田高产高效，种植制度进行了较大变革。黄淮海农作区、长江中下游等粮食主产区重点构建作物丰产与资源高效同步、适应规模化和全程机械化的技术体系，南方丘陵区重点构建间套作、复种、轮作等作物多样性种植模式和技术体系，蔬菜集中产区重点构建夏闲田高效利用与土壤培肥技术体系。同时，各地在结构调整中积极发展和探索了粮经型、粮经饲型、经经型、种养结合型等多种新型种植制度或农作制度。此阶段，复种指数维持在 150% 以上。

理论上，我国耕地复种指数可达 198.5%。未来 20 年，资源集约持续利用的方向不变，多熟制依然占据主体地位且需要进一步强化，间混套作模式应向土地集约、劳动集约和技术集约方向发展。从理论上分析，我国复种指数尚有 10～15 个百分点的增长空间。我国提高复种指数的主要途径有：①一年一熟区在有条件的地方适当采用间套作或短生育期作物填闲种植，发展旱地农业和绿洲农业技术；②一年二熟区应大力发展经济作物、蔬菜、果树、特用作物、豆科牧草等，将经济作物和饲料作物纳入种植制度中，发展多种多样的间套模式，推广粮饲间套、果粮间作、林草间作等立体种植模式，充分利用冬闲田和夏闲田；③南方一年三熟区，则应逐步恢复和发展稻田多熟制。

第二节 复 种

一、复种的类型和作用

（一）复种的类型

复种的类型有多种，如接茬复种（sowing after previous crop harvesting）、套作复种（relay intercropping）、移栽（transplanting）和再生作（regeneration cropping）等。接茬复种是在一年内上茬作物收获后直接播种下茬作物。套作是在上茬作物收获前，将下茬作物种植在其株间或行间。移栽复种是指把育成的幼苗移栽到大田而形成的复种方式。再生作是指前季作物收获后利用其残茬的潜伏芽萌发、生长、发育、成熟后再收获，达到种一次收两次甚至多次的效果，例如再生稻、宿根蔗、宿根苎麻等。

（二）复种的作用

1. 提高作物总产，确保粮食安全 增加作物产量的 3 种途径，一是扩大耕地面积，二是提高作物的单产，三是提高复种指数增加耕地周年产量。受资源和社会发展水平的双重影响，各国在农业发展的过程中，选择的途径不尽相同。在人少地多或处于开发初期的国家或地区，从面积上扩大生产；在人多地少或经济发展到一定程度、荒地开发潜力较小的国家或地区，增产主要靠提高现有耕地上各种作物的产量。但单一作物产量的提高，在一定的时期内，受品种、作物本身的生理机制和科技水平等条件的限制。运用复种实行种植的集约化，达到多种与高产多收相结合，就成为提高作物产量的另一条重要途径。

2. 促使用地和养地相结合 复种既可提高对土壤肥力的利用，同时又有一部分残余的根、茎、叶归还到土壤中，增加了土壤有机质的含量，改善了土壤的养分状况。复种种植一定面积的养地作物，例如种植一些豆科作物，可以补充和增加土壤有机质和氮素，加速物质循环，保持农田的物质平衡。同时，复种增加了地面覆盖，也减少了水土流失。南方稻田、玉米地复种紫云英、苕子，黄淮海地区、西北地区棉田粮田套作毛叶苕子，低洼盐碱麦地复种田菁等，均促进了用地与养地的结合。复种青饲料，还可促进畜牧业发展，提供更多的有机肥源。

3. 有利于作物平衡增产和全面发展 我国人均耕地少，复种增加了作物的播种面积，缓和了粮、油、烟、饲、果、菜等作物争地的矛盾，为发展多种经营提供了广阔的空间。例如北方棉区，棉花原以单作或套作为主，现已发展成为麦棉复种为主。油料作物中也约有半数以上是进行复种的。

4. 增强系统韧性，改善生产环境 复种后氮、磷、钾等营养元素的输出明显增加。但在秸秆还田的条件下，农田碳素受生物总量增加的影响也显著增加，而氮素等可通过复种豆科作物得到一定的补偿。因此在安排复种时，可以根据地力和条件合理安排相应的作物，既充分利用生长季节，又能保持地力平衡或不过分消耗。

5. 抵御自然灾害，实现稳产高产　复种利用不同作物的生长季节，抵御自然灾害（洪涝、霜冻、冰雹等）能力，实现夏粮损失秋粮补，有利于稳产。例如黄淮海地区遇到低温或干旱年份小麦易减产，通过复种夏播作物可以一定程度上弥补小麦季的减产，保证全年粮食产量基本稳定。

（三）复种增产增效原理

1. 提高光能的集约利用　复种的中心目的是集约利用时间和土地，提高光能利用率。光能利用率（E）的高低与光合效率（P）、光合面积（L）和光合时间（D）密切有关。提高光能利用率的最佳途径为延长作物的光合时间和提高作物的叶日积（叶面积指数及其持续时间的乘积，$LAI \times D$）。

2. 提高热量资源的集约利用　一年一熟利用的生长季有限，复种能提高生长季的利用率。一方面，通过套作、育苗移栽，可以提高季节利用指数，充分利用热量资源。另一方面，复种可减少农耗期或休闲期。农耗期是指前茬作物收获后到后茬作物种植前，由于一些必不可少的农事操作（例如收割、脱粒、晾晒、翻地、整地等）导致农田无作物生长的一段时间间隔。特别在复种季节紧张的地区，要尽量压缩农耗期。例如菲律宾国际水稻研究所将水稻一年一熟改为一年四熟，将一年一熟时的生长季只有不足 5 个月延长到全年，生长季得以充分利用（图 3-2）。

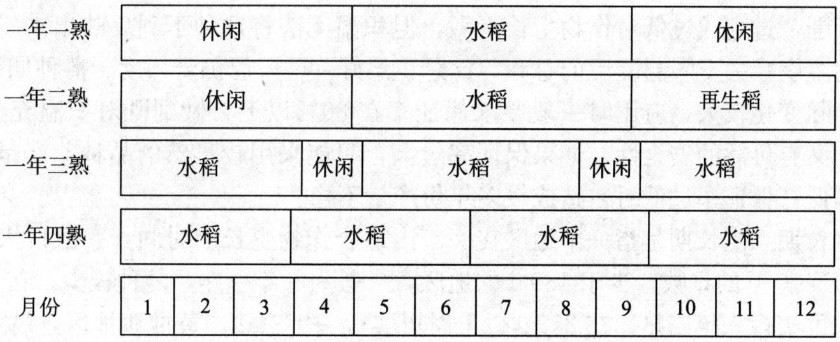

一年一熟	休闲		水稻			休闲	
一年二熟	休闲		水稻			再生稻	
一年三熟	水稻	休闲	水稻		休闲	水稻	
一年四熟	水稻	水稻		水稻		水稻	
月份	1　2　3	4	5　6	7	8　9	10　11　12	

图 3-2　水稻一年一熟变一年四熟对生长季的利用

（引自 Alocilja 等，1981）

3. 提高水资源的集约利用　与一年一熟相比，一年二熟几乎增加了 1 倍的耗水量，因而能充分利用我国湿润地区与半湿润地区的降水或灌溉水。大体上，我国年降水量 600 mm 以上的地区均宜发展复种。

4. 提高土地资源的集约利用　与一年一熟相比，复种从 4 个方面提高了土地资源的利用效率：①增加了耕地的利用次数，使播种面积大于耕地面积；②延长利用时间，低产变高产；③提高了对土壤肥力的利用强度，氮磷钾消耗增加；④生物产量高，增加土壤有机物来源。

二、复种的基本条件

复种方式要与一定的自然条件、生产条件和技术水平相适应。条件不足时，事倍功半，甚至事与愿违，多种反而减产。影响复种的自然条件主要是热量和水分，生产条件主要是劳力、畜力、机械、水利设施、肥料等。当然，为了解决复种与条件之间的某些矛盾，还需要不断更新农业生产技术。

(一) 热量条件

一个地区能否复种或复种程度的高低，热量条件是其决定因素。主要采用以下方法来确定。

1. 热量指标 重要的热量指标主要有积温、生长期和界限温度。

(1) 积温 积温是指作物整个生长期内某一界限以上日平均温度的总和。复种所要求的积温，不是复种方式中各种作物本身所需积温（喜凉作物以 $\geq 0\,℃$ 积温计，喜温作物以 $\geq 10\,℃$ 积温计）的简单相加，而应在此基础上有所增减。例如前茬作物收获后再复种后作物，应加上农耗期的积温。套作时则应减去上下茬作物共处期间一种作物的积温。移栽时，需减去作物移栽前的积温。在我国，如以 $\geq 10\,℃$ 积温计算，一般情况下，积温在 $2\,500 \sim 3\,600\,℃$ 时，只能复种早熟青饲料作物或套作早熟作物；在 $3\,600 \sim 4\,000\,℃$ 时，则可接茬播种一年二熟，但要选择生育期短的早熟作物或者采用套作、移栽的方法；在 $4\,000 \sim 5\,000\,℃$ 时，可进行多种作物的一年二熟；在 $5\,000 \sim 6\,500\,℃$ 时，可一年三熟；$>6\,500\,℃$ 时，可一年三熟或一年四熟。如以 $\geq 0\,℃$ 积温计算，黄淮海地区 $\geq 0\,℃$ 积温与 $\geq 10\,℃$ 积温相差 $300 \sim 600\,℃$，平均相差 $500\,℃$。

积温计算简便，但在指导生产时不能一概而论。因为同一作物，甚至同一品种，在纬度、播种期、地貌以及距海远近等不同条件下，所需积温值有所变化。此外，作物生长有适宜的温度范围，过高或过低对作物生长不利，但积温无法将这种不利反映出来。有效积温，即每日平均温度减去下限温度后的总和，比总积温好一些，但仍受纬度、播种期等影响。另外，温度年际变化较大，应用时一般要求保证率在 80% 以上，做到既对积温充分利用、少浪费热量，又有可靠的安全性。如果保证率过高，只能采用较早熟的品种，产量稳而不高，复种指数偏低；保证率过低时，造成较多年份产量不稳。

(2) 生长期 生长期是指一个地区在一年内适合作物生长的时间，一般以大于 $10\,℃$ 的日数衡量。$>10\,℃$ 的日数，少于 $180\,d$ 的地区，一般为一年一熟，复种极少；在 $180 \sim 250\,d$ 范围内时，可实行一年二熟；在 $250\,d$ 以上时可实行一年三熟。黄淮海地区，越冬作物主要是冬小麦，也可以用小麦收获到日平均气温 $15\,℃$（喜温作物正常生长的下限温度）的终止日期来考虑复种。由于有些秋收作物的终止生长日期是初霜期，因而也有的以小麦收获到初霜（或最低气温 $-2\,℃$）期间日数作为生长期。如果以小麦收获到日平均气温 $15\,℃$ 的终止日期计，$60 \sim 75\,d$ 时以冬小麦—糜子为宜，$75 \sim 80\,d$ 时以冬小麦—早熟大豆或谷子为宜，$85\,d$ 以上时方可种植冬小麦—早熟至中熟玉米。

(3) 界限温度 界限温度是指某些重要物候现象或农事活动的开始、终止或转折点的温度数值。冬季种喜凉作物，但低温应能让作物安全越冬，一般冬季最低气温平均 $-20 \sim -22\,℃$ 为种植冬小麦的北界。夏季种喜温作物，但高温要满足喜温作物抽穗开花的需要。云南的西盟佤族自治县（海拔 $4\,900\,m$）全年 $\geq 10\,℃$ 积温达 $5\,100\,℃$，但由于最热月缺乏较高温度，水稻却难以成熟。四川的广汉市与江苏的苏州市全年积温都在 $5\,100\,℃$ 左右，但广汉市秋季降温早，晚稻安全齐穗期（要求 $22 \sim 23\,℃$）比苏州提早半个月，所以产量很不稳定。黄淮海地区冬季最低温度平均为 $-20 \sim -22\,℃$，最热月为 $25 \sim 26\,℃$，9 月为 $20 \sim 22\,℃$，冬小麦基本能安全越冬，夏季喜温作物能正常生长。

2. 作物及复种方式对温度的要求　不同作物及品种对温度的要求不同，复种时要根据热量资源和作物品种的热量要求，合理安排不同的复种类型和作物组合，使各茬作物都能适期播种、正常生长发育、安全成熟。主要作物对积温的要求见表 3 - 3。

表 3 - 3　不同作物对积温的要求（℃）
（引自刘巽浩，1994）

类别	作物	早熟品种	中熟品种	晚熟品种
喜凉作物（≥0℃积温）	冬小麦	1 700～2 000	2 000～2 200	2 200～2 400
	油菜直播	1 700～1 900	1 900～2 100	2 100～2 300
	油菜移栽	1 400～1 600	1 600～1 800	1 800～2 000
	蚕豆、豌豆	1 500～1 700	1 700～1 900	1 900～2 100
	马铃薯	1 600～1 800	1 800～2 000	2 000～2 300
喜温作物（≥10℃积温）	早稻直播	2 300～2 400	2 400～2 600	2 600～2 800
	中稻直播	<3 000	3 000～3 200	>3 200
	晚稻直播	2 700～3 100	3 100～3 300	3 300～3 500
	早稻移栽	1 700～1 800	1 800～1 900	1 900～2 000
	中稻移栽	2 300～2 500	2 500～2 700	>2 700
	晚稻移栽	2 000～2 300	2 300～2 500	2 500～2 700
	玉米	2 000～2 200	2 200～2 800	2 800～3 000
	谷子	1 700～2 100	2 100～2 400	2 400～2 600
	大豆	2 000～2 200	2 200～2 600	2 500～2 900
	棉花	2 800～3 500	4 000～4 500	>4 500
	甘蔗	4 000	4 000～4 500	5 000～6 500

3. 熟制的总积温计算　计算熟制所需积温时，要在保证主要作物对热量要求的前提下，确定适宜的复种方式和作物品种。

（1）直接计算熟制中各作物所需的积温　不同熟制对积温要求不同，具体复种方式所需的≥10℃积温值概算如下。

以黄淮海地区麦茬复种为例，小麦冬前壮苗需要积温 550 ℃，返青至成熟需要 1 600 ℃，全生育期需要 2 150 ℃，农耗积温 100 ℃；玉米某品种全生育期需要积温 2 200 ℃，农耗积温 100 ℃；水稻某早熟品种全生育期需要积温 2 100 ℃，农耗积温 150 ℃，则有

小麦—玉米需要积温＝2 150 ℃＋100 ℃＋2 200 ℃＋100 ℃＝4 550 ℃
小麦—水稻需要积温＝2 150 ℃＋100 ℃＋2 100 ℃＋150 ℃＝4 500 ℃

以二年三熟中春玉米→冬小麦—夏玉米积温的计算为例，两年为一周期。第一年是春玉米积温（与一年一熟中春玉米的积温相等）加春玉米收获到种麦时的农耗积温，再加上冬小麦播种到停止生长所需积温，即

第一年积温＝春玉米 2 900 ℃＋农耗 100 ℃＋冬小麦 550 ℃＝3 550 ℃
第二年积温＝冬小麦返青至成熟 1 600 ℃＋农耗积温 100 ℃＋夏玉米需积温 2 200 ℃
＝3 900 ℃

（2）按作物生育阶段对热量要求结合气候条件计算　为确保熟制中各作物都安排在适宜的时期和安排好各种复种方式的面积、比重，可按作物的生长及热量要求，结合气候条件具体分析计算。此方法比直接计算熟制中各作物所需的积温，更有利于保证复种对热量的需求。

下面以一年二熟的冬小麦—夏玉米为例，说明计算分析过程。

冬小麦—夏玉米中，冬小麦是主要作物，要想获得小麦高产，首先要确保小麦适时播种、壮苗越冬。即小麦的播种期应按小麦生长发育规律及冬前形成壮苗所需的积温来确定。根据研究，壮苗越冬的小麦，从播种到冬前停止生长需 450～600 ℃积温。这样，可根据当地的 0 ℃终止日期往前推算 450～600 ℃的日期确定为小麦适宜播种期。

其次是确保夏玉米高产安全播期下限。确定玉米的适宜播种期应根据两个原则：①要为夏玉米创造比较适宜的生长发育条件，尤其是生长发育后期；②要适时成熟。其中，首先要确定夏玉米的安全成熟期。一般以 85％保证率下 15～16 ℃的终止日期作为夏玉米的安全成熟期。然后结合当地的气候条件，从这个日期向前推算夏玉米所要求的积温上限和下限，即可得出夏玉米安全播种的日期范围；再根据夏玉米的安全播种期下限与小麦正常年份的成熟期就可以确定夏玉米的适宜品种。

（二）水分条件

一个地区的热量条件决定复种的可能性，而热量条件满足复种的地区能否实行复种还要看水分条件。即在热量许可时，水分条件是决定可行性的关键。例如热带非洲热量充足，可以一年三熟甚至一年四熟，但是一些干旱且没有灌溉条件的地区却只能一年一熟。实行复种在一年内种植作物的次数增多，耗水量增加。但在复种时，上下季有共同使用水分的时期。例如小麦—玉米一年二熟方式中，小麦的麦黄水可作为夏玉米的底墒水（或套作夏玉米的播种水），玉米的攻粒水可作为小麦的底墒水等。因此复种多熟耗水量一般比一年一熟多，但比复种中各茬作物耗水量的总和要少。

降水量、降水分配规律、地表水、地下水资源、作物蒸腾量及农田基本建设等都影响复种。

1. 降水量　我国一些地区热量可以实行一年二熟，但水分不能满足一年二熟要求。例如黄淮海平原一年二熟至少需要 690 mm 水量，高产的小麦—玉米一年二熟需要 900 mm 以上降水量，而降水量只有 600 mm 左右。年降水量大于 800 mm 的地区，例如秦岭—淮河以南、长江以北，可以有较大面积的水稻—小麦一年二熟。年降水量小于 800 mm 但有灌溉条件的地区，也能实行一年二熟。种植双季稻和一年三熟制则要求降水量大于 1 000 mm。若有充足的灌溉条件，也可不受此限制。

2. 降水季节分配　降水过分集中，但旱季时间长，也影响复种。例如云南、海南、广东、广西年降水量在 1 200 mm 以上，但冬季干旱，冬闲田面积远大于长江流域。

降水还影响温度。例如杭州和成都地区，年平均温度及≥10 ℃的积温均相等，年降水量杭州大于成都，但晚稻抽穗期的 8—9 月降水成都较杭州多，雨水多导致了成都秋季气温降低，其双季晚稻的稳产性低于杭州。所以杭州是双季稻区，而成都基本上是水稻—小麦一年二熟区。

降水的季节性分配不仅影响复种程度，还往往影响复种的作物组成。例如黄淮海地区年降水量为 500～800 mm，60％以上的降水量集中在 7—8 月，春季较少，秋季多干旱，年内降水分配不均。山东北部年降水量为 550～650 mm，自然降水的季节性对春播作物一年一熟的保证率最高，主要由于该类作物苗期较耐旱，生长发育中后期需水较多，恰与夏秋雨水充沛的降水特点吻合，所以旱地种植一般稳产性较好。自然降水对二年三熟的保证率为 30%，只能满足小麦需水量的 30%～50%，夏季作物又易遭受涝害和秋旱，所以多数年份需要灌溉或排涝。一年二熟的保证率不到 20%，缺水较多，再加降水季节分配不均，稳产性较差，在无灌溉条件下，产量没有保证。因此在黄淮海地区的旱地上应以一年一熟为主，少量搭配二年三熟；有一定水浇条件但又缺乏保证的土地，以二年三熟或由抗旱夏播作物所组成的一年二熟为主；只有在灌溉有保证的条件下，才可采用一年二熟。

再如长江流域，尽管年降水量都在 1 000 mm 以上，但因降水季节分配不均，各地常有季节性旱涝。其中，长江中下游春雨秋晴地区，晚稻产量较稳，因此双季稻比例大，冬作物（小麦、油菜、马铃薯）面积较小；而春旱、伏旱、秋雨地区，因水稻栽插期缺水和晚稻不够稳产，则双季稻比例较小，冬作物比重大。

3. 灌溉条件　热量丰富但降水不足的地区，需要通过灌溉来解决降水不足、分配不均等问题。干旱地区，没有灌溉就没有农业，无法复种；半干旱、半湿润地区，本来可以一年一熟，但降水不足，无灌溉条件下只好全年休闲蓄水，为下季需水多的作物提供条件。华北地区低水平的二年三熟年耗水 400～500 mm，小麦—玉米一年二熟需水 690 mm，高产需900 mm，复种需要有灌溉条件。合理安排复种作物组合和方式，适应自然降水规律，可以节约灌溉用水。因此搞好农田水利等基本建设是扩大复种、提高产量的根本保证措施之一。

（三）地力和肥料条件

热量和水分条件具备后，地力和肥料条件是复种产量高低和效益好坏的决定因素。复种指数提高后，作物种类增加，产量增加，带走的营养元素也相应提高，而自然归还率，氮只有 1/3，磷为 1/5 左右。因此复种时，要特别注意营养元素的平衡和有机无机的配合，例如施用有机肥、秸秆还田、发展饲养业（厩肥）、加大绿肥种植面积。生产中"三三见九不如二五一十""二五得十比一八得八容易得多"等争论，其实质往往是与土肥水，尤其是肥等因素有关。

但是在各地不同条件下，土壤养分含量的高低与复种程度高低之间并没有明显的相关性，例如许多吨粮田的土壤有机质含量仅有 1% 左右。为了使地力与肥料条件和复种程度相适应，使产量稳定并保持甚至提高地力，采用物质循环概算是一种可行的简便方法，即通过分析并计算农田内养分投入与产出的收支平衡状况，判断当前的复种程度是否合理，是否需要调整复种指数或改变复种的作物种类和品种。

（四）劳畜力和机械化条件

复种时，农忙季节需要在短时间内保质保量地完成前茬作物收获、后茬作物播种以及田间管理等工作。复种田间作业多，季节紧张，用工增加，对劳畜力和机械条件要求较高。因此有无充足的劳畜力和机械化条件也是事关复种成败的一个重要因素。南方多熟地区，一年有 2～3 次"双抢"，即抢收小麦（油菜等）、抢插水稻或抢种玉米，抢收水稻（甘薯等）、抢栽油菜或抢种小麦等，季节十分紧张，特别是四川丘陵区，在两季有余三季不足的情况下，必须抢种抢收才能发展一年三熟制。因此如果劳畜力不足且机械化程度低，则复种会受到很大影响。

（五）市场经济条件

经济效益的大小成为复种能否稳定发展的决定性因素。正确评价经济效益，不能只看土地生产率、劳动生产率、资金收益率或成本利润率等单项指标，而应通过多项指标全面反映。但多项指标反映的趋势往往又不一致，劳动生产率表现高的，其资金收益率不一定高。这样就需要在当地具体条件下，以最能反映当时复种方式主要任务的指标作为主要指标，把其他指标放在次要地位来进行对比、评价。复种经济效益的评价方法很多，一般可采取对各种不同复种方式用有关经济指标进行对比分析的方法，或者拟订几个供选择的方案，从中选出最优方案。

提高复种经济效益的途径大致有 3 种：①增加经营的集约度，增加投入，提高产量，相应地也增加了纯收入；②复种方式中引入高价值的作物，例如经济作物、蔬菜等；③降低成本，在保证各茬作物需要的前提下节省投入。

综上所述，复种的应用和效益是有条件性的，要切实做到因地制宜。具体而言，有以下几方面。

①生长期长的地方复种效果好，生长期短的地方复种效果差。我国由北向南、由西向东，随着热量、水分、生长期等的增加，复种效果越来越好。

②低地力、低水肥、低叶面积的地方，应以改善水肥条件，主攻叶面积，提高一季作物单产为主攻方向。高地力、高水肥、高叶面积，而生长期又允许的地方，应主攻提高复种指数。

③人多耕地少、劳动力充裕、物质能量投入多的地方，适于复种，但要以增加经济收益为前提。地广人稀、耕作粗放的地方，则不适于复种。

④灌溉农田的复种效果好，应用多。半干旱地区无灌溉则不适于复种。而降水量超过700 mm 的半湿润地区，无灌溉也可进行适当的复种。

三、复种的模式和技术

复种是一种时间集约、空间集约、投入集约、技术集约的高度集约型农业。作物生产方式由一熟种植转向多熟种植后，在季节、茬口、劳力、机械化、肥水、品种等方面会出现许多新矛盾，需要妥善加以解决。除加强农田基本建设、增加资金投入创造基础条件外，必须组装集成与之相适应的技术体系，才能发挥复种的产量潜力，实现季季高产、全年增收。在农业技术上需要注意各茬作物组合和品种搭配，实现季节的充分利用，同时也要加强田间管理。

（一）典型复种模式

1. 二年三熟 二年三熟主要分布在黄土高原东南部、山东东部丘陵和中南部山区，主要种植模式有：春玉米→冬小麦—大豆，冬小麦—大豆（绿豆、穈子、谷子）→冬小麦，春甘薯→小麦—芝麻（大豆、花生），小麦→小麦—玉米等。

2. 一年二熟 ≥10 ℃积温在 3 500～4 500 ℃的暖温带是旱作一年二熟制的主要分布区域，例如黄淮海平原、汾渭谷地。≥10 ℃积温在 4 500～5 300 ℃的北亚热带是稻麦两熟的主要分布区，并兼有部分双季稻，例如江淮平原、西南地区。主要模式包括麦玉两熟、麦豆两熟、麦薯两熟、麦棉两熟、稻田两熟、玉米两熟、花生两熟等。

（1）麦玉两熟 麦玉两熟是一年二熟制中面积最大的复种模式，包括小麦—玉米、小麦/

玉米。小麦—玉米主要分布于黄淮海、长江中上游和西南等地，小麦后复播玉米或者免耕直播玉米，适于机械化作业。小麦/玉米是华北平原北部等热量有限区麦玉两熟方式，多采用田间带状种植形式，以利于农事操作。

（2）麦豆两熟　麦豆两熟主要分布在黄淮海平原与江淮丘陵大豆产区，以麦后接茬复种大豆为主，适应热量条件稍差的气候，适于机械化作业。

（3）麦薯两熟　山东、河南、河北、四川、广西、江苏北部等旱地或丘陵坡地，盛行小麦—甘薯一年二熟。

（4）麦棉两熟　麦棉两熟主要在黄淮和江淮棉区，小麦收后 70 cm 等行距育苗移栽复种棉花。

（5）稻田两熟　稻田两熟主要以小麦—水稻、水稻—水稻、油菜—水稻、蚕豆—水稻、马铃薯—水稻、烤烟—水稻一年二熟为主，集中分布在江淮丘陵、西南地区、汉中盆地，气候风险较小，单季稻增产潜力大，适于机械化作业。

（6）玉米两熟　玉米两熟以玉米为主栽作物，对气候灾害适应能力强，包括四川和重庆的蚕豆—玉米、豌豆—玉米和湖南的玉米—水稻。

（7）花生两熟　山东、广东、河南、河北等花生主产区，盛行小麦—花生一年二熟，以麦茬复种花生为主；四川和重庆有油菜（蚕豆、黑麦草、燕麦）—花生一年二熟，华南稻作区还有花生—水稻一年二熟。

3. 一年三熟

（1）旱地三熟制　湖南西北、四川丘陵等南方丘陵旱地降雨较多地区，实行以小麦/玉米/甘薯、小麦/玉米/大豆为主的一年三熟制。

（2）稻田三熟制　以双季稻为基础的一年三熟制，主要分布于中亚热带以南湿润气候区，包括冬作双季稻三熟制、两旱一水三熟制和热三熟制 3 种模式。

①冬作双季稻三熟制：冬作双季稻三熟制包括小麦—水稻—水稻、油菜—水稻—水稻、绿肥（紫云英、黑麦草）—水稻—水稻、芥菜—水稻—水稻、马铃薯—水稻—水稻、甜玉米—水稻—水稻、蚕豆—水稻—水稻等模式，分布于长江中下游和华南各地。在 ≥10 ℃ 积温为 5 000～5 500 ℃、5 500～6 500 ℃ 和 6 000～7 000 ℃ 地区，双季稻应分别选用早中熟、中晚熟和晚熟品种，分别发展早三熟、中三熟和晚三熟。

②两旱一水三熟制：长江中下游水源有限和种植业结构调整地区常采用两旱一水三熟制，例如小麦/玉米—水稻、油菜—玉米—晚稻、蔬菜—水稻—蔬菜、蔬菜—春玉米（蔬菜）/棉花、小麦—大豆（花生）—水稻、小麦—早稻—泥豆、小麦—水稻—花生等。华南地区常采用春烟—水稻—蔬菜、春玉米—晚稻—蔬菜、春花生—晚稻—马铃薯等。

③热三熟制：≥10 ℃ 积温为 7 000 ℃ 以上地区，可发展水稻—水稻—水稻、甘薯—花生—水稻、花生—水稻—水稻等喜温作物三熟制。

（二）复种提升技术

1. 作物组合技术　科学选择适宜的作物组合，是复种成功的首要措施。熟制确定后，选择适宜的作物组合，有利于解决复种与所需热量和水肥条件的矛盾，提高作物的生态适应性，做到趋利避害。主要的作物组合技术有以下几种。

（1）充分利用休闲季节增种一季作物　例如南方利用冬闲田种植小麦、大麦、油菜、蚕豆、豌豆、马铃薯、冬季绿肥等作物；华北、西北以小麦为主的地区，小麦收后有 70～

100 d的夏闲季节可种植夏播作物,例如荞麦、糜子、早熟大豆、谷子、早熟夏玉米等。

(2) 用短生育期作物替代长生育期作物 例如在甘肃、宁夏西北灌区的油料作物胡麻(油用亚麻)生育期长达120 d,与其他作物复种产量不高,改种生育期短的小油菜与小麦(谷子、糜子、马铃薯)等作物复种,可获得较好的效益。黄淮海地区,当热量资源紧张时,采用短生育期的小麦—谷子组合比小麦—玉米组合稳产。长江中下游小麦—水稻—水稻一年三熟制生长季节较紧的地区,用生育期较短的大麦、元麦代替生育期较长的小麦,可有效解决复种与生长季节紧张的矛盾。

(3) 利用间隙生长期进行填闲种植 所谓间隙生长期,是指在大田作物生产中,不足以生长一季粮经作物,但田间空闲时间又较长,一般有2个月左右的时间。填闲种植是指利用间隙生长期种植有一定收获量且有一定价值的短生长期蔬菜、绿肥、饲料等作物。利用短暂的田间空闲时间种植的这些短生长期作物称为填闲作物。例如山东不少地方采用小麦套作早春玉米、麦后播种夏玉米的一年三作二熟复种方式,多在越冬前于宽畦埂上种植菠菜、薹菜等;而于早春玉米收获后,则在夏玉米的宽行距之间播种菠菜或移栽早熟白菜等。近年来,山东利用多熟马铃薯或蔬菜地均存在70～80 d的夏闲,填闲种植一季鲜食玉米、毛豆或饲用玉米,取得较好经济效益。

(4) 发展再生稻 在南方种植晚稻因热量不足而产量不稳定的地区,发展再生稻是一种提高复种、增加产量的有效途径。因再生稻的生育期比插秧的短1/2以上,一般只有50～70 d,产量可达到一季稻或早稻的30%～40%。例如重庆市的再生稻,前季稻收获后只需要施用促芽肥,促壮苗,可获得3 000～4 500 kg/hm²的产量。

(5) 提高抗逆能力的作物组合 例如在水肥条件较差的二年三熟中,选用耐旱耐瘠的春甘薯→小麦—夏花生等作物组合,比采用喜水肥多的春玉米→小麦—早稻作物组合投资少,产量稳定,经济效益高。在低洼易涝地,为适应夏季降雨集中的气候特点,采用小麦和喜水耐涝的水稻或高粱的复种组合,比小麦—玉米复种组合高产稳产。南方地区,可以通过改变复种方式和作物组合来避开自然灾害。例如四川7月下旬到8月中旬一般年份伏旱严重,小麦收后复种夏玉米因遇"卡脖旱"产量不高且不稳,通过改玉米复种为套作,在3月中下旬将玉米套入麦田,7月上旬收获,既可充分利用5—6月的光热资源,又可避开"卡脖旱";麦收后,大苗移栽甘薯,因甘薯抗旱性强,伏旱时虽然受到一定影响,伏旱后却可继续良好生长。这种小麦/玉米/甘薯多熟种植在大面积上产量可超过7 500 kg/hm²,小面积可超过11 250 kg/hm²。

2. 品种搭配技术 作物组合确定之后,进一步缓解复种与热量条件紧张矛盾的重要技术措施就是选择适宜的作物品种。一般来说,生育期长的品种比生育期短的品种增产潜力大。但在复种情况下,不能仅考虑一季作物的高产,必须从全年高产、全面增产着眼,使上季作物与下季作物的生长期彼此协调。在生长季节充裕的地区应选用生育期长的品种,生长季节紧张的地方应选用早熟高产品种。黄淮海地区一般为一年二熟,基本上种植秋播作物(小麦)和夏播作物,关键是要根据当地条件选择好夏播作物的品种。即根据当地麦收后到日平均温度下降到该作物停止生长的下限温度间的积温情况,选择适宜熟期的高产优质品种。实践证明,选择适宜熟期的品种比生长期超过季节允许范围的品种产量高。为争取夏播作物早播,秋播作物小麦也应注意选择早熟高产的品种。在浙江双季稻三熟制地区,以"一早两迟"为主,即冬作物选早熟品种,双季稻以晚熟品种的产量最高。而江苏南部地处北亚热带，双季稻三熟制季节特别紧张，应特别注意早稻和晚稻品种的安排，以绿肥、大麦、元麦为双季稻的前作，并以早熟配中熟或中熟配中熟的双季稻品种搭配方案较为适宜。

品种组合还可起到避灾减灾的作用，例如四川和贵州东部夏季伏旱严重，水稻品种以中早熟为主，避开伏旱。云南春旱严重，水稻选择耐迟栽品种。沿海风力大，宜选择矮秆品种。

3. 季节充分利用技术 作物组合、品种选配都确定了之后，要进一步缓解复种与热量条件紧张矛盾的重要技术措施就是抢时争时，实现季节充分利用。

(1) 改直播为育苗移栽，缩短本田生长期 在劳动力充足，水利条件较好的地区，采用育苗移栽可缩短本田生长期。移栽主要用于水稻、甘薯、烟草、棉花、蔬菜等作物，在麻类、小麦、甘蔗、马铃薯等作物上也有应用。例如中稻的秧田期一般为 $30 \sim 40$ d，双季稻秧田期可长达 $75 \sim 90$ d。长江下游$\geqslant 10$ ℃积温为 5 600 ℃，大麦、元麦双季稻一年三熟制现行品种需积温 5 500 ℃，加上农耗期，总积温不能满足一年三熟，但早稻育秧争取了 650 ℃，晚稻育秧争取了 1 200 ℃，弥补了本田生长期积温的不足。为缩短育苗移栽的返苗期，当前生产中广泛应用营养钵、营养袋、营养块等育苗移栽技术。山东麦棉两熟的发展，与育苗移栽技术的推广应用也有直接关系。

(2) 套作技术的运用 套作是解决前后茬作物争季节矛盾的一种有效方法，较普遍采用的是越冬作物行间套作各种粮食作物、经济作物和蔬菜，或水稻套作绿肥或其他粮食作物等，例如麦田套作棉花、玉米、花生、烤烟，中稻、晚稻田套作绿肥，早稻田套作大豆、黄麻等。

(3) 促进早发早熟技术 促早发就是让作物幼苗生长时期有较好的水分、养分、光照等条件，促使作物早出苗。早发是早熟的基础。具体做法有：①后作物及时播种，缩短农耗期，例如黄淮海地区麦后免耕直接播种夏播作物、南方稻田板田移栽旱作物，都是抢时播种的典型做法；②前作及时收获，例如冬小麦、油菜成熟后要及时收获，玉米蜡熟期可先去掉叶片，让其继续灌浆；③采用促进早熟技术，也有助于进一步解决复种中争季节的矛盾，例如棉花、烤烟施用乙烯利有促进成熟的作用。另外，重视施用基肥，避免后期重施化肥等，也是促进早发早熟、防止贪青晚熟的技术措施。

(4) 作物晚播技术 复种时，在茬口衔接紧张的方式中，有的作物往往晚播，播种季节较紧的地区，例如黄淮海平原北部，为确保玉米丰产，需用中晚熟品种，小麦只能晚播；长江中下游地区麦收后种棉花多晚播等。晚播作物可以适当加大播种量，增加作物的密度。因晚播后营养生长期比较短，植株比较矮小，分蘖或分枝少，密植有利于主茎发育和提早成熟。例如晚播小麦可提高其种植密度，改进播种方法，在返青后按其生育阶段加强水肥管理；晚播棉花可采用高密度、低打顶等技术，实现晚播不减产。

(5) 地膜覆盖技术 采用地膜覆盖可提高地温，保持土壤湿度，可适当提前播种，有利于作物早发早熟。地膜覆盖还可使晚播小麦快发增产，促进棉花、花生等春播作物早发早熟。在黄淮海地区，地膜覆盖有利于实现麦棉两熟及麦瓜菜等三熟。

(6) 株型调整技术 主要是利用植物生长调节剂进行化学调控，例如利用乙烯利、赤霉素等整枝或调控株型；也包括机械或人工进行株型调整，例如油菜和棉花等的拔秆、整形、后期保温覆盖；玉米的折头、割秆、去叶、捆扎等。

第三节　间混套作

间混套作是间作、混作和套作的总称，是精耕细作集约种植的一种传统农业种植方式，至今在世界范围仍分布广泛。间混套作是时间上和空间上集约种植、实现作物高产高效的重要技术。它既是我国耕作制度改革的中心，也是我国农作制度中的重要内容和特色。它对我国农业生产的发展起了重要的作用，是促进农作物高产、高效、持续增产的重要技术措施，也是我国粮食安全的重要保证，已成为我国合理利用农业资源、实现农业高产高效持续发展的重要保障。

一、间混套作的作用和意义

间混套作可提高光温水肥等资源的利用效率，防除病虫草害，增加农业生产系统的生产力和稳定性，解决农产品需求多样化问题，是促进农作物高产、高效、持续增产的重要技术措施。

（一）有利于增产增效，提高土地利用效率

试验研究和生产实践证明，合理的间混套作可比单作显著地增加作物产量，提高土地生产力。我国 20 世纪 80—90 年代涌现出的“吨粮田”“双千田”“吨粮双千田”，大多数与间混套作技术的推广应用有关。近年来，许多地区出现了超高产粮田，例如新疆农业科学院利用小麦、玉米三茬套作技术，使 71.8 hm² 的耕地单产达到 17 436.0 kg/hm²，最高产量达 21 466.5 kg/hm²。

一般采用土地当量比（land equivalent ratio，LER）来反映间混套作对土地的利用程度。土地当量比是指为获得与间混套作中各个作物同等的产量，所需该种植方式中各作物单作面积之和。也就是间混套作中各组分产量与对应单作产量之比的总和，其计算公式为

$$LER = \sum_{i=1}^{n} \frac{y_i}{y_{ii}}$$

式中，y_i 为单位面积内间混套作中第 i 个作物的实际产量，y_{ii} 为单位面积上第 i 个作物单作时的产量。例如在西南旱地小麦/玉米/大豆模式中，小麦、玉米和大豆产量分别为 4 500 kg/hm²、7 000 kg/hm² 和 1 500 kg/hm²，单作产量分别为 6 000 kg/hm²、7 500 kg/hm² 和 2 500 kg/hm²，则有

$$土地当量比（LER）= \frac{套作小麦产量}{单作小麦产量} + \frac{套作玉米产量}{单作玉米产量} + \frac{套作大豆产量}{单作大豆产量}$$
$$= 4\,500/6\,000 + 7\,000/7\,500 + 1\,500/2\,500$$
$$= 0.75 + 0.93 + 0.6 = 2.28$$

土地当量比>1 时，表示间混套作有利，且大于 1 的幅度越大说明增产效益越大；土地当量比等于或小于 1 时，表示间混套作无产量优势。

间混套作在产量增加的基础上，通过农产品多样化来实现经济高效化。四川省眉山市仁寿县玉米/大豆模式，玉米平均产量达到 9 570 kg/hm²，大豆平均产量为 1 987 kg/hm²，土地当量比达到 2，土地产出率成倍提高，产值突破 3 万元/hm²。山东在小麦—玉米、小麦—花生、小麦—黄烟等基础上，纳入瓜果菜一年三作或四作，每公顷耕地增加纯收入 3 000～

4 500元。福建、湖南、四川、浙江、江苏等地开发的立体种养生产模式，例如稻鱼、稻虾等，一般稻谷增产 5%～15%，鱼虾可增收 1 万～5 万元/hm²。

（二）有利于提高光温水肥等资源利用效率

合理的间混套作能在时间和空间上集约利用光温水肥等资源。间套作复合群体通过增加叶面积指数和延长光合时间，提高光热资源利用率。例如在内蒙古河套地区，小麦/玉米、小麦/甜菜比单作可显著提高光能利用率，积温利用率可提高到 96%～99%，土地当量比也达 1.54～1.57。豆科作物和非豆科作物间套作可缓和营养竞争，而且前者可为后者提供部分氮素，非豆科作物能从豆科作物固定的氮中吸收 25～155 kg/hm²。同时，间套作物由于根系分布于不同土层，且各作物养分需求临界期不同，形成了地下部分资源的时空集约化利用。在雨养和灌溉条件下，间套作均可以提高水分利用效率。

（三）有利于农业稳产保收

间混套作可利用不同作物生态适应性差异、资源利用时空补偿机制以及对自然灾害的抵抗能力差异，增强农田生态系统生物多样性和稳定性，提高农田生产力稳定性和市场适应性。例如辽宁西部和黄淮海一带采用的高产玉米与抗旱谷子间作，利用复合群体形成的特有小气候，抑制了病虫害的发生与蔓延；甘肃黄土高原区采用的芸芥、油菜混作，利用芸芥耐旱而油菜喜湿的特点，在干旱和丰水年份都能够稳产。

（四）有利于培养地力，促进农田物质循环

间混套作不仅充分利用了地力，提高作物产量和经济效益，在一定条件下还具有培肥地力、促进农田物质循环的作用。例如豆科作物与非豆科作物间套作，一方面增加产量，另一方面培肥地力，保证后茬作物有较好的土壤肥力基础。在华北地区采用小麦、玉米、甘薯间套作模式比小麦和玉米一年二熟复种的年生物产量提高 22.83%，因而归还给土壤的有机物质数量也相应提高，这对提高农田有机质的积累、促进碳素循环具有积极意义。

（五）有利于协调作物争地矛盾，促进多种经营

在有限耕地上科学安排间混套作，可在一定程度上调节粮食作物与油、烟、菜、瓜、饲料等作物的争地矛盾，有利于多种作物全面发展和种植业结构优化。特别是在人均耕地少的地区，作物多样化往往依赖于间混套作。间混套作在对主栽作物影响较小的情况下，既实现了资源利用的高效化，又满足了对农产品的多样化需求，对优化种植业结构具有重要作用。例如将蔬菜等作物引入各茬粮食作物中进行间套作，不仅保证了粮食产量持续稳定增长，而且解决了粮菜争地矛盾，丰富了蔬菜市场供应。粮食作物和豆科饲料作物间混套作，对建立稳定的饲料基地、提高饲料品质、发展畜牧业有重大意义。

二、间混套作的效益原理

间混套作形成的作物复合群体水平结构复杂，垂直结构明显，群体内部种内与种间竞争激烈。复合群体存在对光温水肥气等生活要素利用上的互补与竞争关系，采取有效管理措施，弱化竞争、增强互补，才能实现间混套作的增产增效。

（一）间混套作增产增效的生态位理论

生态位是指生物在完成其正常生活周期时所表现的对环境的综合适应的特征，是一个种群在生态系统中的功能和地位，包括空间生态位、营养生态位和时间生态位。间混套作下作

物在复合群体中所占据的空间位置、营养级别和生长季节存在不同，也存在生态位差异。间混套作下作物构成的复合群体具有空间上的成层性分布和时间上的演替性分布特征，使得不同作物能够分层利用不同空间层次和强度的光温水肥气，同时不同作物占据不同的生长季节，表现在时间上演替分布，能延长复合群体对生长季节的利用，促进资源高效利用。通过选择适宜的作物种类，组配成具有空间成层分布和时间演替性分布的作物田间群体结构，并运用合理的田间管理技术，发挥作物间的互补作用、削弱竞争关系，充分利用自然环境资源，显著提高单位土地面积的产量和效益，这就是间混套作能够增产增效的原因所在。

（二）空间上的互补和竞争

间混套作复合群体在空间上的互补和竞争，主要表现在光和二氧化碳等方面。

1. 空间上的互补（密植效应）　密植效应是指间混套作复合群体的混合密度大于单作所起到的增产、增值效应。在间混套作的复合群体中，不同类型作物的高矮、株型、叶型、需光特性、生育期等差异较大，将不同类型作物合理搭配在一起，以适应资源空间分配的不均匀性，提高全田种植总密度，充分利用空间。在作物苗期扩大全田的光合面积，减少漏光损失；在生长旺盛期，增加叶片层次，减少光饱和浪费；在生长后期，延长全田绿叶期，保持较高的叶面积；从而保证间混套作复合群体在作物整个生长期内的综合密度高于单作。全国各地的生产经验表明，复合群体的种植密度、叶面积指数均显著高于单作群体，充分利用空间增加密度，增大光合面积，减少漏光损失，提高光的截获量，是间混套作增产的关键所在。

（1）光资源高效利用　间混套作复合群体是将空间生态位不同的作物进行组合而成的立体结构。由于不同作物在形态上的高矮、叶形上的圆尖、叶角的平直、最大叶面积出现的早晚存在一定差异，田间冠层结构高矮相间，改单作群体平面受光结构为复合群体立体受光结构，因此能适应光资源的空间分层性，形成复合冠层对光资源的高效集约化利用。复合群体作物截获太阳辐射多，且光在冠层内分布合理，有利于光合作用和产量提高。高位作物与低位作物间混套作，当早晚太阳高度角小时，高位作物的叶片可以最大地吸收太阳辐射，低位作物多接受高位作物对太阳光的反射光。在中午太阳高度角大的时候，能使高位作物叶片减少向空中反射，强光能较多地透射到下层，为低位作物的水平叶所截获、利用，减少漏光，使更多叶片处于中等光下（图3-3）。特别是当高位作物具有窄叶或近直立叶的形态特征，例如玉米、谷子、甘薯、木薯等，低位作物具有近水平叶，例如豆类、马铃薯、甘薯等，光能高效利用的优势更加明显。采用喜光作物与耐阴作物合理搭配，还可在采光上起到异质互补的作用，充分用光资源。

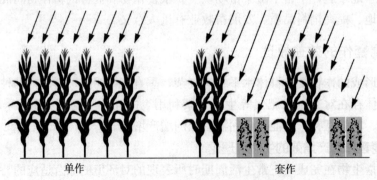

单作　　　　　　　　　　　套作

图3-3　单作与套作的采光面积

（2）改善群体通风状况和二氧化碳的供应 二氧化碳是作物光合的主要原料，作物光合所需二氧化碳主要由叶从空气中吸收。风速与作物群体内二氧化碳的流通量成正比，对光合作用影响甚大。单作时，由于组成群体的个体在株高、叶型及叶片空间伸展位置基本一致，通风透光条件差，往往限制了光合作用的进行。而采用高位作物与低位作物间套作，低位作物生长带成了高位作物通风透光的走廊，有利于减少群体内部阻力和缩小叶表面边界层的厚度，促进复合群体内空气的流通和二氧化碳的交流。

2. 空间上的竞争 间混套作复合群体在空间上的竞争主要是光的竞争，又称为冠竞争。间混作时，冠层较高的作物截光面积大，使低位作物因遮阴而受光少；套作时后茬作物受光条件因前茬作物遮阴而恶化。即高位作物所获得的立体受光优势，往往是建立在低位作物受光劣势的基础上。竞争的后果是：低位作物受光叶面积缩小、受光时间缩短，光合作用效率降低，生长发育不良，最后可能导致生物产量与经济产量下降。据中国农业大学测定，在 $1.7\sim3.3\,m$ 的种植带中，玉米间作的谷子全天受光时间比单作减少 $50\%\sim75\%$，辐射强度减少 $36\%\sim72\%$；间作下的矮秆作物被遮阴后，光合速率比不遮阴处下降 $59\%\sim79\%$。

间套作时，为了获得两种作物的双丰收，提高单位面积的总产量，除了考虑单一作物所接受的光照度外，还必须从有利于缓和两种作物的光竞争、提高全田的光照度着眼。如果一种作物的光照度略减，可使另一种作物光照度显著增加，从而提高全田群体的光合总产量，这对提高单位面积总产量也是有利的。一般认为单作时南北行向接受的光照度大，因而优于东西行向，增产幅度一般在 5% 左右。在北纬 $40°$ 左右的地带，间套作中两种作物的高度差若能控制在 $0.93\sim1.17\,m$，东西行向种植对矮秆作物还是有利的。纬度越低东西行向种植越有利，纬度越高南北行向种植越有利。间作时要求两种作物要有适当的高度差，以能在太阳高度角大的时候增加受光面积，变强光为中等光。高度差过小时，出现单一群体的弊端，生长前期漏光多，旺盛生长期光竞争激烈；高度差过大时，低位作物受遮阴过大，或茎叶徒长，或根本无法生长。

在二氧化碳竞争方面，一般认为作物在进行旺盛光合作用时，群体内二氧化碳浓度较低，植株个体间存在对二氧化碳的竞争，通风可使二氧化碳得到补充而减轻竞争。特别是在高密度连片种植造成一定封闭状况下，间混套作更有利于减轻群体内植株对二氧化碳的竞争。要抑制其对光和二氧化碳的竞争，发挥复合群体密植效应，需从作物种类、品种选择、田间结构配置等方面考虑。

（三）时间上的互补和竞争

1. 时间上的互补效应 复合群体在时间上的互补，表现为时间效应，即间套作复合群体通过延长光合时间产生的增产增值效应。各种作物的时间生态位不同，都有一定的生育期。单作下，只有前茬作物收获后，才能种植后茬作物。间套作可将不同生育期的作物在不同季节进行合理搭配，在一年一熟有余、一年二熟或一年三熟不足的地区，解决前后茬作物争季节的矛盾，实现一年多熟，充分利用一年之中的不同季节。例如将冬小麦—夏玉米一年二熟改为冬小麦/春玉米/夏玉米，平均叶面积指数显著提高，实现了对生长季节的充分利用（图 3-4）。

2. 时间上的竞争效应 间套作时，前后茬作物存在着争季节的矛盾。为了提高套作的总产量，前后茬作物必须在生育期方面协调。前茬作物生长期过长，会通过延长共处期或延迟套作时间而降低后茬作物产量。生育期相近的作物间作，作物种间的竞争大于生育期有差别的作物。生产中，将生育期长短不同的作物进行间作，以减轻种间竞争，可提高单位面积总产量。

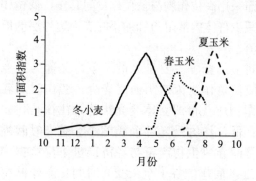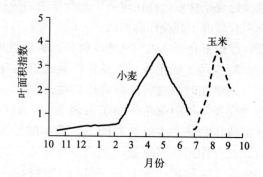

图 3-4　黄淮海平原小麦/春玉米/夏玉米和小麦—玉米模式的叶面积指数动态

(引自李凤超，1995)

（四）地下养分水分的互补和竞争

1. 地下养分水分互补（营养异质效应）　营养异质效应是指利用作物营养功能的差异，合理组配作物所起到的增产增值作用。利用作物营养生态位的异质性，可以全面均衡地利用地力，提高作物产量。首先，作物的根系有深有浅、有疏有密，分布范围尤其是密集分布范围也不相同。棉花、高粱、玉米的根系较深，而水稻、谷子、甘薯、花生根系较浅。小麦最深的根可达 300 cm 以上，向日葵达 240 cm，水稻只有 50～60 cm，而大豆根系 80% 以上分布在 0～20 cm 土层内。将根系特征不同的作物间套作时，地下存在着互补现象。同时，不同作物的根系从土壤中吸收养分的种类和数量也各有不同。玉米和小麦都是需水需肥较多的作物，并且需要较多的氮素养料；烟草和甜菜施用氮素偏多反而影响其品质；豆类能固定自身需氮总量的 1/4～1/2，绿肥作物也能增加土壤中的氮素；甘薯和芝麻对于钾素有较高需求；紫云英、油菜则具有较强的吸收难溶解磷素的能力等。因此将需肥和吸肥特点不同的作物搭配种植，能互补地利用土壤中的养分，充分发挥土地生产潜力。此外，在水土流失严重的山丘地区和砂质土地区，间套作还能增加地面覆盖度和地下根量，减轻甚至防止水土流失和风蚀。

2. 地下养分水分竞争　间混套作时，作物的地下部不可避免地发生水肥竞争，又称为根竞争。套作作物的共生期短于间作，种间关系的密切程度较小，但在共生期间，前茬作物已处于生长发育中后期，后茬作物却在苗期阶段，后茬作物对地下养分、水分的竞争明显处于不利地位，而且往往比间作复合群体中低位作物的竞争力还弱。间混套作情况下，作物之间的间距大小也影响水肥竞争的程度。间距过小时，作物间对水肥竞争大；间距增大时，竞争减小。因此确定作物的适宜间距可缓和作物对水肥的竞争。间套作时，为争取提高全田种植总密度，高位作物往往缩小株距，实行宽窄行种植，使单株营养面积从近似正方形变为长方形。这种不均衡的田间配置，加剧了作物种内个体间对水肥因素的竞争。作物间水肥竞争的强度决定于水肥供应的数量、时机和植株总密度，当水肥量供应不足、不及时和种植密度大时，水肥竞争激烈。间混套作时，掌握合理的种植密度、适宜间距和种植时间，并加强水肥管理，有利于缓和水肥竞争，发挥营养异质效应。

（五）边际效应

边际效应指间作套作时，作物高矮搭配或存在空带，作物边行的生态条件不同于内行而表现出来的特有的产量效应。高位作物由于所处位置高，通风照光条件好，根系分布范围广、竞争能力强，边行生长发育状况和产量高于内行，表现为边行优势。而低位作物边行由于受高位作物的影响，生长状况和产量往往弱于内行，表现为边行劣势。间套作增产的重要原因之一是边行优势，生产中常通过品种选配、模式组合、田间管理等措施来强化边行优势而弱化边行劣势。

1. 边行优势　边行优势产生的原因在不同条件下有较大差异。一般在低产稀植的条件下，水肥条件的改善是其增产的主要原因；而在高肥高密度的条件下，改善光照、温度、通气条件则成为增产的主要原因。玉米间作大豆试验中，用玻璃板将玉米和大豆的根系进行隔离，如以单作玉米产量为 100%，根系隔离的玉米产量为 118%，根系不隔离的为 132%。说明在间作增产的 32% 中，约 18% 是地上部分光照、温度、通气的贡献，约 14% 是地下部水肥的贡献。

边行优势的大小，因作物种类、品种而异。玉米的边行优势较明显，而高粱的边行优势较小。边行优势一般可达 2~3 行，但主要表现在边 1 行，随着行数增加边行优势降低。

2. 边行劣势　与边行优势情况相反，两种作物共处期间，位于高位作物之下的低位作物，无论是在地上部还是地下部，一般都处于不利地位。在环境条件方面，表现为受高位作物的遮阴，受光时间短，光照弱，水肥条件差；在生长发育方面，则表现为光合速率较低，生长弱，发育迟，特别是靠近高位作物的边行，表现更明显。影响边行劣势大小的因素有：高位作物的高度、密度、叶片结构和叶角，低位作物的种类、品种和耐阴特性及与高位作物间的距离、高度、行数（或占据地带的宽度）等。间套作下选择较耐阴的低位作物或品种可以降低边行劣势。

（六）作物之间的克生效应

1. 补偿效应和致害效应　间混套作复合群体中，由于多种作物共处，能减轻病虫害、草害和旱涝风等自然灾害的效应称为补偿效应。而导致病虫草害加重的效应称为致害效应。

间混套作的作物一般比单作作物较少受到病虫害的危害。间混套作复合群体微生境改变，抑制了生态可塑性较小的病虫害发生发展。间混套作条件下病虫的寄主资源密集度下降，复合群体的作物组分对害虫可造成视觉、嗅觉干扰，使其难以发现寄主，只能在非适合的作物上短时间生长发育，降低了它的生存能力和免疫能力。同时，作物多样性增加，天敌增多，可减轻病虫害。例如麦棉套作，瓢虫和食蚜蝇可减轻棉蚜的危害。

间混套作可以抑制杂草生长。例如多年生牧草在第一年生长缓慢，杂草的影响比较大，若与麦类作物混播，可借助麦类作物的快速生长抑制杂草，保证多年生牧草的正常生长。

间混套作具有较高抗自然灾害的能力。将生物学特性（例如抗旱、耐涝、耐冻、抗风能力）有一定差异的作物组合在同一群体内，可通过作物间的补偿效应提高群体整体抗灾能力。调整套作作物播种期也可避免或减轻自然灾害。

间混套作中一种作物为另一种作物起机械支撑作用而产生补偿效应。例如玉米和菜豆间作，高秆玉米可为菜豆攀缘提供支撑，有利于菜豆生长。

2. 化感效应　植物的化感作用是指一种植物通过向环境释放化学物质而对另一种植物或微生物产生有益或有害作用。产生化感作用的物质称为化感物质，主要包括糖类、醇类、酚类、酮类、脂类、有机酸、氨基酸、亚氨基化合物等，这些物质通过淋溶、挥发、土壤传播等途径产生作用。

间混套作的化感效应是指间混套作作物间通过化感作用而产生的增产增值效应。间套作时，应将具有正效应的作物组合在同一群体中，也可通过作物与病虫草之间的负效应来减轻病虫草对目标作物的危害。例如马铃薯和菜豆间作、小麦和豌豆间作可互相刺激生长；大蒜和棉花套作时，大蒜分泌的大蒜素可减轻田间病虫害。

三、间混套作的关键技术

间混套作技术的选择以强化互补、弱化竞争为基本要求。生产中，确定间混套作适宜的作物种类、配置合理的田间结构以及栽培调控管理技术等至关重要。

（一）选配适宜间混套作的作物及品种

将生态适应性具有适度差异的作物组合为复合群体时，互补性强、竞争小。可形象地总结为"六对一"，即：一高一矮、一松一紧、一尖一圆、一深一浅、一长一短、一早一晚。

1. 株型上坚持高矮松紧搭配原则 要求作物种类不同，株型差别大。禾谷类作物株型多紧凑，叶片上倾，与茎秆夹角较小，便于密植和优化群体受光结构；而马铃薯、豆类、其他蔬菜以及各种果树，大多数株型松散。在配置复合群体时，应尽量将紧凑型较高的作物和松散型矮秆作物组合在一起，做到高矮松紧搭配，可发挥作物冠层的光互补效应。

2. 作物生育期上坚持早晚搭配原则 为尽可能弱化共处期的矛盾，间套作时要求作物早晚搭配，避免将两种生育期相近的作物组合在同一群体内，还可通过调整播种时间来调节共处期，同时考虑田间配置方式、前茬作物长势、作物种类等。带幅宽可早间套，带幅窄可晚间套；上茬作物长势好可晚间套，上茬作物长势差可早间套；较耐阴作物可早间套，喜光作物宜晚间套。

3. 作物根系上坚持深浅搭配原则 为全方位利用水分和养分，又不造成大的根竞争，要选择根系下扎深度不同的作物组合。一般而言，直根系的各种作物根系下扎较深，而须根系作物、各种蔬菜的根系横向发展特征明显；生育期短的作物根系分布较浅，而生育期长的作物根系分布较深。除利用生物本身的特征外，还可利用栽培、管理措施调节各种作物的根系深度，减轻作物间的水肥竞争。

4. 光热资源适应性上坚持喜光和耐阴作物搭配原则 水稻、玉米、棉花、小麦、谷子等都是喜光作物，光饱和点和光合强度较高。而大豆、马铃薯、豌豆、生姜、荞麦以及蔬菜类作物较耐阴。构建复合群体时，应将喜光类作物设计为上位作物，耐阴作物设计为下位作物，做到阴阳搭配，提高光能利用效率。

5. 水肥适应性上坚持适度差异原则 作物对水分最大需求时期的错位有利于发挥互补作用，而喜水和抗旱作物的组合对水分资源具有更广的适应性。但是水分适应性差异过大的作物不宜组合在一起，例如水浮莲、水花生、绿萍等水生作物与芝麻、甘薯等怕淹忌涝型作物不能组合在同一群体内。在养分适应性上，对养分需求种类和时期不同是形成互补的基本要求，例如耗氮富碳类的禾本科作物和富氮类豆科作物间易形成互补，而多年生牧草对土壤中难溶性的磷具有较强的吸收能力。

6. 化感作用上选择互利而无害的作物搭配 不同作物根系分泌物间的作用有3种表现：相互起促进或抑制作用、单方面起促进或抑制作用、作用不明显或不发生作用。在作物搭配时，要选择具有相互促进作用或一方面有促进而另一方无害的作物进行组合。

7. 作物选择应坚持高经济效益原则　间混套作选择作物是否合适，除了考虑增产，还需衡量其经济效益。只有经济效益较高的模式才能在生产中大面积推广应用。如果作物组合的经济效益较低，甚至不如单作，其面积必然会缩小，最终被其他模式替代。

（二）配置合理的田间结构

在作物种类、品种确定后，合理的田间结构是发挥复合群体充分利用自然资源优势、解决作物之间一系列矛盾的关键。作物田间结构是指作物群体的田间组合、空间分布及其相互关系。间混套作群体田间结构包括垂直结构和水平结构。垂直结构是指作物群体在田间垂直分布或植物群落成层现象。水平结构是指作物在田间的水平排列，是田间结构配置的关键，主要指标包括密度、幅宽、行数、行株距、间距、带宽（图3-5）。

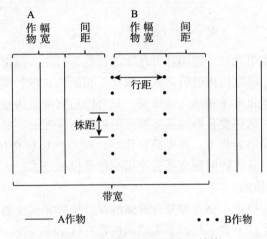

图3-5　间套作的田间水平结构

1. 密度　间套作时一般高位作物的种植密度大于单作，以充分发挥其优势。密度增加程度受作物品种、地力和田间结构影响。水肥条件好时可适当增大种植密度；低位作物受光照、温度、通气、肥料的影响较大，种植密度应略低于单作或与单作相同。为提高高位作物的密植效应和边行优势、增加副作物的种植密度，以获取整体高产，高位作物可采用宽窄行、带状条播、宽行密株、一穴多株等种植形式，做到"挤中间、空两边"，即缩小高位作物的窄行距和株距来保证种植密度，同时增大高低位作物间的距离以强化边行优势、弱化边行劣势。

2. 幅宽　幅宽指间套带状种植中每种作物两个边行相距的宽度（图3-5）。幅宽直接关系到各作物的种植面积和产量。如果幅宽过窄，虽然对高位作物有利，但对不耐阴的低位作物不利；如果幅宽过大，则高位作物增产不明显。幅宽应在不影响播种任务和机械化的前提下，适当根据作物的边际效应确定。

3. 行数和行株距　在作物幅宽确定后，行数和行株距是决定间套作群体密度的主要因素。一般间套模式的行数用行比来表示，即各种作物种植行数比例。图3-5中，3行A作物套作2行B作物，其行比为3∶2。行比主要根据计划作物的产量和边际效应来确定，一般高位作物不可多于边际效应所影响行数的两倍，而低位作物不可少于边际效应所影响行数的两倍，以发挥边行优势和削弱边行劣势。同时，低位作物的行数还与其主次地位和耐阴程度有关，作为主作物时行数要多，以尽量减少高位作物对其遮阴和争夺肥水的影响；作物耐阴性强时，行数可少些。行株距布局合理时可充分挖掘间套作的互补效应。低位作物行数较少时，可缩小行距、加大间距，以减少与高位作物的竞争。

4. 间距　间距是相邻两作物边行的距离。间距所处位置是作物间竞争最激烈的地带。合理的间距既要有利于减少低位作物的边行劣势，又要有利于最经济地利用土地。间距过大时，作物行数减少；间距过小时，会加剧作物间矛盾。影响间距的主要因素有：低位作物行数和耐阴程度、高位作物遮阴强度、水肥条件等。低位作物行数较少、耐阴性差，高位作物遮阴强的，间距应适当加大。一般可根据两个作物行距之和的一半来调整间距。

5. 带宽　带宽是指间套种植的各种作物顺序种植一遍所占地面的宽度，包括各个作物的幅宽和间距。以 W 表示带宽，S 表示行距，N 表示行数，n 表示作物数目，D 表示间距，则有

$$W = \sum_{i=1}^{n} \left[S_i (N_i - 1) + D_i \right]$$

带宽是间套作的基本单元，一方面各种作物的行数、行距、幅宽和间距决定带宽，另一方面上述各指标又都是在带宽以内进行调整，彼此互相制约。各种类型的间套作都要有与自然条件、作物种类和机械化水平相适应的带宽。只有以适宜带宽为基础，才能确定出科学的行株距、行数、间距等，达到复合群体整体增产的目的。喜光的高秆作物占种植比例大而低秆作物又不耐阴时，需要加大幅宽；喜光高秆作物比例小且矮秆作物耐阴时，可窄带种植。而为了便于机械化作业，各作物的幅宽还要不影响作业机械进入。

（三）栽培调控管理技术

根据间混套作的效应原理，要发挥复合群体的互补优势，必须造成时间、空间、营养等生态位的分离与互补，生产上常采用以下栽培调控管理技术来实现。

1. 适时播种、保证全苗　间套作的作物播种时期与单作相比具有特殊的意义。它不仅影响一种作物，而且会影响复合群体内的其他作物。套作时期是套作成败的关键之一。间套作时，前茬作物晚播晚熟或后茬作物早播都会延长共处期，对后作苗期生长不利；而后作播种过晚时，资源利用的空间集约程度不足，增产效果不明显。间套作时，要考虑不同作物的适宜播种期，并采用地膜覆盖等措施提高作物出苗质量，保证全苗壮苗。

2. 加强肥水管理、促控结合　间混套作的作物由于竞争的存在需要加强管理调控生长发育。间套作时，复合群体整体需肥水量大于单作，可通过肥水促控调节不同作物的生长情况。带状种植时可按条带分别进行肥水管理。为减轻后作对前作可能造成的竞争，管理中可适当控制后作肥水，使其前期生长相对缓慢，待前作收获后，加强肥水，使其在较短时间内达到适宜群体结构，最终实现两作的共同增产。

3. 采用化学调控、协调相互关系　应用植物生长调节剂，例如缩节胺等对调控复合群体具有显著功效，可起到控上促下、塑造理想株型、促进发育成熟、协调个体与群体矛盾等一系列综合效益。

4. 加强病虫草害综合治理　合理的间混套作可以减轻病虫草害，但复合群体也可能增添或加重某些病虫害，因此对所发生的病虫害要对症下药，科学治理。除化学防治外，要注意运用群落规律，利用植物诱集、繁衍天敌等方式进行生物防治。

5. 促进提早成熟和收获　间套作下，矮秆作物受高秆作物的遮阴和争夺营养物质，光

温水肥条件差，生长缓慢，迟熟晚发。促进各茬作物早熟、早收，特别是前茬高秆作物早熟早收，对优化后茬作物生长环境、缓和复合群体内作物间的竞争关系具有重要意义。

6. 提高机械作业水平　间套作下不同作物田间管理时间和方式不同，增加了劳动投入和作业的复杂性。可采用带状间套作方式，提高间套作机械化作业水平，对不同作物进行机械化管理。也可根据间套作模式的需要设计新型专用或通用农机具。

四、我国间套作的主要类型和方式

由于农业生产条件不同、参与间套作的作物种类繁多，我国在长期生产实践中形成了类型多样、方式灵活的间套作模式。但混作方式并不常见。这里仅就我国生产上主要间套作类型和方式做简要介绍。

（一）间作类型和方式

1. 粮粮间作　粮粮间作是全国应用面积最广的间作类型，具体间作方式有以下两种。

（1）小麦和玉米间作　小麦和玉米间作适用于≥10℃积温在2 500～3 600℃、年降水量较少的地区，在我国的一熟有余两熟不足地区，例如甘肃河西走廊、山西雁北、陕西北部、东北、内蒙古河套地区等。小麦和玉米间作模式中小麦多为5～6行，玉米为2～3行，小麦收获后玉米生长条件近似于单作（图3-6）。其主要特点是，小麦与玉米带状相间排列，共处期长达60～80 d，但生长盛期重叠极少，能充分利用全年土地和时间，与单作小麦相比提高了生长季节利用率，整体产量可提高57%～75%。

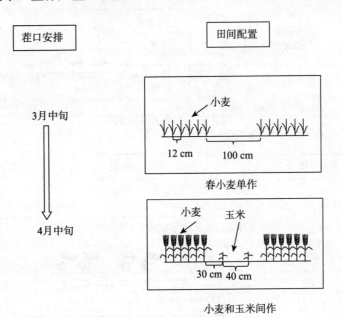

图3-6　小麦和玉米间作

（2）玉米和薯类间作　玉米和薯类间作的薯类主要有马铃薯和甘薯。这种间作方式主要分布在我国西北一熟区、西南丘陵山地冷凉地区。其主要特点是：马铃薯和甘薯地下经济器官需磷、钾多，根浅，与玉米间作营养异质效应明显。马铃薯和玉米间作，玉米喜高温，前期因气温低生长慢；而马铃薯喜冷凉耐低温，前期生长快，且耐阴能力强，能在玉米遮阴情况下正常生长。马铃薯薯块膨大期，由玉米造成的适度低温，有利于干物质积累，提高马铃薯的品质和产量。玉米和甘薯间作，一般在水肥条件较好的耕地上进行，玉米与甘薯的行比一般为 2 : 2。为弱化甘薯薯块膨大期与玉米的争光矛盾，玉米应选用早中熟品种，适时早播，及早收获。

2. 粮经间作

（1）玉米和豆类间作　与玉米间作的豆类主要是大豆，其次为花生，少量为绿豆、赤豆、黑豆、豇豆、菜豆、蚕豆等。这种间作方式主要分布在辽宁南部、华北各地、湖北西部、四川东部、贵州、云南等的玉米种植地区。玉米和豆类间作可充分发挥豆类作物培肥土壤的作用，低水肥条件下适应性更强。其代表模式为玉米和大豆间作（图 3-7）、玉米和花生间作（图 3-8）。两作共处，除密植效应外，兼有营养异质效应、边行优势、补偿效应、化感正效应，能全面体现间套作复合群体的各种互补关系，增产增值作用显著。以玉米为主的间作，可在玉米产量比单作不减少或基本不减的基础上，增收豆类，肥水充足时，玉米间作密度可与单作相等。以豆类为主的间作，要求保证在豆类丰产的基础上增种玉米，生产中可通过扩大豆类行数、两作间距，减少玉米行数或压缩玉米行株距等措施来达到高产高效目的。

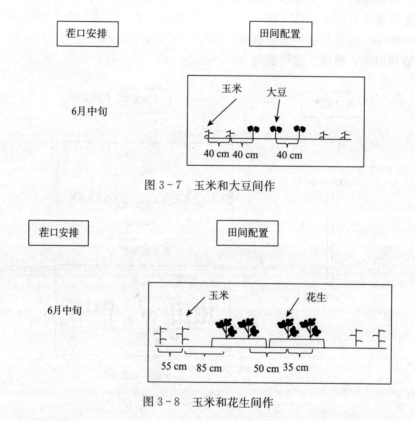

图 3-7　玉米和大豆间作

图 3-8　玉米和花生间作

（2）棉田和蔗田间作　棉田间作时，棉花采用宽窄行种植，在棉花宽行内间作短生育期的作物，主要有大蒜、洋葱、甘蓝（包括花椰菜）和水萝卜等早春蔬菜，以及早熟西瓜或豆科、薯类作物。蔗田间作时，甘蔗宽窄行种植，平均行距不小于单作，一般窄行行距为 50～60 cm，宽行行距为 100 cm，具体根据甘蔗品种、地力和间作作物确定。间作作物种类有粮食作物（例如豆类、薯类、麦类、玉米）、油料作物（花生）等。该模式除可充分利用空间、地力增产增收外，间作蔬菜、食用菌时，因物质投入多，其部分茎叶、废弃物还田后有利于培肥土壤，同时使地表覆盖度增大，杂草和水土流失减少，补偿效果显著。除棉花、甘蔗与粮（经）类作物间作外，北方烟草产区有烟草与花生、甘薯间作的做法，而华北和四川的花生产区有花生与高粱间作的习惯，华北、华南还有蔬菜间作鲜食玉米等模式。

3. 多年生作物间作

（1）农林间作　农林间作主要有风沙沿线区的农桐间作、北方地区的杨树和小麦间作及南方地区的杉农间作。农桐间作是以农作物为主的间作，泡桐树可降低风速和减轻风害，可间作玉米、小麦、甘薯、花生。杉农间作是以杉树为主的林农间作，一年生杉林可间作玉米，二三年生杉林可间作花生、大豆等。树木种植行距大，一般在树木苗期或树木田间透光良好的条件下与农作物进行间作，或通过扩大树木行距长期进行农林间作。

（2）果粮菜间作　果粮菜间作，一是幼龄果树间作一年生作物。例如北方地区在苹果、梨、桃等幼树下间作大豆、薯类、花生、蔬菜等矮生作物，如果树行距 4 m、间作 12 行蔬菜；南方丘陵山区于果树、油茶、油桐、柑橘幼林中间作秋冬菜、花生、大豆、木薯、绿肥等；云南、海南在橡胶下间作花生、大豆。二是以粮、经作物为主的农果间作，例如黄淮海平原风沙区的粮枣间作。

（3）多年生牧草间作粮食作物　近年来，由于国家提倡粮经饲结合，多年生牧草的间作模式受到重视。应用较多的有苜蓿间作粮食作物、多年生牧草间作一年生牧草等模式。苜蓿间作粮食作物的典型模式是苜蓿分带种植，中间留出种植行，苜蓿一般为 2～3 生，按期进行收割，而中间种植行可以种植一季作物或小麦（或小黑麦）—玉米等。多年生牧草间作一年生牧草模式有苜蓿间作小黑麦或黑麦草、苜蓿间作饲用玉米等。这些围绕牧草或饲料作物形成的间作模式对农牧结合发展提供了条件。

（二）套作类型和方式

不同地区由于自然资源差异和社会经济状况不同，套作类型和方式很多。

1. 麦田套作两熟　麦田套作两熟主要分布在华北、西南等热量一熟有余而接茬复种热量不足地区，主要类型有以下几个。

（1）小麦和玉米套作　根据各地热量情况主要有两种类型：窄行晚套和宽行早套。窄行晚套适于≥10 ℃积温在 4 000 ℃以上、复种玉米热量紧张的地区，该模式在小麦播种量和产量不受影响的前提下，于小麦收获前 10 d 左右套作玉米，使小麦收获时玉米正值 3 叶期。要求小麦播种时依据夏玉米所需行距预留套作行，其宽度能进行套作作业即可，多采用三密一稀式或四密一稀式（图 3-9）。宽行早套适于≥10 ℃积温为 3 600～4 100 ℃的地区，在小麦和玉米共处期，为减少小麦对早套玉米的不利影响，预留较宽的套作行，套作两行玉米。

（2）小麦和棉花套作　该模式可缓解主产区粮棉争地的矛盾，提高土地利用率和经济效益。其主要特点：能从时间和空间两方面充分利用全年生长季，小麦利用了冬季和早春棉花不能利用的时间、空间和光热水肥条件，产量较高；套作棉花在共处期存在与小麦争光争地矛盾，生长弱、发育迟，但麦收后生长环境显著改善，前期所受损失可得以补偿，虽晚熟，但产量较高。小麦和棉花套作还对减小风害、抑制返盐以及棉蚜迁入等方面有良好作用。

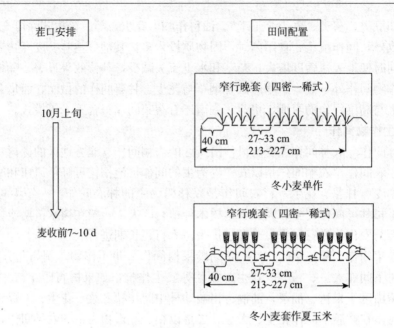

图 3 - 9　小麦和玉米套作田间配置

（3）小麦和花生套作　在黄淮海花生产区，于小麦收获前 10～15 d 套作花生，可改春花生一熟为小麦/花生套作两熟。

2. 麦田套作三熟　麦田套作三熟主要分布于热量两熟有余、三熟不足的地区，包括西南丘陵、黄淮海等地区。在小麦行间套作玉米，小麦收获后于小麦行间再套作其他作物，可延长作物生长期，增大冠层覆盖度，套作三熟可比复种两熟显著增产增收。

（1）小麦/玉米/甘薯　该模式是西南丘陵旱地的主要套作三熟种植模式，采用带状 2 m 开厢模式，小麦、玉米、甘薯行比为 4～6：2：2。3月底4月初在小麦预留空行内种植 2 行玉米，小麦收后种 2 行甘薯。该模式对提高西南丘陵旱地粮食生产能力发挥了重要作用。

（2）小麦/玉米/大豆　该套作三熟模式是西南丘陵旱地传统的小麦/玉米/甘薯模式基础上发展形成的，主要是将耗地作物甘薯改为养地作物大豆。该模式在当年 10 月底或 11 月初播小麦，次年 3 月上旬播玉米，6 月上旬在麦秸覆盖的空行内播大豆，实行换茬微区轮作（图 3-10）。综合考虑丘陵地区地块大小和机具等因素，选取"100-100"带宽配置为机械化复合种植体系的主要模式。

（3）冬小麦/春玉米/夏玉米　在山东、河南、江苏等地形成了冬小麦/春玉米/夏玉米三熟套作超高产模式。3 月下旬在小麦田预留空带移栽或地膜覆盖套作 2 行春玉米，小麦收获后 6 月中旬在小麦带复种 3 行夏玉米（图 3-11），三季总产可达 18 750 kg/hm²。

3. 菜田套作三熟　近年来，在华北地区形成了越冬蔬菜/夏玉米—秋蔬菜的模式。套作的夏玉米如果选择粒用型玉米，要适当早套，一般在 4 月中下旬，以保证夏玉米有充足的生长期；如果选择鲜食玉米或饲用玉米，则可以适当晚套。有些地区，甚至可复种生育期为 70～80 d 的鲜食玉米或饲用玉米。8 月中下旬玉米收获后，种植一季秋季蔬菜，例如菠菜、大白菜等。在此模式基础上可以进行玉米秸秆全部或部分还田，不仅提高了土壤有机质含量和肥力，有利于减轻蔬菜田连作障碍，而且还可提高蔬菜的产量和品质。

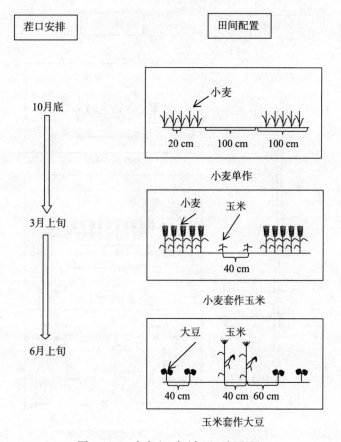

图 3 - 10　小麦/玉米/大豆田间配置

（三）立体种养模式

立体种养模式主要包括稻田立体种养和作物食用菌立体种养。前者多分布在南方地区，后者在南方和北方均有应用。

1. 稻萍鱼模式　在稻田放养鱼类（鲤、鲫、鲩等）和绿萍，垄上栽水稻，垄面养萍，沟中养鱼，形成水稻、鱼、萍多物种共生系统。水稻可降低水体温度，稻田可为鱼提供杂草、昆虫等优质饵料，鱼能除草、灭虫、保肥、造肥，可产稻谷 12 000 kg/hm²，产鱼900～1 000 kg/hm²，具有稳产、高效和增收的显著作用。

2. 稻鸭混合种养　在稻田放养家鸭和绿萍，利用鸭在稻田捕虫、除草、防病、增肥和刺激水稻生长。稻田养鸭、养萍肥稻保稻，改善生态环境，节省农药和化肥，可实现稻鸭增产增收。

3. 稻虾（蟹）模式　在稻田放养河蟹或小龙虾，构建稻蟹、稻虾共生水田生态系统，可提高稻谷品质，稳定水稻产量，增加蟹虾收入。蟹虾可以吃掉田中消耗养分的野草和其他水生生物，不仅节省了除草的劳动力，还能消灭危害人畜的蚊蝇。同时能帮助稻田松土、活水、通气，增加田水溶氧量，起到保肥、增肥的效果。近年来稻虾（蟹）立体种养模式在我国南方稻田得到快速发展，稻田养小龙虾一般产量可达 6 000～7 500 kg/hm²，产值24 万～30 万元/hm²，利润达 12 万～15 万元/hm²。

4. 作物食用菌模式　这种模式主要指利用高秆类作物构建食用菌生活的特殊环境，形成

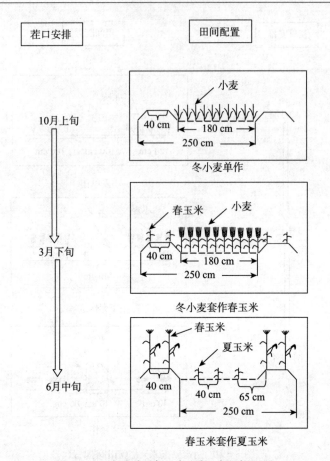

图 3-11 冬小麦/春玉米/夏玉米田间配置

粮经复合模式。例如小麦与羊肚菌、玉米与平菇、甘蔗与黑木耳、香菇等立体种养模式。小麦与羊肚菌间作在山东、河南、江苏等地应用较多，宽行行宽为 120 cm，中间廊道宽为 40 cm，窄行行宽约为 20 cm，羊肚菌于 10 月下旬开始播种，与小麦播种时间接近。与大棚羊肚菌相比，小麦与羊肚菌间作降低了管理的难度。小麦能平衡水分、保持湿度，大棚则需要精细管理。羊肚菌超过 20 ℃就不会出菇，增加了大棚种植的难度，而小麦地却能为其提供透风、阴暗的生长环境。小麦间作羊肚菌产量可达 1 200 kg/hm²，比大棚产量要高10％～30％。

思考题

1. 复种的效益原理包括哪些方面？

2. 复种主要技术特点包括哪些方面？

3. 间作、混作和套作彼此间的相同点及不同点是什么？

4. 间套作复合群体种间互补与竞争关系表现在哪些方面？

5. 间套作的田间结构如何配置？

6. 间套作的主要技术包括哪些？

7. 分别设计一种你所在地区适宜应用的间作方式和套作方式，并说明其增产原因和应用的技术要点。

4 第四章
轮作与连作

本章提要

• 概念与术语

轮作（crop rotation）、连作（continuous cropping）、茬口特性（legacy effect of previous crop）、连作障碍（replant disease）、水旱轮作（paddy-upland rotation）

• 基本内容

1. 轮作的概念、轮作效应以及轮作类型
2. 连作的概念、连作效应及作物对连作的反应
3. 连作的必要性
4. 作物茬口特性

• 重点

1. 轮作在农业生产中的应用、重要性以及理论基础
2. 作物对连作的反应以及消除连作障碍的途径

第一节 轮 作

作物生产是连续使用耕地的过程，在年度间或上下季间，在同一块田合理安排作物种植顺序对于提高作物产量、提高资源利用效率、增加经济效益、提升耕地持续生产能力有重要的作用。轮作（crop rotation）与连作（continuous cropping）就是根据作物对地力的影响、作物与作物间的协调关系、作物对环境的适应能力以及病虫草害控制等原则所制定的能体现作物布局总体要求与种植模式特色的作物种植顺序的组配。

轮作指在同一田地上不同季节内，根据作物特性有计划、有顺序地轮换种植不同作物的种植方式，也称为换茬或倒茬。轮作在世界范围内具有悠久的历史，是世界上最古老和最基础的农作技术之一。我国历史文献中有关于轮作的详细记载。《诗经·尔雅》中的"一岁曰菑、二岁曰新、三岁曰畬"，菑为休闲田，新为休闲之后重新耕种之田，畬为耕种后第二年的田，就是当时休闲轮作制的体现。东汉末年的郑玄注《周礼》（公元前4世纪）引郑众："今俗间谓麦下为黄下，言黄其麦，以其下种豆禾也。"意思是说，现在世间称麦下为黄（稑）下，收割麦子之后，种植禾或豆。北魏农学家贾思勰在《齐民要术》（6世纪）中记载了各种作物前后茬的关系，在《种谷篇》中有"凡谷田，绿豆、小豆底为上"，《种瓜篇》中

有"良田小豆底佳，黍底次之"的记载。长期以来不同轮作方式广泛地应用于我国各地，从广为流传的农谚中也可以反映出人们对轮作换茬的认识和利用，例如北方的"倒茬如上粪""三年两头倒，地肥人吃饱"，南方流传的"年花、年稻、眉开眼笑""一年蚕豆一年麦，种到头发胡须白"等。

与我国一样，世界各国在长期的生产实践中也早已认识到轮作的重要性，并形成和发展了各种不同的轮作制度。16—17 世纪，西欧盛行三圃轮作制，即将农田分为 3 块（圃），第一圃种植冬谷物（小麦、黑麦），第二圃种植夏谷物（大麦、燕麦），第三圃休闲，即冬谷物（小麦、黑麦）→夏谷物（大麦、燕麦）→休闲，3 年 1 个循环。进入 17 世纪，随着生产力的提高和畜牧业的发展，引入了多年生牧草，休闲被多年生牧草取代，三圃轮作制逐渐被打破，发展成为四圃轮作制，以维持和培肥地力。

一、轮作的作用

（一）有效减轻农作物的病虫草害

轮作通过改变农田作物组成和生态环境，起到切断病原菌的寄主和害虫的食物链、破坏有害生物所需环境的作用，有利于作物病虫草害的综合治理。尽管现代农业生产中农药是防治病虫草害的主要手段，但是对于一些障碍性的病虫草害，农药的效果并不理想。一些土传病虫害，例如棉花枯萎病、黄萎病、甘薯茎线虫病、大豆褐斑病、烟草花叶病毒病、西瓜枯萎病、花生蛴螬等，到目前为止唯有轮作才能有效地控制。如表 4-1 所示，大豆与其他作物轮作显著减少了孢囊线虫数量，起到防控孢囊线虫病的作用，并提高了大豆根瘤数和单株产量。此外，轮作可缓解病虫害，柴继宽（2012）研究发现，轮作可以显著降低燕麦蚜虫、红叶病和黑穗病的发生频率；乔月静（2014）研究表明，与甘薯连作相比，轮作能够显著降低甘薯茎线虫数量，显著提高甘薯根际土壤线虫、真菌和细菌多样性。

将水稻和棉花进行水旱轮作可以扼制棉花枯萎病和黄萎病以及水稻纹枯病的发生。试验结果证明，有严重枯萎病和黄萎病的棉田种植一季早稻，淹水 60 d 后，土壤中的病菌数下降 42.9%，再种植一季晚稻，淹水 120 d，病菌数下降 96.8%，连续种植两年双季稻，淹水 240 d 后耕作层土壤中枯萎病和黄萎病的病菌基本消失。在水稻纹枯病发病率达 89.7% 的田块改种棉花后再种水稻，水稻纹枯病发病率仅为 33.2%。有些作物的根系分泌物可抑制某些病菌的发生，通过与这类作物进行轮作可有效减轻病害的发生，例如胡萝卜、洋葱、大蒜的根系分泌物可抑制马铃薯晚疫病的发生。

表 4-1 大豆连作和轮作的孢囊线虫和根瘤密度

项目	前茬					
	大豆	高粱	玉米	谷子	草木樨	向日葵
单株孢囊线虫数（个）	16.20	1.40	1.00	0.63	0.40	5.40
单株根瘤数（个）	39.60	87.30	124.40	83.60	76.50	88.40
单株干物质量（g）	2.93	5.72	7.21	5.53	5.76	6.25

作物的伴生性杂草（例如稻田的稗、麦田的野燕麦等）与作物的生活型相似，甚至形态也相似，很难被消灭。寄生性杂草（例如大豆菟丝子、向日葵列当、瓜列当等）连作后更易

滋生蔓延，不易防除，而轮作则可以通过改变农田生态环境有效地抑制或消灭杂草，是防除农田恶性杂草经济而有效的措施。

（二）协调和均衡地利用土壤养分和水分

轮作是一种用地与养地相结合的技术措施，合理的轮作可以有效调节土壤养分和水分。

1. 调节土壤养分　不同作物从土壤中吸收养分的种类、数量以及养分利用效率各不相同（表 4-2），将营养生态位不同且具有互补作用的作物进行轮作，可协调前茬与后茬的养分供应，均衡利用土壤中的各种养分。

表 4-2　各类作物氮、磷、钾吸收的相对比例

作物种类	氮（N）	磷（P_2O_5）	钾（K_2O）	典型作物
禾谷类	2.22	1	2.89	小麦、水稻、玉米、谷子
粒用豆类	4.26（1.42）	1	1.19	大豆、花生
纤维类	3.22	1	2.77	棉花、大麻
油料	1.80	1	0.89	油菜
块根块茎类	3.00	1	3.66	甜菜、马铃薯

一般而言，水稻、玉米、小麦等禾谷类作物对氮、磷和硅的吸收量较多，而对钙的吸收量较少。豆类作物对氮、磷和钙的吸收量较多，对硅的吸收量较小，而豆科作物吸收的氮素中 40%～60%来自根瘤菌的共生固氮，对土壤氮的实际消耗不大，对磷的消耗却很大。块根块茎类作物对钾的吸收量较大，同时也需要较多的氮素。纤维和油料作物吸收氮、磷都很多。因此如果连续种植对土壤养分需求趋势相同的作物容易导致土壤中特定养分被片面消耗。合理轮作可以均衡使用土壤肥力，前茬作物收获后留下的残茬和根系中所含的养分可一定量地补充土壤中的养分。因此轮作不仅可以应用于化肥投入低的条件下，即使在有大量化肥投入的情况下，也可以充分利用残余的肥效，仍不失为一种经济有效的措施。

2. 调节水分利用　不同作物需要水分的量、时期和吸收能力也不相同，水稻、玉米、棉花等作物需水较多，谷子、甘薯等耐旱能力较强。不同作物根系深度差异较大，对不同土层水分的利用不尽相同。将对水分适应性不同的作物进行轮作换茬能充分且合理地利用全年自然降水和土壤中蓄积的水分。在我国旱作雨养区实施轮作，对于调节利用土壤水分，提高作物产量具有更重要的意义。例如在西北旱农区，豌豆收获后土壤储存的水分较多，对后茬作物的生长极为有利，因此豌豆是多种作物的良好前茬。

（三）改善土壤理化性状，调节和提高土壤肥力

1. 改善土壤物理性状　不同作物生长过程以及相对应的土壤耕作和栽培措施对土壤物理性状的影响有很大的区别，不同作物地上部的覆盖度不同，地下部的根系发育各有特点，生长发育期间采取的管理措施也不一样，因而对土壤结构、耕层构造和对土壤侵蚀状况将产生不同的影响。一般认为，深根性的豆科作物比禾本科作物改善土壤结构尤其是改善下层土壤物理性状的能力更强。而棉花、玉米等中耕次数较多的作物对土壤团粒结构有明显的破坏作用，但在留茬覆盖、少耕免耕种植条件下土壤结构状况也会有一定程度的改善。

另外，我国各地实行的水旱轮作对于改善土壤物理性状具有明显的作用。水田在种植水稻期间，土壤长期浸水，往往导致土壤板结黏重、透气不良、有机质矿化过程缓慢，产生水稻生长不良、施肥效果差等一系列问题。实行水旱轮作可改变土壤透气性和土壤物理结构，有利于促进土壤有机质分解和有毒害还原性物质的氧化，从而提高土壤肥力。

合理轮作有利于改善土壤结构，促进作物生长，同时良好的土壤结构增强了土壤的抗侵蚀能力，尤其是在水土流失严重的地区对减轻水土流失、保护土壤资源有重要的意义。

2. 改善土壤化学性状　轮作对包括土壤有机质含量、全氮含量、速效养分含量和土壤酶活性在内的土壤肥力指标有重要的影响。作物的残茬、落叶和根系以及根系分泌物是补充土壤有机质的重要来源，对于维持和提高土壤有机质含量有重要意义。不同作物的残茬和根系以及根系分泌物向土壤中归还有机质和矿质养分的数量不同，质量也有差别。柴继宽（2012）研究发现，相比于连续 4 年连作，轮作可以提高燕麦田土壤中的有机质、全氮、速效氮、速效钾和速效磷的含量，而且轮作系统中的过氧化氢酶、脲酶、蔗糖酶和碱性磷酸酶的活性均高于连作系统。

3. 改善土壤生物学性状　作物根系分泌物及根际微生物的分泌物对土壤肥力均有重要影响，不同作物有不同的与其共生或寄生的微生物类群，例如菌根真菌、固氮菌等，从而影响土壤有机质的分解与形成、养分转化等过程。据研究，十字花科作物、甘蔗、烟草、三叶草、苜蓿、绿豆、小麦等作物的根系分泌物能刺激好气性非共生固氮细菌的活动，因而有利于土壤中氮素养分的积累，但亚麻类作物根系的分泌物则有抑制固氮菌的作用。

因此合理安排前后茬作物轮换，可以充分发挥作物互作的有益作用，防止对作物生产和生态环境不利的因素；通过改善土壤理化性状，调节土壤肥力，达到保持土地生产力的目的。

（四）合理利用农业资源，提高作物产量和经济效益

根据作物的生理生态特性，在轮作中前后茬作物合理搭配，茬口衔接紧密，既有利于充分利用土地、水分、光照、温度等自然资源，还可以错开农忙季节，充分利用农机具、劳动力、肥料、资金等社会资源，做到不误农时、精耕细作和资源的高效利用。美国、英国、俄罗斯、日本等国均进行过连续十几年或几十年的长期轮作试验，均证明轮作可以有效地利用农业资源。通过轮作，尤其是与豆科作物轮作，可以充分发挥豆科作物的固氮作用，为整个轮作周期内的作物生长提供氮素养分，从而提高作物的氮素利用效率，减少化学氮肥的施用量和过量施用化肥造成的环境污染。

我国不同区域轮作种植增产效应的整合分析研究表明，全国来看，轮作的增产效应为 20%左右。受气候、土壤等因素影响，轮作在西南地区的增产效应较高，约为 38%；在华北地区的增产效应较低，约为 10%（表 4-3）。大田生产条件下，与燕麦连作相比，与大豆轮作能使燕麦全株氮素含量增加 20%左右，产量增加 10%左右（臧华栋，2014）。Peterson 等测算，美国高平原区玉米-苜蓿轮作可以减少 25%氮肥投入而不影响产量，该区域每年因轮作节省肥料的价值为 5 000 万～9 000 万美元（Peterson 和 Russelle，1991）。实行轮作换茬制度还意味着增加农田生态系统中作物种类，改变作物结构，既有利于发挥轮作增产作用，促进多种经营，又增加了农田生物多样性，对提高农田生态系统的稳定性起积极作用。

表 4 - 3　我国不同区域轮作增产效应

(引自 Zhao 等，2020)

地区	样本量	增产效应（%）
全国	216	20.1±3.5
华东地区	18	9.5±4.9
西北地区	92	15.3±6.3
东北地区	48	19.5±4.4
华北地区	29	24.5±10.8
西南地区	29	38.4±9.0

二、轮作在生产中的地位

随着现代农业发展，尤其是农业资源过度开发、农业投入品过量使用、地下水超采以及农业内外源污染相互叠加等带来的生态问题相继出现，推广应用可持续农业技术日益受到青睐。由于轮作在培肥农田地力、提高作物产量、保持农田生物多样性、控制农田病虫草害、降低农业生产成本等方面具有重要作用，因而非常符合当前农业可持续发展的需要。

（一）在低投入传统农业阶段，轮作的主要作用集中体现在地力培肥上

在少肥或无肥的传统农业阶段，轮作的主要作用集中体现在地力培肥上。我国的农谚"倒茬如上粪""要想庄稼好，三年两头倒"等就是对轮作作用的生动描述。轮作主要依靠豆科作物的生物固氮作用来维持土壤中的氮素平衡；依靠谷类作物和绿肥作物残留下的茎叶、根茬及施用有机肥等来维持土壤有机质的平衡；依靠不同作物生长发育期间所采取的农业技术措施及作物根系生长特性等的差异进行合理的作物轮换，从而维护土壤良好的结构；依靠轮作换茬和相应的栽培管理技术，有效地控制病虫草等有害生物的危害。

（二）在高投入的现代农业阶段，轮作的作用受到了削弱，在生产中的地位下降

在现代农业中，化肥、农药、除草剂的施用量大大增加，使轮作养地的基础作用受到削弱。现代农业，利用农药是防治病虫草害的主要手段。但是对某些障碍性病虫草害，特别是病害，即使应用最新型的农药也无济于事。例如大豆紫斑病、花生褐斑病、棉花枯萎病和黄萎病、香蕉枯萎病等，到目前为止，唯有实施轮作才能有效控制，这是现代农业手段所不能替代的。此外，采取合理的轮作，不仅可以继续发挥生物固氮养地作用和减轻病虫草危害，而且在一定程度上可减少制造化肥、农药的能量消耗。

（三）在现代可持续农业体系中，轮作的作用重新受到重视

由于现代农业中农用化学品具有高耗能、高成本、高污染等特点，大量使用势必导致农业生产的不可持续，而轮作在保障粮食安全的前提下可以部分替代农用化学品，因此被认为是可持续农作技术的重要组成部分。

三、主要轮作模式

（一）豆禾轮作

豆禾轮作就是将豆类作物与禾谷类作物进行轮换种植，是我国各地利用相当普遍的一种轮作方式。华北平原不同豆科作物与冬小麦轮作研究表明，豆科作物的根际沉积氮平均约为

80 kg/hm²，向后茬小麦转移量约为 20 kg/hm²，占小麦氮素总需求的 20%（Wang 等，2020）。如前所述，豆类作物茬口对培肥地力尤其是增加土壤氮素养分具有积极作用，而禾谷类作物对氮素需求量较大，豆禾轮作可以巧妙地利用豆科作物生物固氮的功能为禾谷类作物提供氮素营养，另一方面还可以解决豆科作物不耐重茬的问题。

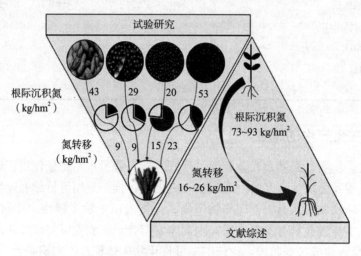

图 4-1 豆科作物根际沉积氮及其转移
（引自 Wang 等，2020）

我国西周时期（公元前 10 世纪）的象形文字金文的"尗"字，除了描述豆科作物的地上部外，还描述了豆科作物地下部的形态，表明当时人们就注意到豆科作物根部着生根瘤。清朝学者王筠在《说文释例》中对"尗"字进行了生动的解释："尗字中'一'为地，'｜'之上下通者，上为茎，下为根，根之左右，当为圆点，不可曳长，盖菽生直根，左右纤细之根不足象，惟细根之上生豆累累，凶年则虚浮，丰年则坚好。"其意是"尗"字中的'一'是地，'｜'上下通，上是茎，下是根，根的左右是圆点，不可拉长，豆科作物为直根系，细根不足以描绘，细根上长出累累的豆状物（根瘤），歉年时虚空，丰年时饱满充实。公元前 4 世纪的《周礼》中已有豆禾轮作的记载，《齐民要术》中认为豆科作物是禾谷类作物的良好前茬。在汉代豆科作物轮作的基础上，到魏晋南北朝时期便形成了一种以豆科作物为中心的种植制度，这种种植制度包括豆科作物与禾谷类作物进行轮作的豆禾轮作制和豆科绿肥同其他作物进行轮作的绿肥轮作制。豆禾轮作制主要包括以下几种轮作方式：绿豆（小豆、瓜、麻、胡麻、芜菁或大豆）—谷—黍、稷（小豆或瓜）；大豆（或谷）—黍、稷—谷（瓜或麦）；麦—大豆（小豆）—谷（黍、稷）；小豆—麻—谷；小豆（晚谷或黍）—瓜—谷。

绿肥轮作制有以下几种。

①稻苕轮作：《广志》记载"苕草，色青黄，紫华，十二月稻下种之，蔓延殷盛，可以美田。"

②谷与绿豆（或小豆、胡麻）轮作：《齐民要术》记载"凡美田之法，绿豆为上，小豆、胡麻次之。悉皆五六月概种，七月八月犁掩杀之，为春谷田，则亩收十石，其美与蚕矢、熟粪同。"

③葵与绿豆轮作：《齐民要术》记载"若粪不可得者，五五月中概种绿豆，至七月八月，

犁掩杀之，如以粪粪田，则良美与粪不殊，又省功力。"

有意识地把豆科作物纳入轮作周期，提高土壤肥力的做法，是我国古代轮作制中一个重要的特点，这也是我国生物养地的先例。古代人们并不了解豆科作物与根瘤菌共生固氮，但人们经过生产实践认识到，豆禾相互轮换种植要比各自单种好很多，并掌握了豆类作物具有肥田作用的初步知识，于是便从经验中确定了豆禾轮作在农业生产中的地位。

豆禾轮作，即耗地作物与养地作物轮换种植，是用地与养地相结合的重要措施之一。豆类作物的养地作用主要体现在根瘤菌与豆类作物的共生固氮。不同豆类作物的固氮能力差异较大，年固氮量范围为 $40\sim200\ kg/hm^2$，平均固氮量为 $140\ kg/hm^2$（表 4-4）。生物固氮受豆科季氮肥和有机肥施用量的影响，生物固氮是高耗能过程，土壤无机氮含量过高会抑制生物固氮。另外，生物固氮还受到土壤肥力（除氮以外，例如钼元素）、土壤 pH 和土壤温度的影响。这些因素进而影响豆类作物对禾谷类作物的后效。

表 4-4　主要豆类作物固氮量

作物名	英文名	学名	年固氮量（kg/hm^2）
大豆	soybean	*Glycine max* L.	100~150
鹰嘴豆	chickpea	*Cicer arietinum* L.	40~50
扁豆	lentil	*Lens esculentus* Medik.	40~68
花生	groundnut	*Arachis hypogaea* L.	150
豌豆	field pea	*Pisum sativum* L.	65~100
木豆	pigeon pea	*Cajanus cajan* L.	100~200
绿豆	mung bean	*Vigna radiata* L.	60~112
豇豆	cowpea	*Vigna unguiculata* L.	90
羽扇豆	lupine	*Lupinus* sp. L.	60~100
黑吉豆	black gram	*Vigna mungo* L.	100
蚕豆	faba bean	*Vicia faba* L.	130
三叶草	clover	*Trifolium pratense* L.	100~150

豆禾轮作效应可分为氮效应和非氮效应。氮效应是指豆科作物固氮而提高了对后茬禾本科作物的氮供应，从而减少了氮肥用量。豆类作物固氮量取决于遗传潜力、根瘤菌和共生关系，豆类作物建立共生关系的能力受到环境因素和管理措施的影响。尽管如此，豆禾轮作中前茬豆类作物对后茬禾谷类作物的直接正效应经常被观测到，可能是因为豆科前茬仍比禾本科前茬为后茬提供更多有效氮。由于氮盈余效应，即相比氮投入不足的禾谷类作物，豆类作物基本不消耗土壤氮，或是由于低碳氮比的豆科残茬限制了土壤矿质氮的固定，为后茬禾谷类作物提供较多的有效氮。豆类作物的氮效应受后茬禾谷类作物施氮量的影响，在缺氮环境中比在富氮环境中表现得更为明显。

豆类作物的非氮效应是指受生物和非生物因子调节的影响，生物因子包括病、虫、草害的发生，非生物因子包括有效水分或者除氮以外养分、土壤 pH、土壤有机质和土壤结构的变化。

轮作效应的量化评价是豆禾轮作制度设计的基础。全球范围内，与禾谷类作物连作相比，豆禾轮作使后茬禾谷类作物增产 29%；在欧洲，减氮 23~31 kg/hm² 的前提下后茬禾谷类作物依然增产 0.5~1.6 t/hm²；在撒哈拉以南的非洲，豆禾轮作使禾谷类作物增产 41%（0.49 t/hm²）；在中国，粒用豆科作物和饲用豆科作物分别使后茬增产 27% 和 25%；在澳大利亚，粒用豆科作物使后茬小麦增产 1.2 t/hm²；在北美洲，大豆和豆科绿肥分别使后茬玉米增产 10% 和 40%。豆禾轮作使碳投入减少 16%，致使土壤有机碳降低 5.3%，覆盖作物的引入可弥补碳投入不足的弊端。豆禾轮作本身固氮并减少氮肥用量，因此减少温室气体排放。考虑到轮作的增产和减氮效应，豆禾轮作全周期经济效益与连作相当。豆科作物营养全面、丰富、营养价值高，是高品质食物和饲料，有益人类健康。鉴于豆禾轮作较好的农艺效益、经济效益、生态效益和社会效益，其将在土壤健康、农业生态服务、气候变化适应和可持续农业中发挥越来越重要的作用。

除此之外，近年不同品种间的轮作制度也逐步被应用于实际生产中，主要利用品种间的作物表现型、对养分和水分的需求、抗病性和根际微生物群落结构等的差异，打破部分连作障碍，实现作物种植的增产增效。

（二）水旱轮作

水旱轮作主要是指水稻田中在水稻收获后种植旱地作物，采用水稻与旱作作物进行轮作。水旱轮作的方式有很多，有各种各样的旱地作物（例如小麦、油菜、马铃薯、豆类、西瓜、玉米等）均可与水稻进行轮作。水田在种植水稻期间，土壤长期浸水，往往导致土壤板结、透气不良、有机质矿化过程缓慢、水稻生长不良、施肥效果差等一系列问题。通过旱作作物倒茬可以改善稻田土壤长期淹水的还原状态，减少土壤中有毒有害物质的积累，促进有机质分解，有利于土壤结构的改善，从而提高土壤肥力。水旱轮作还可以打破稻田的重要伴生杂草稗的生存环境，有利于稗的生态防除。另一方面，水稻生长季节内的淹水状态也有利于防治旱作作物的病虫草害。

（三）休耕轮作

休耕轮作是一种特殊的轮作方式，是为让土地休养生息而在一定时期内采取的保护、养育、恢复地力的措施，或者是为调控产量而主动在作物生产季节撂荒一部分土地的种植制度。欧美发达国家和地区开展轮作休耕的时间较早，并取得了积极成效。为防治水土流失、提高农业生产力和保护自然资源环境，1933 年美国全面开展土地退耕和保护研究，同年，相继出台多项法案，把土地休耕提升到制度层面。1956 年，美国联邦政府启动土地银行项目，在休耕农地上种植保护性植被，休耕期限为 3~10 年，并以短期休耕控制产量，以长期休耕保持水土。从 1961 年开始，美国政府规定农场主至少要休耕 20% 的土地。休耕轮作也是欧洲联盟农业政策的重要组成部分。1992 年欧洲联盟开始了农业政策的麦克萨里改革，旨在鼓励农民实行休耕，以降低农业生产对环境的损害，调控粮食供给总量和实现市场平衡。2000 年欧洲联盟将休耕面积比例固定为 10%。

休耕轮作制度在我国有悠久的历史。《周礼·大司徒》记载："凡造都鄙，制其地域而封沟之，以其室数制之：不易之地家百亩，一易之地家二百亩，再易之地家三百亩"。这里的"不易之地""一易之地"和"再易之地"是指休耕时间的长短，分别是不休耕、休耕 1 年和 2 年。《春秋公羊传·宣公十五年》何休注说："司空谨别田之高下善恶，分为三品，上田一岁一垦，中田二岁一垦，下田三岁一垦。肥饶不得独乐，硗确不得独苦，故三年一换土易居，财均力平"。这里所指是根据地力差异而选择种植制度。北魏《齐民要术》中有"谷田必须岁易""麻欲得良田，不用故墟""凡谷田，绿豆、小豆底为上，麻、黍、故麻次之，芜菁、大豆为下"等记载。可见，我国古代的农耕文化中就有重视土地休耕轮作的传统智慧。新时期我国休耕轮作制度试点是在全社会已形成共识、粮食储备充足及国际形势有利于实施休耕轮作的前提下提出的。我国的休耕轮作制度既不可照搬欧美规模农业经济体的做法，也不可照搬东亚小规模农业经济体的经验。在区域层面，应基于各自的问题导向、资源本底和耕地利用特点，有针对性地设计差异化的休耕模式。在生态脆弱区，应以保护和改善农业生态环境为优先目标。在粮食主产区，应以调控农业产能为主导目标。在地下水漏斗区，应探索实施节水保水型休耕模式，减少耗水量大的作物的种植面积，使地下水位得到逐渐回复。在重金属污染区，应探索实施清洁去污型休耕模式，采取生物措施、化学等措施将重金属污染物从耕地中提取出来。生态严重退化区，应探索实行生态修复型休耕模式，使生态系统结构和功能得到恢复。

第二节　连　作

一、连作的概念

连作（continuous cropping）与轮作相反，是指在同一田地上连年种植相同作物，生产上把连作也称为重茬。

在一般情况下，轮作与连作相比，具有改善地力，防治病虫草害，扩大多种经营及稳产、高产、增产、增收的良好作用，因此实行轮作优于连作。但是在经营管理上，轮作也存在一些缺点，一是采用轮作要增加作物种类，经营规模较小的生产单位，要同时熟练掌握多种作物的生产技术比较困难；二是不同作物的轮作，栽培、收获和储藏加工，都需要不同的农机具、设备和建筑，必然增加总投资。而连作虽然存在与轮作优点相反的缺点，也恰恰具有与轮作缺点相反的优点，特别有利于专业化、商品化的集约经营。

连作是现代农业生产中广泛应用的一种种植制度。社会需求量大的粮、棉、糖等作物，不实行连作便难以满足全社会对这些农产品的需求；另外，某种特定的资源条件最适宜栽培某种作物，也不可避免地出现该作物的连作。

二、不同作物对连作的忍耐程度

实践证明，不同作物、不同品种、同一作物不同品种连作致害的原因和程度有差异，甚至同一种作物同一品种在不同气候、不同土壤及不同栽培条件下对连作的忍耐力也有差别。日本对连作的有害性做了一次全国性调查（表4-5），表4-5反映了不同作物、同一作物不同品种和同一品种在连作时表现出有害、无害的调查数目以及连作致害减产幅度。结果显示，连作无害的有44种，以水稻、洋葱、甘薯、玉米、小麦、大麦、胡萝卜、南瓜为最多；而65种作物连作有害，以番茄、黄瓜、陆稻、豌豆、青芋、魔芋、大豆、西瓜、白菜等较甚。日本调查结果和我国作物对连作的反应基本一致。

按照作物对连作的反应敏感性差异，结合我国主要作物种类以及各地经验，可归纳成下列4种情况。

（一）忌连作作物

忌连作作物以茄科的马铃薯和烟草及番茄、葫芦科的西瓜以及亚麻、甜菜等为典型代表，它们对连作反应最为敏感。这类作物连作时，作物生长严重受阻，植株矮小，发育异常，减产严重，甚至绝收。其忌连作的主要原因是，一些特殊病害和根系分泌物对作物有害。据研究，甜菜忌连作是根结线虫病所致，西瓜怕连作则被认为是根系分泌物水杨酸抑制了西瓜根系的正常生长。这类作物通常需要间隔 5~6 年或以上方可再种。

（二）不耐连作作物

不耐连作作物以禾本科的陆稻，豆科的豌豆、大豆、蚕豆和菜豆，麻类的大麻和黄麻，菊科的向日葵，茄科的辣椒等作物为代表，其对连作反应的敏感性仅次于上述第一类忌连作作物。这类作物一旦连作，生长发育受到抑制，造成较大幅度的减产。连作障碍多为病害所致，这类作物宜间隔 3~4 年再种植。陆稻连作减产的主要原因是轮线虫及镰刀菌数量增加所致。大豆连作障碍产生的原因是由土壤营养元素亏缺、土壤物理性状和化学性状及生物活性改变、病虫害加剧等原因综合作用于大豆，使大豆生长发育受阻，产量下降。

表 4-5　不同作物对连作的反应

（引自日本农林水产技术会议，1970）

作物	连作有害数量	连作无害数量	连作大致减产（％）	作物	连作有害数量	连作无害数量	连作大致减产（％）
番茄	23		35	甘蓝	4	2	56
黄瓜	21		40	甘薯	3	9	25
陆稻	18	1	20	玉米	3	8	40
青芋	14	1	30	小麦	3	8	30
魔芋	14	1	30	甜菜	3		15
西瓜	12		30	烟草	2	1	15
白菜	11	1	40	蚕豆	2		30
豌豆	10		50	葱	1	6	30
大豆	9	2	30	南瓜	1	5	20
茄子	8		20	油菜	1	2	17
啤酒大麦	6		40	水稻		12	
胡萝卜	6	6	30	洋葱		10	
花生	5		30	大麦		7	
马铃薯	4	3	20	意大利黑麦草		2	

（三）耐短期连作作物

甘薯、紫云英、苕子等作物为耐短期连作作物，它们对连作反应的敏感性属于中等类型，生产上常根据需要对这些作物实行短期连作。这类作物在生产上连作 2~3 年受害较轻。

（四）耐连作作物

这类作物有水稻、甘蔗、玉米、洋葱、麦类、棉花等作物，它们在采取适当的农业技术措施的前提下耐连作程度较高，其中又以水稻和棉花的耐连作程度最高。

1. 水稻　水稻喜湿，可在较长期的淹水条件下正常生长。这是因为水稻体内通气组织发达，氧气可从地上部源源不断地供给地下根部，使根际的还原性有毒物质铁、锰等被氧化使其毒性丧失，根系免遭其害。

2. 棉花 棉花根系发达，分布广而深，吸收土壤中养分的范围宽且较均匀。在无枯萎病、黄萎病感染的情况下，只要施足化肥和有机肥，可长期连作且表现出高产稳产。有的棉区地块连作年限已长达 100～200 年甚至以上。

3. 麦类和玉米 麦类和玉米均为耗地的禾谷类作物，在种植过程中，土壤有机质和矿质养分下降迅速。通过及时补足化肥和有机肥，在无障碍性病害的情况下，长期连作产量较为稳定。但若施肥不足，则连作产量锐减（表 4-6）。

表 4-6 小麦长期连作对产量的影响（kg/hm²）

（引自英国洛桑试验站，1852—1931）

时期	不施肥	施厩肥	施化肥
第 1 个 10 年	1 156.7	1 883.1	—
第 2 个 10 年	1 069.3	2 300.0	2 421.1
第 3 个 10 年	975.2	2 522.0	2 723.7
第 4 个 10 年	699.4	1 930.1	2 098.3
第 5 个 10 年	847.4	2 569.0	2 582.5
第 6 个 10 年	827.2	2 636.3	2 589.2
第 7 个 10 年	733.0	2 360.5	2 501.8
第 8 个 10 年	612.0	1 822.5	1 842.7

注：施厩肥是指每公顷每年施厩肥 98.8 t；施化肥是指每公顷每年施化肥 1 561.6 kg，其中含氮 118.9 kg、磷 74.0 kg、钾 107.7 kg。

三、连作障碍分析

作物多年连作使得土壤营养物质偏耗、理化性状恶化，土壤的供肥能力降低，根系分泌的自毒物质累积，农田生态系统失衡，病虫草害加重，连作障碍日益突出。连作障碍（replant disease）是指连续在同一土壤上栽培同种作物或近缘作物引起的作物生长发育异常，从而导致作物产量锐减，品质恶化。导致连作障碍的根本原因有以下几个方面。

（一）连作导致土壤养分失衡

同种作物连年种植于同一块田地上，由于作物的吸肥特性决定了该作物吸收矿质营养元素的种类、数量和比例是相对稳定的（表 4-7），而且对其中少数元素有特殊的偏好，吸收量大，而对另外一些元素则吸收量小，年年种植该种作物，势必造成土壤中某些元素的严重匮乏，造成土壤中养分比例的失调，作物生长发育受阻，产量下降。

表 4-7 主要作物单位产量养分吸收量

作物	收获物	形成 100 kg 经济产量所吸收的养分量（kg）		
		N	P₂O₅	K₂O
水稻	籽粒	2.25	1.10	2.70
冬小麦	籽粒	3.00	1.25	2.50
春小麦	籽粒	3.00	1.00	2.50
大麦	籽粒	2.70	0.90	2.20

（续）

作物	收获物	形成 100 kg 经济产量所吸收的养分量（kg）		
		N	P$_2$O$_5$	K$_2$O
玉米	籽粒	2.57	0.86	2.14
谷子	籽粒	2.50	1.25	1.75
高粱	籽粒	2.60	1.30	1.30
甘薯	鲜块根	0.35	0.18	0.55
马铃薯	鲜块茎	0.50	0.20	1.06
大豆	籽粒	7.20	1.80	4.00
豌豆	籽粒	3.09	0.86	2.86
花生	荚果	6.80	1.30	3.80
棉花	籽棉	5.00	1.80	4.00
油菜	菜籽	5.80	2.50	4.30
芝麻	籽粒	8.23	2.07	4.41
烟草	鲜叶	4.10	0.70	1.10
大麻	纤维	8.00	2.30	5.00
甜菜	块根	0.40	0.15	0.60
甘蔗	茎	0.19	0.07	0.30
黄瓜	果实	0.40	0.35	0.55
茄子	果实	0.30	0.10	0.40
番茄	果实	0.45	0.50	0.50
胡萝卜	块根	0.31	0.10	0.50
萝卜	块根	0.60	0.31	0.50
甘蓝	叶球	0.41	0.05	0.38
洋葱	葱头	0.27	0.12	0.23

（二）连作导致土壤物理性状恶化

某些作物连作或复种连作，会导致土壤物理性状显著恶化，不利于同种作物的继续生长。例如南方在长期推行双季连作稻的情况下，因为土壤淹水时间长，加上年年水耕，土壤大孔隙显著减少，容重增加，通气不良，土壤次生潜育化明显，物理性状恶化，严重影响连作稻的正常生长。此外，作物在生长发育过程中会大量吸收阳离子元素，释放 H$^+$，导致土壤 pH 降低，造成土壤酸化（刘来等，2013）。酸化土壤不利于有益微生物繁殖，抑制了土壤养分循环，同时一些有害微生物会大量繁殖而导致作物生长不良（贡璐等，2012）。并且，由于复种指数高，pH 降低，土壤有机质含量降低，致使土壤团粒结构减少，进而造成土壤板结。

（三）连作导致土壤水分大量消耗

土壤水分含量是土壤肥力因素的重要因子，某些作物吸收水量大，连作易造成土壤水分这一生态因子的恶化，导致水分不足而减产。例如甜菜、向日葵等，连作后的茬地土壤水分显得不足，从而影响后茬的正常生长。

（四）连作导致有毒物质积累

首先，植物在正常的生长活动过程中不断地向周围环境特别是土壤中分泌特有的化学物质（次生代谢物质），并因此而产生自毒作用，这些分泌物在土壤中积聚，对同种植物会产生毒害作用，即植物的化感自毒作用。现有研究（He 等，2009）表明，这些分泌物主要是酚类化合物，例如苯甲酸、对羟基苯甲酸、2,5-二羟基苯甲酸、苯丙烯酸、肉桂酸、香豆酸、阿魏酸、香草酸、香草醛、水杨酸、丁香酸等，会降低植物体中的赤霉素和生长素水平，抑制植物体中的酶活性，还影响植物对矿质元素的吸收，对一些作物自身的生长发育具有强烈的抑制作用。Pramanik 等（2000）从黄瓜根系分泌物中鉴定出苯甲酸及其衍生物、肉桂酸及其衍生物等，并证明这些物质会阻碍黄瓜对养分的吸收。

土壤中另一类有毒物质为还原性有毒物质，主要有铁、锰等的还原性物质及硫化氢（H_2S）和有机酸等。我国南方稻区，常年实行双季稻连作，还原性有毒物质积累加强。这些有毒物质对水稻根系生长有明显的阻碍作用。

（五）连作导致病虫草害加重

病虫害的蔓延加剧是连作减产的另一个因素。连作时，某些土传病害显著加重，害虫虫口密度增大，危害加剧。某些专化性病虫害蔓延加剧，例如小麦根腐病、玉米黑粉病、西瓜枯萎病等，在连作情况下都将显著增加，均可导致作物产量锐减和品质下降。

农田杂草危害作物，主要是杂草与作物争夺养分、水分和空间，恶化生态环境，在与作物共生期间更为突出。作物连作栽培时，伴生性杂草和寄生性杂草对作物的危害累加效应突出，产量锐减，品质下降。

（六）连作导致土壤供肥能力降低

连作时土壤微生物种群数量和比例失调，土壤酶活性下降，降低了土壤的供肥能力，致使作物减产。根系分泌物介导的植物-微生物-土壤互作关系对于土壤肥力、健康状况以及植物生长发育具有重要作用。研究表明，连作障碍大多数是由根系分泌物介导的作物和土壤中特异微生物共同作用的结果。林文雄等对太子参、甘蔗、烟草等不同作物连作下的根际微生态特性进行研究，发现在作物根系分泌物特定组分的介导下，某些类群的微生物（例如土传病原菌）大量繁殖，同时抑制有益微生物（例如假单胞菌等拮抗菌）的生长，进而改变植物根系分泌物的组分和数量，为趋化性病原微生物提供更多的碳源和能源，形成恶性循环，造成植物生长发育不良。

四、连作弊端的消除途径

连作带来的连作障碍，即便是采用最先进的现代化手段也难以完全消除，但是可以采取一些技术措施有效地减轻连作弊端，使连作年限延长，耐连作程度低的转变为耐连作程度高的，不耐连作的作物也变成可耐某种程度的连作。

（一）物理技术

可采用适宜有效的土壤耕作措施，改善土壤理化性状，促进有毒物质分解，调节土壤微生物活动状况，提高土壤供肥能力。例如采用各种技术对土壤和茎叶进行处理，杀死土壤病菌、虫卵及草籽；消灭土壤中障碍性微生物，减少有毒物质，可使连作障碍减轻。

（二）化学技术

大多数禾谷类作物连作多年后，营养严重偏耗，有机质含量下降，由此产生土壤养分不平衡现象。及时足量地施肥和灌溉,可以消除连作营养偏耗和水分不足;增施有机肥,可保持土壤有机质和矿质养分的动态平衡;采用合理的灌排措施,可冲洗土壤有毒物质。一些因病虫草害及土壤微生物区系变化等生物因素造成的连作障碍,可以用现代的生物技术、植物保护技术予以缓解。

(三)生物技术

同一作物不同品种生物学特性不同,抗病虫品种比感病虫品种连作受害轻。选用高产抗病虫耐瘠薄高产品种进行有计划的轮换便可有效地避免某些病虫害的发生和蔓延。不同品种的需肥特性也有一定程度的差异,品种轮换有利于维护土壤养分的平衡。凡是有利于控制病虫蔓延和杂草滋生的各种农业技术措施都可缓解连作的危害。实行水旱轮作,改善农田生境,可降低连作危害程度,延长连作年限。

五、连作的应用

在低投入的传统农业阶段,长期连作的弊端是十分明显的,由于连作导致土壤营养物质的偏耗、物理性状恶化、水分大量消耗、有毒物质积累、病虫草害加重,所以人们往往把连作视为一种必定要产生不利影响并降低农作物产量的种植方式。这种观念也导致了长期以来人们对连作的模糊认识。随着农业科技的飞速发展,现代科学技术和化学制品大量投入农业生产,可以有效地克服或减轻连作所产生的某些不利影响,因而一些作物连作后的产量和经济效益不但不会降低,反而会大幅度地提高,这同样是被国内外大量生产实践所证明的事实。实践表明,在我国具体条件下,连作和复种连作,仍然普遍存在,与轮作并存。某些作物在有的地区或部分田块,采用连作或复种连作,甚至多于轮作。

(一)社会需要决定连作

有些作物(例如粮、棉、糖等)是人类生活必不可少的,社会需要量大,不实行连作便满足不了全社会对这些农产品的需求。

(二)资源利用决定连作

我国各地资源优势不同,所适宜种植的作物也随之而异,为了充分利用当地的优势资源,不可避免地出现最适宜作物的连作栽培,例如南方的水稻连作栽培、黄淮海平原的冬小麦—夏玉米复种连作栽培。

此外,有些地方因受到自然条件限制,只能种植某种作物,必须实行这种作物的多年连作,例如南方许多烂泥田、低洼田,因排水不良,只得年年栽培水稻或其他水生作物。

(三)经济效益决定连作

一些不耐连作的经济作物例如烟草,由于经济效益高,其种植相隔年限由原来的"四年两头种"变为"两年一种""一年一种",例如小麦—夏烟→小麦—夏烟。棉花也是如此,在黄萎病、枯萎病发生严重的棉田,本不能再种棉花,但由于种粮效益不高,种棉比种粮合算,因而继续实行棉花连作。

(四)作物结构决定连作

在商品粮、棉、蔗基地,这些作物比重在轮作计划中占绝对优势,基地内作物种类必然出现单一化现象,导致商品性作物的多年连作或连作年限延长。

我国连作的主要模式与分布地区如下。

1. 小麦连作制　春小麦连作制主要分布在东北地区，冬小麦连作制主要分布在北方无灌溉的冬麦区。

2. 棉花连作制　棉花连作制主要分布在新疆棉区。

3. 玉米水稻连作制　玉米水稻连作制主要分布在东北、西北、华北的部分地区。

4. 烟草连作制　烟草连作制主要分布在西南地区的云南、贵州的烟田。

实际生产中，特别是在设施栽培中，一些不耐连作的经济作物（例如烟草、番茄等），由于经济效益高，轮作换茬年限缩短，最终导致连作。

第三节　作物的茬口特性与合理轮作

一、作物的茬口特性

作物具有不同的生物学特性和生态作用，而且栽培管理措施（例如养分管理、灌溉、土壤耕作等）也不尽相同，因此种植不同作物后，会对土壤的理化性状、土壤动物和微生物以及农田杂草状况产生不同的作用，这将或多或少地对下一茬作物的生产造成影响。为了合理安排作物生产，首先需要了解作物茬口特性。

茬口特性是在作物连作或轮作中，给予后茬作物以种种影响的前茬作物及其茬地的泛称；也指作物种植及收获后的土壤，由于作物自身的生物学特性及相应的人工栽培管理措施给后茬留下的种种影响。

前茬是生产中上一年或上一季种植的作物，也称为前作。

后茬是生产中下一年或下一季种植的作物，也称为后作。

重茬指在同一田块连续种植同一种作物。

倒茬又称为换茬，指后茬种植与前茬不同的作物。

前茬与土壤以及土壤与后茬之间相互关联，如果需要知道前茬通过茬口对后茬的生长发育、产量及品质有什么影响，后茬对前茬有什么要求，就需要研究作物的茬口特性。茬口特性是指栽培某作物后的土壤生产性能，是在一定的气候、土壤条件下，作物本身的生物学特性及其耕作栽培措施对土壤共同作用下形成的，在土壤肥力、土壤理化性状、病虫草害等方面表现出的差异。根据不同作物的茬口特性，选择合适的作物形成适宜的轮作顺序，就形成了特定的轮作方式。

根据 Zhao 等（2020）数据整合分析结果，与连作相比，与麦类作物轮作对后茬的产量影响不显著，但当其他谷类作物为前茬时，后茬增产 $14.7\% \sim 25.9\%$（$P<0.05$）。块茎类作物和油料作物分别使后茬增产 $9.0\% \sim 29.4\%$ 和 $8.4\% \sim 23.7\%$。前茬为豆科作物时，轮作增产效应最大。其中，籽粒豆科作物和豆科饲草茬口分别使后茬增产 $21.5\% \sim 32.5\%$ 和 $8.0\% \sim 41.4\%$。而且，与不含豆科作物的茬口相比，种植过豆科作物的茬地轮作增产效应更大（$21.4\% \sim 31.6\%$），前茬不含豆科作物时仅使后茬增产 $4.3\% \sim 16.9\%$（$P<0.05$）。不同后茬产量对轮作的响应不同。轮作使麦类作物产量增加 $19.2\% \sim 30.8\%$，但其他谷类作物轮作并不能显著增产。同样地，轮作显著增加了豆类作物和"棉花和烟草"的产量，分别增加 $19.6\% \sim 29.4\%$ 和 $12.5\% \sim 34.3\%$。块根块茎类作物轮作的增产幅度最大，增幅达 34.4%。

二、作物茬口特性的形成和评价

（一）茬口特性形成的影响因素

1. 时间因素 前茬的收获时间和后茬的种植时间的早晚也是评价作物茬口特性的重要方面。一般规律是，前茬收获早时，其茬地有一定的休闲期，有充分的时间进行施肥整地，土壤熟化好，养分丰富，对后茬的影响好，反之则差。茬口的早晚主要决定于作物种类及其品种的生育期长短、当地气候土壤条件以及播种收获的季节。作物茬口季节特性对后茬影响的时间较短，一般只影响一季后茬。

2. 生物因素 生物因素包括不同作物本身生长发育特性、病虫草害及其引起的土壤营养状况变化和土壤生物的变化。

（1）作物本身生物学特性对茬口特性的影响

①作物引起的土壤矿物营养及有机质变化：不同作物收获后，茬地土壤中有机质和各种营养元素含量不同，因而表现出不同的茬口肥力特性。作物对土壤矿质营养氮磷钾及微量元素和土壤有机质的收支情况是造成作物茬口特性差异的一个重要原因。作物生长和收获会从土壤中带走大量有机物和无机养分，同时，作物也可通过落叶、根系、秸秆残茬等向土壤中输入相当数量的养分和有机物。不同作物从土壤吸收和归还养分和有机物的特征不同。豆科作物与根瘤菌可固定大气中的氮素，将固定的氮素以根系分泌物、脱落物、秸秆残茬等方式归还给土壤，而且豆科秸秆含氮量较高，其碳氮比较低，在土壤中易于分解释放养分；相比之下禾谷类作物秸秆的碳氮比较高，不易腐烂分解。

②作物的覆盖度和根系：作物的覆盖度与土壤松紧度和保持水土的能力有很大的关系，因为覆盖度会影响土壤湿度、温度及雨水拍击、冲刷等对土壤的物理作用程度。土壤容重通常可用作判断土壤松紧度和土壤孔隙度的指标。通过分析连续两年对不同作物茬口 $0\sim20\ cm$ 土壤容重的测定结果发现，覆盖度小的玉米和高粱茬地土壤容重较大，土壤紧实；覆盖度大的大豆和谷子茬地土壤容重较小，土壤较疏松。

③作物根系：作物根系与土壤之间的关系比地上部与土壤之间的关系更为直接、密切和复杂。前面已经阐述了作物根系对土壤养分及土壤生物的作用将产生不同的茬口特性，这里介绍根系自身特点对茬口的影响。作物根系的形态、分布与数量以及根系的物质组成对土壤有机物的补给和对土壤理化性状的影响极大。在黑钙土上的研究结果表明，几种作物根系干物质量占地上部干物质量的比例，玉米为 16.0%，小麦为 10.1%，苜蓿为 16.6%，对土壤结构有良好影响的依次为苜蓿、玉米、小麦。因作物根系的碳氮比和物质组成成分的不同，根系分解的快慢、土壤养分转化的速度以及腐殖质的水平均有较大差异。作物根系含氮量，大豆为 2.04%，甘薯为 1.96%，油菜为 1.04%，小麦为 0.81%，谷子为 0.58%，含氮量高的根系分解较快。此外，作物根系大小、留茬高低、根系分布的深度和广度对土壤耕性和结构状况也有直接的影响。因此研究作物根系在土壤中的发育和功能对于了解作物的茬口特性十分重要。

（2）土壤微生物对茬口特性的影响　不同作物微生物区系、种类和数量不同，这些微生物对于后茬有的表现为有益，有的表现为有害。不同茬口的土壤微生物状况，对土壤肥力的影响有明显的区别，有的具有明显的正相关。

农田生态系统中作物、土壤和土壤微生物三者之间的相互关系及作用过程非常复杂，迄今为止对其了解尚不够深入。作物根系常分泌许多可溶性化合物，例如矿物质、酶、氨基酸、有机酸、糖类化合物、乙醇等，不仅对土壤肥力产生作用，还会影响土壤微生物状况，而土壤微生物群落结构和功能的变化又会对土壤性状和肥力产生影响，并因此影响后茬的生长。

通常情况下，禾谷类作物根际微生物中的纤维分解菌多于豆科作物的根际微生物，而豆科作物的根际微生物中硝化细菌和氨氧化细菌多于禾谷类作物的根际微生物。沈阳农业大学利用玉米、大豆、向日葵和草木樨4种作物研究根际微生物随茬口的变化规律，结果表明，前茬根际微生物类群在后茬生长发育的前期和中期均占主导地位，只有在中期过后，后茬根际微生物类群才占主导地位。重茬条件下土壤真菌数量要多于换茬，而细菌数量则少于换茬。

（3）病虫杂草对茬口特性的影响　农田生态系统除了作物之外，还包括多种植物、动物、微生物等生物种群。种植不同作物的农田往往会有不同的生物群落组成，例如与水稻伴生的稗、与谷子伴生的谷莠子、与小麦伴生的野燕麦、与大豆伴生的苍耳以及寄生的菟丝子、与收获地下器官的作物马铃薯和花生等寄生的地下害虫等。作物的枯枝落叶和残茬也会成为病虫害的寄居场所和食物来源。因此前茬可能会影响后茬的病虫草害情况。前茬病虫草害严重时，对同科、同属的后茬就是不良的茬口。禾本科杂草多的茬地，尤其不适宜种植谷子。红蜘蛛发生重的茬地不宜种植棉花和大豆。立枯病发生重的茬地不宜种植棉花和烟草。病虫杂草严重的农田作物，如果连作多年，其不良后果还有积累作用。

（4）栽培措施对茬口特性的影响　不同作物生产过程中采用的耕作栽培措施不同，也会使用不同的肥料、农药等化学投入品，因而对茬口特性的形成将产生深刻的影响。土壤耕作的方式（例如起垄、翻耕、少免耕等）以及耕作的深度对土壤的理化性状和杂草发生的影响显著。例如茎叶类的作物烟草、蔬菜等，吸收消耗大量土壤养分，而归还土壤的养分甚微，由于对其管理精细，肥水充足，作物收获后仍有很多余肥，所以还是后茬的好前茬，后茬在少施肥的情况下，产量还比较高。不同作物的水分管理方式也不同，例如水稻田长期淹水对土壤氧化还原状况的作用影响极大。不同作物在生产实践中需要投入不同的化肥、农药等人工合成化学品，特别是部分除草剂的使用，其在土壤中的残留可能会危害下茬，尤其是在不直接接受雨水冲刷的设施栽培条件下，其危害可能更为严重。

前茬对土壤环境产生影响，进而影响后茬，最终体现在后茬的生长发育和产量上。但是作物的茬口特性是复杂的，茬口的好坏是有条件的，也是相对的。茬口好坏要看和什么作物相比，还要看在什么地方，以及在什么条件下。一般认为苜蓿茬是许多作物的好茬口，但对啤酒用大麦则会导致大麦种子中含氮多，使啤酒品质差，故不是其好茬口。含氮多的茬口对需氮多的禾本科作物是好茬口，而对茄科的烟草则不是好茬口，也是因为含氮多而影响烟叶的品质。在黄淮平原夏大豆产区，豆茬在瘦地上是好茬口，因瘦地土壤中缺氮是主要问题，同时，在瘦地上豆科作物固氮能力强，能为本身和后茬提供一定数量的氮素营养。但在肥地上豆茬就不一定是好茬口，因为这时不但其固氮能力差，而且茬口晚的特点更为突出，从而影响了冬小麦的播种期。晚熟作物对冬小麦常是坏茬，而对下一年的春作物可能是好茬口。

总之，影响茬口特性的因素很多，在某种情况下，这种因素的影响是主要的，而在另一种情况下，别的因素的影响则可能变成主要的。因此分析茬口特性时一定要全面考虑，并且判断茬口好坏也不能离开具体条件和对象，只有这样，才能正确地评价茬口，正确地为轮作或连作选择茬口，以利于前茬与后茬相互衔接，扬长避短，趋利避害。

（二）作物茬口特性评价

1. 富氮类作物与富碳耗氮类作物　从作物与土壤养分关系的角度来看，各类作物对于沉淀性元素（磷、钾、钙等）都是消耗的，但对于氮和碳却有消耗和增加之分。

（1）**富氮类作物**　富氮类作物主要是豆科作物，包括食用豆类作物与豆科饲料、绿肥等。富氮作用显著的是多年生豆科牧草，例如苜蓿、三叶草等，是欧美各国实行农牧结合培肥地力的重要手段。生物固氮可提供豆类作物一生所需总氮量的 $50\%\sim75\%$，前期施足有机肥，就可完全满足豆类作物一生对氮的需求。豆类作物根茬和脱落物较多，土质疏松，土壤含氮量高。豆科根际沉积氮量是禾本科作物的 4 倍以上，且根际沉积氮是根系氮的 2 倍以上，主要位于 $0\sim25\ cm$ 土层（图 4-2）。因此根际沉积氮可能是豆茬氮素的主要来源之一，大豆对后茬燕麦全株氮素的贡献最高可达 14%，氮转移约有 $1/3$ 来自根际沉积氮，$2/3$ 来自大豆秸秆腐解释放氮素（臧华栋，2014）。富氮类作物以其对土壤增氮和平衡土壤氮素的作用，成为麦类、玉米、水稻及各种经济作物的良好前茬，表现不同程度的增产作用。

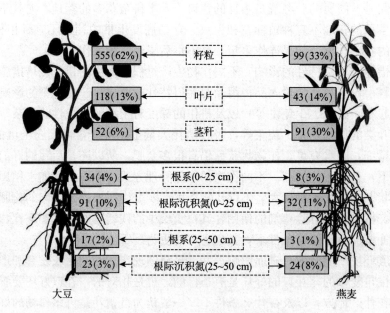

图 4-2　大豆与燕麦根际沉积氮和氮分配比较

［植株上的数据是氮素在作物-土壤系统中的分配，括号内的是相对比例，括号外的是绝对量（mg/株）］

（引自 Zang 等，2018）

多年生豆科牧草，例如苜蓿、三叶草等，富氮作用很显著，每公顷固氮量可达 199.5 kg。一年生食用豆科作物固氮较少，只有 $49.5\ kg/hm^2$，其地上部被人们收获，带走了相当部分的氮，其数量大体和所固定的氮相当，二者相互抵消，所以对土壤氮量增减没有明显的影响。但即使如此，比禾本科作物耗氮还是少得多。豆科绿肥固氮量一般在 $30\sim45\ kg/hm^2$，翻埋后可全部归还土壤，具有一定的养地作用，但由于固氮量不多，对养地的作用有限。多年生豆科牧草根冠比大，例如苜蓿和三叶草高达 $1:2$，而一年生豆科作物是 $1:5\sim7$（表 4-8），前者有利于促进土壤有机质的积累，而后者的作用较小。绿肥对土壤有机质积累没有明显作用，但可使土壤有机质品质有所改善，胡敏酸和富啡酸的比值有所增高，土壤结构也得到一定改善。

表 4 - 8　各种豆科作物地上部和地下部的干物质占比与含氮率

（引自孙渠，1981）

作　　物		大豆	豌豆	白花草木樨	苜蓿	三叶草
干物质占比	地上部	87.8	85.5	73.5	66.5	66.5
（%）	地下部	12.2	14.5	26.5	33.5	33.5
含氮率	地上部	2.58	2.70	2.41	2.96	2.70
（%）	地下部	1.91	1.45	2.04	2.07	2.34

（2）富碳耗氮类作物　富碳耗氮类作物主要指禾本科作物，主要包括水稻和各种旱地谷类作物小麦、玉米、谷子、高粱等，消耗土壤或肥料中较多的氮素。禾谷类作物氮吸收量中的 10%～12% 可以残茬、根系的形式归还土壤，种植这些作物后，若不施氮肥，土壤氮平衡是负的。但从土壤碳素循环看，这类作物也有有利的一面。禾本科作物生物量很大，能够还田的根茬、茎叶数量也很多，在生长过程中固定了空气中大量碳素。通过根茬或茎叶还田可以把所固定的大量碳素投入土壤中去，因而有利于维持或增加土壤有机质的水平。富碳耗氮作物由于病害较轻，是易感病作物的良好前茬。该类作物耗氮较多，其前茬以豆类作物、豆科绿肥为好。禾豆轮作换茬，相互取长补短，有利于土壤碳氮平衡。

2. 抗病作物与易感病类作物　禾本科作物对土壤传播的病虫害的抵抗力较强，比较耐连作。茄科、豆科、十字花科、葫芦科等的作物易感染土壤传播的病虫害，不宜连作。在轮作中，要坚持易感病作物和抗病作物相轮换的原则。同科、同属或类型相似的作物往往感染相同的病害，要尽量避免它们之间的连续种植。

同种作物的不同品种抗病能力不同，因此选用抗病品种，进行定期或不定期的品种轮换也是作物病害综合治理的重要方法，尤其是对防治流行性强的气传病害（例如水稻稻瘟病、小麦锈病和白粉病）、土传病害（例如多种作物的线虫病、萎蔫病）以及其他方法难以防治的病害（例如小麦、水稻、烟草的病毒病）更加经济有效。但单一抗病品种大面积种植多年后，在病原菌中就会出现对这个品种能致病的生理小种，使原来抗病品种丧失抗病力。因此在一定范围内，把几个抗病性不同的品种搭配和轮换种植，可以避免优势致病生理小种的形成，并造成作物群体在遗传上的异质性或多样性，能对病害流行起缓冲作用，不至于因病害而造成全面减产。

3. 密植作物与中耕作物　这两类作物在保持水土、改善耕层土壤结构方面的功能悬殊，具有不同的茬口特性。密植作物，例如麦类、谷子、大豆、花生以及多年生牧草等，由于密度大，枝叶茂密，使覆盖面积大，覆盖时间长，覆盖强度大，能缓冲雨滴特别是暴雨对地面的拍击，保持水土和改善土壤结构作用较好。而中耕作物，例如玉米、高粱、棉花等，行株距较大，植株对地面的覆盖度较小，经常中耕松土，连年种植常促使土壤结构破坏，导致径流量和冲刷量的加大，从而引起土壤侵蚀，造成土壤水分和养分的损失。

在丘陵、山区的坡地农田，应尽可能避免抗侵蚀能力差的中耕作物长期连作。如果限于条件非连作不可，最好与密植作物间作或混作，并采用等高种植法，在可能条件下，最好把防侵蚀作用强的牧草和一年生作物结合起来，实行草田轮作，保持水土效果更好。例如玉米与三叶草轮作，年流失土量和年径流量比密植作物小麦连作少，更比玉米连作少得多。

三、作物类型和合理轮作

（一）作物轮作类型

1. 养地作物　养地作物是保持并提高土壤肥力的一类作物，例如豆科作物、绿肥作物等。此类作物都可以通过提高土壤肥力来提高下茬的产量。

2. 耗地作物　耗地作物是生物产量高，但大部分都随产品或副产品移出田间，生长发育过程中需从土壤中吸收大量氮、磷、钾等养分，而所留残茬难以自然恢复土壤肥力的一类作物，例如禾谷类作物、薯类作物、工业原料作物等。耗地作物对土壤肥力消耗较多，收获后遗留的残茬较少，连作时，必须增施复合肥和有机肥；为提高生产效益，宜与养地作物或兼养作物轮作。

3. 兼养作物　这类作物主要包括棉花、油菜、芝麻、胡麻等。它们虽不能固氮，但在物质循环系统中归还农田的物质较多，因而可在某种程度上减少对氮、磷、钾等养分的消耗，且可以增加土壤有机碳。例如人们从这些作物中取走的东西是纤维和油（主要是碳），其他的茎叶、根茬和饼粕可以通过各种途径还田，特别是含氮、磷、钾及有机物质丰富的饼粕的过腹还田，既起到饼粕作饲料发展畜牧业的作用，又起到养地作用。

（二）轮作作物组成和顺序安排

作物种植受政策和市场价格的影响较大，作物的经济效益在一定程度上影响作物的播种面积。但轮作基本上还是应遵循轮作倒茬的原则和茬口特性。在一个地区总有几种比较固定的轮作倒茬方式（包括连作方式），特别是对于一些经济作物更是如此。轮作中茬口顺序安排的一般原则是：瞻前顾后，统筹安排，前茬为后茬，茬茬为全年，今年为明年。

1. 把重要作物安排在最好的茬口上　由于作物种类繁多，必须分清主次，把好茬口优先安排优质粮食作物、经济作物上，以取得较好的经济效益和社会效益。对其他作物也要全面考虑，以利于全面增产增收。

2. 考虑前后茬作物的病虫草害以及对耕地的用养关系　前茬要尽量为后茬创造良好的土壤环境条件，在轮作中应尽量避开相互间有障碍的作物，尤其是要避开相互传播病虫草害的作物。在用养关系上，不但要进行不同年间的作物用养结合，还必须进行上下季作物的用养结合，一般是含富氮作物的轮作成分在前，含富碳耗氮作物的轮作成分在后，以利氮碳互补，充分发挥土地生产力。

3. 严格把握茬口的时间衔接关系　复种轮作中前茬收获之时，常常是后茬适宜种植之时。因此及时安排好茬口衔接尤为重要。一般是先安排好年内的接茬，再安排年间的轮换顺序。为使茬口的衔接安全适时，必须采取多种措施，例如合理选择搭配作物及其品种，采取育苗移栽、套作、地膜覆盖、化学催熟等，这些措施均可促使作物早熟，以利于及时接茬。

根据各地经验，对于那些经过长期实践，结合当地特点的、相对稳定的作物轮换顺序是不宜轻易打乱的，否则将降低整个轮作周期的生产效益。

（三）适宜轮作年限

轮作年限受到作物种类、轮作顺序以及区域气候和其他环境因子等多种因素影响，实际生产中应因地制宜选择适宜的轮作年限。如果轮作中作物种类多，主要作物比重大，则轮作年限应较长；若有不耐连作的作物参加轮作，其年限应较长，间歇的年数应较多；养地后效期长的作物轮作年限要适当延长。根据全国轮作数据整合分析结果，轮作周期显著影响轮作产量效应，但轮作强度和轮作持续性对轮作产量效应影响不明显。尽管二者差异不显著，复杂轮作比简单轮作的增产效应更强。

（四）适宜的耕作方式和肥料施用

根据数据整合分析结果，轮作在常规耕作下使后茬显著增产，增幅达 15.6%～28.0%，但保护性耕作不影响轮作效应。轮作在 0 kg/hm² 和 20～120 kg/hm² 施氮量下分别使后茬增产 21.3%～36.5% 和 20.7%～33.1%；施氮量高于 120 kg/hm² 时，轮作不再增产（Zhao 等，2020）。轮作在常规耕作下更容易发挥效应，保护性耕作模式下轮作的增产效应波动较大。通常在肥料施用量较低或土壤肥力较低的情况下，轮作能发挥较大的作用；如果养分供应充足，轮作的增产效应有限。

（五）轮作制度设计基本原则

同类（科）作物不能重茬，深根作物后茬应为浅根作物，反之亦然。耗地作物（例如吸收更多而不增加土壤养分的禾谷类作物）后茬应为养地作物（例如培肥地力的豆科作物），轮作中应当纳入绿肥，特别是豆科作物。轮作中应当纳入饲草作物，感病作物后茬应为抗病作物，草害严重作物的后茬应为净作或多次收割作物（饲草）和其他不同类作物。轮作中应当纳入劳动力、水分和肥料需求峰值不同的替代作物。轮作制度应当足够灵活，以便农户根据自身经济状况和市场需求及价格调整作物选择。长生育期作物后茬应为短生育期作物，阔叶作物应当与窄叶作物轮作。直根系作物后茬应为须根系作物，这有助于合理均衡地利用不同层次的土壤养分。密植作物和稀植作物都应纳入轮作以控制杂草，密植作物通过抑制作用控制杂草，稀植作物通过中耕控制杂草。应因地制宜选择作物，例如坡耕地上应当采用易造成侵蚀的直立生长作物和抗侵蚀的匍匐型作物交替种植。在旱农区，夏季作物收获后保水性好的土壤上可种植需水少的杂粮作物；在渠灌区，低耗水作物应当种植在枯水期。

四、合理轮作制度的构建

（一）全程机械化轮作模式构建

农业的根本出路在于机械化。创建全程机械化轮作模式是未来持续提升我国粮食生产和优势特色产业现代化水平的重要抓手，是强化现代农业发展技术和装备支撑的重要举措。首先要坚持因地制宜，围绕我国主要和特色粮食生产区域，根据不同区域的自然生态条件、耕作制度和经济基础，采取适宜的机械化轮作模式和技术路线，兼顾社会效益和经济效益，注重生态效益，促进农业可持续发展和农民持续增收。其次是坚持突出重点，全面推进。选择重点区域，抓住薄弱环节，集中优势资源，把握主推技术。按照全程机械化的要求，兼顾先进性、实用性和前瞻性，制定机械化作业工艺规范，突出关键技术、主推机具，实现结构优化、先进适用、运行高效的目标。

（二）种养结合资源高效轮作模式

种养结合是一种结合种植业和养殖业的生态农业模式，是以地区的农业生产资源禀赋条件为依托，充分发挥其比较优势，引导农民适应市场需求合理地调整农业生产结构，增加农民收入，促进农村经济的持续稳定增长、建设社会主义新农村的重要途径。通过构建种养结合资源高效轮作模式，可以有效解决畜禽养殖带来的污染问题，做到资源化利用。同时，也有助于农业经营模式的转变，即由单一的经营模式向多元化经营模式转变，增加农民收入。并且，种植业、养殖业的有机结合，实行农、林、水、草的合理农田布局，增加有机肥的投入量，实行有机与无机相结合，减少无机肥及农药的施用量，提高农村经济综合实力，形成种养加一体化的生态农业综合经营体，大大提高农业生态系统的综合生产力水平。实行种植业和养殖业相结合并不断加强与完善，将不断提高农业生态系统的自我调节能力，最终达到经济效益、生态效益和社会效益的高度统一，有利于农业持续、稳定地发展。

（三）生态高效豆禾轮作模式构建

从作物种类、品种筛选及前茬和后茬对养分需求的差异互补性等方面筛选不同的作物，构建豆科作物与禾本科作物轮作模式。以作物产量、地力培肥效应、温室气体排放、生物多样性、养分资源消耗、病虫草害防控、硝酸盐淋溶等多个指标对轮作茬口进行综合评价。由于不同作物养分需求的差别，尤其是专业化、规模化的生产，前茬和后茬不同作物管理方面的差异会对后茬造成影响，例如我国东北地区由于施用长残留除草剂，通常会对后茬造成药害，生产中可以适当考虑筛选合适的除草剂及杂草防除方式，避免相互间轮作时造成药害，从而达到合理轮作的目标。

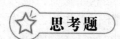 **思考题**

1. 豆禾轮作的增产增值机制有哪些？
2. 我国不同区域适合什么样的轮作或者连作种植制度？
3. 连作障碍表现在哪些方面？
4. 如何消除连作障碍？
5. 如何构建合理的轮作制度？

第五章
土 壤 耕 作

本章提要

• **概念与术语**

土壤耕作（soil tillage）、耕层（plough layer）、耕层构造（tilth structure）、保护性耕作（conservation tillage）、土壤耕作法（soil tillage practice）、土壤耕作制（soil tillage system）

• **基本内容**

1. 土壤耕作的任务
2. 土壤耕作的依据
3. 土壤耕作的类型和作用
4. 土壤耕作制
5. 保护性耕作

• **重点**

1. 土壤耕作的任务
2. 保护性耕作的优缺点

第一节　土壤耕作的目的

　　土壤耕作（soil tillage）是通过农机具的机械力量作用于土壤，调整耕作层和地面状况，以调节土壤水分、空气、温度和养分的关系，为作物播种、出苗和生长发育提供适宜的土壤环境的农业技术措施。随着对土壤生态系统认识的加深，人们发现一些自然力（例如冻融作用）和生物力（例如蚯蚓的活动）同样对土壤可以起到调节作用，在合理运用各项土壤耕作措施时，自然力和生物力的作用不容忽视。

　　土壤耕作是农业生产的重要活动之一。据调查，农业生产劳动量中约有60%用于从事各种土壤耕作，农业生产资金中约有1/3投放到土壤耕作上。耕地1 hm²要将耕层大约1500 t的土壤举起、挤碎、翻转，消耗极大的能量。因此采取适宜的土壤耕作技术对减少劳动量、节能减排、提高经济效益具有重要的意义。

一、土壤耕作的任务

　　适宜的土壤环境是作物高产的必要条件，要使作物持续高产，就要根据作物对农田土壤的要求来改善土壤环境。土壤耕作的主要任务就是通过合理的耕作措施调整土壤的状态，协调土壤肥力因素之间的矛盾，为作物生长发育创造适宜的耕层构造。

（一）协调耕层土壤的三相比

耕层（plough layer）又称为熟土层，是指农业耕作经常作用的土层，也是作物根系分布的主要层次，通常厚度为 15～25 cm。耕层构造（tilth structure）是指耕层内各个层次中矿物质、有机质与总孔隙之间及总孔隙中毛管孔隙与非毛管孔隙之间的比例关系。耕层构造是由土壤中的固相、液相和气相的比例（即土壤三相比）所决定的。土壤三相之间相互影响和制约，对协调土壤中水分、养分、空气、温度等因素具有重要作用。

水和空气都存在于土壤的孔隙里，它们基本上是互不相容的，水来气跑，水去气存。如果土壤孔隙中的水分少，或持续时间短，可促进土壤气体交换更新。土壤的水分多且持续的时间长时，空气得不到交换，氧气消耗多，常常造成土壤的缺氧状态。水和空气的矛盾是主要的，它们主要影响养分与温度。土壤水分和热量的矛盾，主要是由于土壤中空气和水分含量的多少和这一个高度分散的多相体中的各种成分对热的反应不同。水的热容量最大，空气的热容量最小；水的热容量约相当于空气的 3 000 倍，要比固体高 1 倍。从传热看，固体比水大 32 倍，但水比空气大 29 倍。水的热容量和传热力都比空气大。因此土壤含水多时土壤温度升降慢，变化平稳，土壤温度偏低。土壤水分少时空气多，土壤温度就容易提高。

由于土壤中水、气、热条件的变化，使土壤微生物的种类和生物化学活性的强度以及养分的积累和释放也发生相应的变化。当土壤温度低时，微生物的生物化学活性弱。大多数土壤微生物在常温下的最适湿度为田间最大持水量的 60%～80%。土壤含水量加大时，空气减少，有机质好气分解过程变成嫌气积累过程，直接影响土壤养分的供应。只有土壤含水量、温度和空气状况适宜时，好气性微生物才活动旺盛，土壤潜在养分迅速转化。若土壤温度或含水量高于或低于适宜点，有机质分解减弱。当土壤温度和含水量某一因素增大，另一因素减小时，有机质分解强度则受最小量的因素所制约。由此可知，土壤养分供应的多少，也受土壤水分和空气矛盾的影响。

要解决以上几种矛盾，达到水肥气热诸因素协调，关键是使土壤的固液气三相具有一定的比例，即使土壤固相、液相和气相在耕层占据合适的位置和比例。土壤耕作通过机械力等作用于土壤，改变土壤的固相、液相和气相的比例，对耕层的构造具有重要的影响。

适宜的土壤耕作措施，并不直接给土壤增加什么，但通过机械作用，改变耕层土壤存在的状况，调整各种孔隙的数量和比例，改善土壤通透性能，有利于土壤水分的蓄纳和保存，有利于土壤热状况的调节，有利于土壤微生物的活动和营养物质释放，有利于作物根系的呼吸和生长。

因此土壤耕作的中心任务是创造良好的耕层结构，调节适宜的土壤三相比，从而协调土壤水分、养分、空气和温度状况，以满足作物的生长要求。

（二）创造深厚的耕层和适宜的播床

作物的根系主要分布在耕层，耕层的根系一般占 50%～70%。土壤疏松、耕层深厚时，土壤水分和养分供应充足，可促进根系生长、增大根冠比。根系分布随耕层加厚而加深，根系分布越深，吸收水分、养分的领域越广，越有利于地上部生长发育。因此创造深厚的耕层和适宜的播床对于作物根系的生长发育具有重要的意义。

农田土壤在长期耕种中，土壤剖面有其自己的特点，一般可分为4层（图5-1），每层的物理性状、化学性状和生物学性状以及调节土壤肥力因素的作用不同。

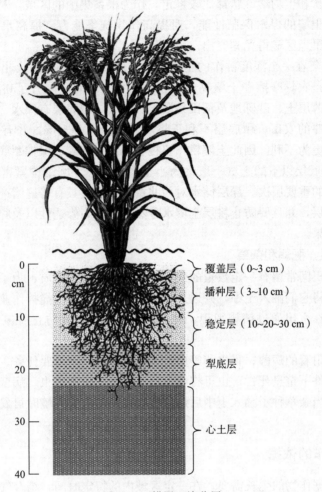

图5-1 耕层土壤分层

1. 表土层 表土层（0～10 cm）经常受气候和耕作栽培措施的影响，变化较大。根据其松紧程度和对作物影响又可细分为以下两层。

（1）覆盖层 覆盖层（0～3 cm）受气候条件影响最大，其结构状况直接影响渗入土壤的水分总量、地表径流、水分蒸发、土壤流失、土壤气体交换、作物出苗等。覆盖层要保持土壤疏松，并具有一定粗糙度，以促进透气透水，减少蒸发，又要避免土壤颗粒过细形成板结、封闭表面和遭受侵蚀。

（2）播种层 播种层（3～10 cm）是播种时放置种子的层次。播种层应适当紧实，毛管孔隙发达，能够使水分较容易沿毛管移动至该层，保证种子吸水发芽。

当地面没有残茬覆盖时，表土层的水、气、热因素变动频繁，表土耕作要围绕维护表土结构，促进通气透水，减少水分蒸发，控制表土发生不利于保证播种质量、种子发芽出苗和幼苗生长发育的情况进行。

2. 稳定层 稳定层（10～20～30 cm）也称为根际层，为根系活动层次。稳定层依耕层深度而变，耕层深度为 0～20 cm 时，根系活动就主要在 20 cm 之内；耕层深度为 0～30 cm 时，则根系可集中在 30 cm 深度。稳定层受机具、人、畜及气温影响较小，土壤容重也比表土层小，其理化性状和生物学性状都比较稳定，作为根系集中的区域，对作物发育有决定作用。处理好稳定层土壤的保水保肥性能，对提高作物抗旱能力、提高水分利用效率极为有利，这种作用在干旱地区显得尤其突出。

3. 犁底层　多年在一个深度耕作的土壤，在耕层和心土层之间会出现容重较大、透性不良的犁底层。这是农具摩擦和土壤黏粒沉积的结果。犁底层隔开了耕层与心土层之间的水、肥流通。对于薄层土、砂砾地及稻田易漏土壤来说，犁底层有保水、保肥、减少渗漏的作用。但对土层深厚的农田，犁底层不利于将水分深储在心土层，并有造成耕层渍水的危险。这对盐碱土壤更为不利。因此土壤耕作要视实际情况打破或保护犁底层。

4. 心土层　犁底层以下的土壤一般称为心土层。该层土壤结构紧密，毛管孔隙占绝对优势，是保水蓄水的重要层次。深层储水对西北黄土性土壤具有普遍增产意义。增加深层储水，必须消除犁底层，并且要防止耕层土壤水分蒸发，提高渗透性以及配合其他生物和化学措施，稳定储水效果。

（三）翻埋残茬、肥料和杂草

作物收获后，田间常留有一定数量的残茬、落叶、秸秆等物质，为了便于播种并翻埋肥料，需要通过翻耕将它们翻入土中，并通过耙地、旋耕等措施的搅拌作业，将肥料与土壤混合，使土肥相融。在水田通过精耕细耙，使土肥混合，还可以防止脱氮作用，避免氮素的挥发。

消灭杂草以及附着的病菌、害虫卵等也是土壤耕作的一项重要任务。通过翻耕，使杂草病虫等处于缺氧条件下窒息死亡；也可将躲藏在土壤中的地下害虫、病菌等翻到地表，经曝晒或冰冻而死亡；当杂草种子翻入土中后遇到疏松湿润的土壤环境时可发芽，即可采取措施予以灭除。

二、土壤耕作的依据

土壤耕作是根据作物的生长需要，在一定区域内的特定时间，结合气候、土壤、作物环境的特征所采取的农艺措施。不同的气候、土壤、作物采取的耕作措施可能不一样，其效果也可能不相同，甚至可能截然相反。必须根据区域气候、土壤、作物生长发育的特点，运用正确的耕作措施，才能达到高效高质量的耕作目的。

（一）气候条件

气候是影响一个地区种植制度的首要条件，对土壤耕作也具有深远的影响。土壤耕作可在一定程度上协调由气候引起的土壤与作物需求之间的矛盾。不同的气候条件对土壤耕层构造有较大影响。

土壤耕作在不同降水条件下所起到的作用不同。土壤耕作的作用就是根据农田的实际需水情况，通过合理耕作措施的配合起到农田水分的调节作用。对于降水较少的干旱地区来说，调节农田土壤水分既要尽量把降水蓄存于土壤，防止或减少地面径流的产生，又要减轻地面蒸发。而对于湿润多雨或低洼易涝农田来说，土壤耕作则通过开沟等措施进行排涝，还要减少外水浸入并促进蒸发。例如在我国西北和内蒙古雨养农业地区，雨季集中在夏、秋季节，早春干旱少雨，在雨季之前深耕晒垡（伏耕），能增强耕层保蓄水分的能力；冬、春旱季，耙、耱、镇压防蒸发，即使在年降水量为 400～500 mm 的地区，仍能获得作物高产。在一些坡耕地，由于降雨次数和一次性降雨量过大等因素，常常会引起对土壤的冲刷，造成水蚀，采用保护性耕作措施，例如等高耕作、残茬覆盖耕作，有助于农田水蚀的控制。

在我国北方地区，冬春季一般都有不同程度的大风出现，易造成风蚀。一般砂质土壤风蚀严重。在风蚀地区，土层耕作应创造紧密的表土层，减少耕作次数，保持良好的表土结构。例如地面留茬或覆盖、少耕免耕、开沟起垄增大地表粗糙度等均有助于减轻农田风蚀。

不同时期的土壤耕作，其起到的作用也不同。例如在我国很多地区秋季收获后，通过秋季深翻整地，可蓄积降水；而春季（例如东北），土壤耕作的作用是减少蒸发，保墒增温促进种子发芽；在夏季通过减少耕作覆盖作用，可降低地温，有利于作物避过高温。另外，由于水热因素的季节变化而引起的干湿与冻融交替，可提高土壤耕作质量。冻融交替则是利用冬季低温，土壤里的水分因结冰而体积膨胀，引起土块崩解，到春季较暖时，扩大的土壤孔隙却不能还原，于是土壤变得疏松，并形成团粒结构。干湿交替和冻融交替，对提高土壤耕作质量有辅助作用。

（二）土壤条件

各类农业土壤都有独特的物理性状、化学性状、生物学性状和剖面构造，必须因地制宜地根据这些土壤本身的特性进行土壤耕作，才能创造出适于作物生长发育的土壤环境，否则会影响作物的生长发育，甚至会造成严重的后果。例如我国西北地区的黄绵土是处于干旱气候带的旱地土壤，土质松散，易受水蚀、风蚀。所以土壤耕作要以蓄水、保墒、防止土壤水蚀和风蚀为主要依据。宁夏、甘肃、新疆、内蒙古境内分布大面积盐碱地，土壤耕作要根据盐碱在土层中的运动规律和盐碱地的特点来进行，所有耕作措施都要有利于排水、脱盐、防止水分蒸发、保全苗等。对于质地黏重、结构差、通透性不良、潜在肥力高、有效肥力低的土壤，宜采用伏耕秋翻、晒垡冻垡、早春及时耙地保墒等的土壤耕作措施。地下水位高的低湿土壤，耕作要有利于排水散墒，提高地温，改善通气性状。水田因长期淹水，土壤物理性较差，耕作的任务在于使土壤松软、柔匀和防止水分渗漏，促进土壤氧化，改进长期淹水的潜育化进程，降解还原性毒害物质，因此水旱轮作、深耕晒垡、水耙水耖是主要措施。无水稳性结构的土壤在降水和灌溉时分散性黏粒填入孔隙而形成表土结壳，阻碍水分入渗、空气交换和幼苗出土，因此正确选用机具，及时破除播种前播后或幼苗期的土壤结壳，是土壤耕作的紧迫任务。

（三）作物生长的要求

不同作物对土壤环境要求不同，因此需要的土壤耕作措施也不同。作物对土壤的要求，实际是作物根系对土壤物理条件的要求。作物生长状况取决于根系发育的好与坏，而根系发育又依赖于土壤物理性质的优劣。不同作物要求耕层深度、紧实度、水分、温度等有所不同，因而在土壤耕作上要有所区别。果树根系深而广，棉花、甜菜、玉米等要求耕层较深，麦类居中，而水稻、芝麻、花生、油菜等根系分布较浅。

土壤耕作可改变土壤的状态，从而改变土壤的物理性状。比较直接地影响作物生长的土壤物理性状，主要包括土壤的孔隙度、松紧度、容重、通气性、机械阻力、水热状况等。

1. 土壤孔隙度 土壤孔隙除储存水分与空气外，也是根系伸展的空间。孔隙的数量和质量与根系生长有极密切的关系。Russell（1973）将孔隙依其孔径大小分为若干等级，>0.3 mm 孔径的孔隙是许多作物幼根能够顺利通过的孔隙；0.03～0.06 mm 孔径的孔隙是根毛能伸入的孔隙；＞0.001 mm 孔径的孔隙有较高的毛管传导度，根系较易从中吸收水分。研究表明，作物侧根直径多在 0.1 mm 以上，温带禾谷类作物的根径均大于 0.2 mm，常达 0.40～0.45 mm，根冠部分可达 0.6～0.7 mm，只有根毛直径为 0.008～0.012 mm。一般作物根径均大于土壤孔径，根系伸入土壤需把土壤颗粒强行推开，并把土壤挤紧。从数量上讲，耕层总孔隙度为 50％时对根系生长较为适宜。一般来说，在湿润气候条件下，耕层总孔隙度自上而下应在 52％～56％之间。其中毛管孔隙和非毛管孔隙之比应为 1.0～1.5：1；而在半干旱气候条件下，毛管孔隙与非毛管孔隙的比例要偏高，应为 2～3：1。孔隙稳定性又依赖于土壤的结构性，结构性良好的土壤孔隙较为稳定，反之，则不稳定。土壤耕作一般增加土壤孔隙的数量，但同时往往破坏土壤的结构性，降低其稳定性。有机肥的投入可以改善土壤结构。研究表明，免耕较翻耕降低了土壤孔隙度，但在土壤表层由于有机质的增加却提高了总孔隙度。

2. 土壤的松紧度和容重　耕层构造的另一种表现是土壤的松紧度，实质上也是土壤孔隙状况的反映。土壤过松时非毛管孔隙占优势，容重轻。土壤疏松时易耕，通透性强，但持水性差；土壤过于紧实时容重大，毛管孔隙多而非毛管孔隙少。

通透性不良时，根系伸展阻力增大。对于土壤容重与作物根系生长的关系，King 等（2003）研究认为，大多数作物根系适宜的土壤容重为 1.2～1.5 g/cm^3，砂质土略低；当黏质土容重在 1.5～1.6 g/cm^3 或以上，轻质土容重在 1.7～1.8 g/cm^3 或以上时，作物根系难以穿透。不同作物对土壤容重的要求也有所不同，禾谷类作物的根系和幼芽穿透力强，一般土壤容重为 1.1～1.4 g/cm^3 时能正常生长。大豆、花生、棉花的幼苗拱土力弱，或根系较粗或因固氮菌需要较为疏松的耕层，土壤容重不宜过大。直根作物则要求土壤容重为 1.2～1.3 g/cm^3 才能正常生长。不同作物对土壤的松紧度要求不同，同一作物的不同生育阶段对土壤的松紧度要求也不同。黑龙江省九三农场管理局科研所试验材料表明，在土壤松紧度不同的土地上，作物产量有很大差别，例如小麦在土壤容重为 1.1～1.3 g/cm^3 时产量较高，大豆在土壤容重为 1.2～1.4 g/cm^3 时产量较高，玉米在土壤容重为 1.1～1.3 g/cm^3 时产量较高，甜菜在土壤容重为 1.1～1.3 g/cm^3 时产量较高。

3. 土壤通气性　土壤通气性是指土壤孔隙与大气之间二氧化碳（CO_2）和氧气（O_2）的交换性能。这种交换主要通过大孔隙进行。耕层上部大孔隙较多时土壤通气性良好。有很多生物化学反应需要不断地提供氧气才能进行，因而在紧实的土壤中，通气性不良，不利于作物生长。在潮湿的土壤或多雨的气候条件下，土壤通气性往往成为限制作物生长的主要因素之一。土壤通气严重不良时，例如淹水、表土过度板结、土壤过黏时，土壤有机质在嫌气微生物作用下进行不彻底分解，产生还原性气体，例如甲烷（CH_4）、硫化氢（H_2S）、氨（NH_3）、氢气（H_2）等。这些还原性气体的积累不仅会对作物产生毒害作用，还会影响土壤养分的供应和转化。在土壤嫌气条件下，土壤微生物分解有机物质还会产生醛类和酸类物质，也会抑制种子的萌发。

4. 土壤机械阻力　土壤机械阻力指土壤对作物根系穿透的阻力，是土壤强度的一种反映。当土壤机械阻力很大时，作物根系很难伸展，即使伸展也因耗能过多而影响作物的正常生长发育和产量。影响土壤机械阻力的因素有土壤容重和土壤水分，根本因素依然是土壤孔隙。土壤孔隙度正常、容重适当时，容易保持水分；孔隙度高、容重小时，容易失水；而土壤水分不足时，土壤阻力就会增大；孔隙度小、容重大时，土壤阻力也大。Eavis（1972）

在豌豆田进行土壤阻力试验的结果表明，当土壤容重为 1.0 g/cm³ 时，过低的土壤含水量并不一定增加机械阻力；只有因水分过多发生透气问题或因水分过少造成缺水问题，当土壤容重高达 1.4～1.6 g/cm³ 时，会产生较大的土壤机械阻力。机械阻力越大，根系伸展越困难。

5. 土壤水热状况 土壤温度既受土壤水分影响，也随季节变化而变动，各种作物对土壤温度要求不同。在适宜的温度范围内，根系吸收养料的能力较大，土壤温度过高或过低都会影响根系吸收能力。研究表明，各种作物生长的最适土壤温度，例如水稻为 25～30 ℃，小麦为 20 ℃，大麦为 18 ℃，玉米为 25～30 ℃，棉花为 28～30 ℃，马铃薯为 20 ℃，紫花苜蓿为 28 ℃。同时，不同作物以及同一作物的不同品种或者同一品种的不同生育时期对积温的要求不同，冬小麦播种到出苗的积温一般为 120 ℃左右（播种深度 4～5 cm），出苗后冬前主茎每长 1 片叶，平均需要 75 ℃左右积温。

在土壤-植物-大气连续体（SPAC）中，水分总是从水势高处流向水势低处，植物从土壤中吸水，经过本身的传导又蒸腾到大气中去，这个过程与气象因素和土壤水的有效性关系极为密切。土壤水是否有效及其有效程度的高低，在很大程度上受土壤水吸力与根吸力之比的影响。不同耕作方式改变土壤结构，进而改变土壤水状况。土壤水分的多少，首先反映在对养分的利用上。但是渍水对土壤组成也不利，主要是土壤嫌气状况，除了养分恶化、产生还原性有害物质外，还会滋生病菌。

（四）经济效益

耕作次数越多，耕作深度越大，则机械、燃油、畜力、人力的消耗就越大。将精耕细作简单理解为多耕多耙是不准确的。由于土壤耕作是最费力的措施，因此要讲求成本与效益，要看土壤耕作措施导致的增产是否能抵消或超过成本的投入。近年来，一些地方采取翻、松、旋耕结合，常规耕法与少耕免耕结合，取得了较好的增产效益与经济效益。另一方面，也要防止单纯追求节工省事而造成耕层变浅，土壤变劣，杂草变多的现象。

（五）农业技术的需要

农业生产的其他技术措施也要求有相应的土壤耕作措施配合，才能发挥其效益。例如施肥的数量、时期和种类不同，耕作措施和耕作深度都不相同。基肥施入后要求翻耕，或结合播种翻压；追肥可结合灌溉、中耕施用。有机肥和绿肥施用量大，必须深翻；化肥施用量较少，可结合播种、中耕施入。又如豆类作物茬口较好，为肥茬或软茬，收获后可以不翻耕，而采用耙茬即可；而高粱、谷子耗地较重，其茬口为硬茬或瘦茬，土壤肥力较差，且易板结，所以高粱茬、谷子茬应进行翻耕。

第二节 土壤耕作的措施

一、基本耕作

基本耕作（basic tillage），又称为初级耕作（primary tillage），是指入土较深、作用较强烈、能显著改变耕层物理性状、后效较长的一类土壤耕作措施。

（一）翻耕

翻耕（plow tillage）是世界各国采用最普遍的一种耕作措施。其主要工具是铧犁和圆盘犁（图 5-2）。铧犁由犁铧、犁壁、犁侧板、犁托、犁柱等部分组成，用于切开、破碎和翻转土垡。有的犁壁上还加装延长板，以增强土垡的翻扣作用。

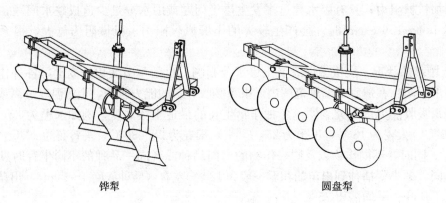

铧犁   圆盘犁

图 5-2　翻耕机具

　　翻耕时先由犁铧平切土垡，再沿犁壁将土垡抬起上升，进而随犁壁形状使垡片逐渐破碎，翻转抛到右侧犁沟中去。翻耕对土壤起 3 种作用：①翻土，可将原耕层上层土翻入下层，下层土翻到上层；②松土，使原来较紧实的耕层翻松；③碎土，犁壁有一个曲面，犁前进的动力使垡片在曲面上破碎，进而改善结构，松碎成团聚体状态（水分适宜时）。翻耕的主要作用是，使土壤耕层上下翻转后比较疏松，同时也有翻埋作物根茬、化肥、绿肥、杂草以及防除病虫害的作用，对增加耕层厚度，增加土壤通透性，促进好气微生物活动和养分矿化等也是有利的。另一方面，翻耕后的土壤水分易于挥发，对缺水地区不利。

　　1. 翻耕方法　犁壁的类型不同，翻耕所起的效果也不一样（图 5-3）。螺旋型犁壁扭曲度大，将垫片翻转 180°，使耕层土壤上下层完全颠倒，为全翻垡；这种翻耕方法，覆土严密，灭草作用强，但碎土差，消耗动力大，一般只适合开荒，不适宜熟耕地。圆筒型犁壁无扭曲度，翻土弱，碎土强，常用于翻耕园田地。熟地型犁壁介于上述两类型之间，将垡片翻转 135°，翻后垡片彼此相叠覆盖成瓦状，垡片与地面成 45°，称为半翻垄；这种方式牵引阻力小，翻土、碎土兼有，适用于一般耕地。目前我国机耕多采用熟地型犁壁，但是半翻垡法垡片覆盖不严，垡片接触处常露出杂草和根茬。通常可在犁壁后梢加一块延长板，使垡片上升到此处恰好折回，将杂草压入垡块之下，从而提高耕作质量。半螺旋型犁壁又介于螺旋型与熟地型之间，专耕杂草发生较多的耕地。

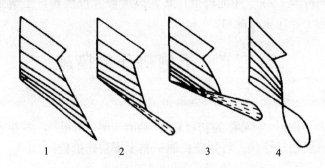

1　　　　　2　　　　　3　　　　　4

图 5-3　犁壁的类型
1. 圆筒型　2. 熟地型　3. 半螺旋型　4. 螺旋型

此外，还有一种翻耕方法是分层翻垡法，采用复式犁将耕层上下分层翻转。在主犁铧上前方要装一个小前铧，耕深约为主犁铧的一半，耕幅为主犁铧的 2/3。作业时小前铧先将上层约 10 cm 的表层土翻到犁沟中，翻转 180°，然后再由主铧将 10～25 cm 的土层翻转 135°，覆盖到小前铧翻耕的土垡上面，起分层翻转作用，使底土细碎不架空，地面覆盖严密，质量较高。3 种翻耕方法如图 5 - 4 所示。

全翻垡　　　　　　　　半翻垡　　　　　　　　分层翻垡

图 5 - 4　翻耕类型

2. 翻耕时期　翻耕是对土壤的全面作业，只有在作物收获后至下茬作物播种前的时间段内于土壤宜耕期内及时进行。一年一熟或一年二熟地区在夏、秋季作物收获后以伏耕为主，秋收作物后和秋播作物前为秋耕主要时间。对于水田、低洼地、秋收腾地过晚或因水分过多无法及时秋耕的，才进行春耕。故有秋耕、春耕和伏耕 3 种类型。我国北方地区伏耕、秋耕比春耕效果好，比春耕更能接纳、积蓄夏季降雨，减少地表径流，对储墒防旱有显著作用；比春耕能有充分时间熟化耕层，改善土壤物理性状；能更有效地防除田间杂草，并诱发表土中的部分杂草种子。盐碱地伏耕能利用雨水洗盐，抑制盐分上升，增强洗盐效果。此外，伏耕、秋翻耕能充分发挥农机具效能，播种前的准备工作也有充裕的时间，赢得了生产的主动权。总之，就北方地区的气候条件及生产条件而论，伏耕优于秋耕，早秋耕优于晚秋耕，秋耕又优于春耕。春耕的效果差，主要是由于春季翻耕将使土壤水分大量蒸发损失，严重影响春播和全苗。我国南方翻耕多在秋、冬季进行，利用干耕晒垡，冬季冻凌，以加速土壤的熟化过程，又不致影响春播适时整地。播种前的耕作宜浅，以利于整地播种。

3. 翻耕深度　掌握耕地的合适深度是提高耕地质量、发挥翻耕作用的一项重要技术。耕地深时，耕层厚，土层松软，有利于储水保墒；耕层厚而疏松，通气性好，有机质矿化加速。但是在某些条件下，例如在多风、高温、干旱地区或季节，深耕会加剧水分丢失；翻耕过深易将底层的还原性物质和生土翻到耕层上部，未经熟化、对幼苗生长不利。因此翻耕的适宜深度，应视作物、土壤条件与气候特点而定。一般情况下，土层较厚、表土和底土质地一致、有犁底层存在或黏质土、盐碱土等，翻耕可深些；而土层较薄、砂质土、心土层较薄或有石砾的土壤不宜深耕。水田翻耕深度不宜超过犁底层。在干旱、多风、高湿地区不宜深耕，否则会造成失墒严重，提墒困难。同时，耕翻越深，生土翻到地面也越多，越不利于作物的生长发育。此外，耕地深度还要根据农机具性能和经济效益确定，畜耕的浅些，机耕的深些。从耕地加深的增产效果和增加经济效益来看，各种作物不同。青岛农业大学（2018）研究了耕作深度对玉米生长发育的影响，结果表明，耕作深度为 30 cm 时，玉米产量比耕作深度为 20 cm 时高。关于耕作深度对东北地区黑土地大豆生长影响的研究认为，"吉育 79"大豆全株干物质积累量处理间表现为 40 cm＞30 cm＞20 cm＞10 cm＞0 cm（耕作深度），且耕作深度大于 30 cm 时可满足大豆增产的要求。

当前，我国翻耕深度，畜力犁一般为 13～16 cm，机引犁为 25～35 cm。翻耕越深，耕作效率越低，成本越高。因此翻耕时必须考虑到经济效益和作业质量，目前以不超过 35 cm

为宜。不同国家对翻耕深度的看法也不同，美国认为 15～16 cm 偏浅，英国、德国认为 18～20 cm 适中，日本认为 25～30 cm 偏深。总之，翻耕深度的确定要考虑气候、土壤状况、作物特点与要求、农机具性能及经济效益等诸因素。由于我国实施联产承包责任制后，每户农民的耕地规模较小，机具动力也较小，造成土壤耕作深度均变浅。

（二）深松耕

深松耕（subsoiling）以凿式深松铲、偏柱深松铲、全方位深松铲对耕层进行全田的或间隔的深位松土，无壁犁或靴式犁为全田深松，凿形铲或桦形铲为间隔深松（图 5-5）。耕深可达 25～30 cm，最深为 50 cm。深松耕可以克服翻耕的缺点，有以下好处：分层松耕，不乱土层。利用松土铲安装的深度不同，可将耕层 0～10、10～30 cm 各层土壤分别疏松，而使土层的位置不变。并且一次加深到适宜深度，以打破犁底层，深松耕可以分散在各个适当时期进行，避免深耕作业时间过分集中，做到耕种结合和耕管结合，可以间隔松耕，做到纵向虚实并存，节省动力；由于深松耕不乱土层，可以保持地面残茬覆盖，防止风蚀，减轻土壤水分的蒸发，雨水多时可以大量吸收和保存水分，防旱防涝；特别是盐碱地深松耕，可以保持脱盐土层位置不动，减轻盐碱危害。据江苏东辛农场进行的深松耕与翻耕对比试验测定结果，深松耕比翻耕每公顷增产皮棉 97.5 kg，增产小麦 375 kg，田菁鲜草增产 3 750 kg。在华北平原与常规耕作相比，深耕后小麦和玉米产量分别提高 3.8%～8.6% 和 4.9%～5.8%（Wang 等，2020），棉花产量也能提高 10.1%（王慧杰等，2015），黄土高原玉米也能增产 12.0%（Xie 等，2020）。不同的耕作方式对玉米生长发育的促进效应大小顺序为：翻耕＞深松耕＞免耕（Mosaddeghi 等，2009）。

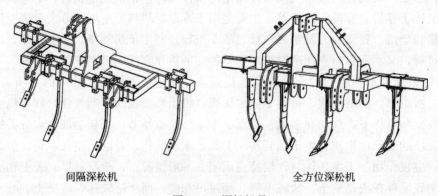

间隔深松机　　　　　　　　　　全方位深松机

图 5-5　深松机具

但是深松耕也存在缺点，例如不能翻埋肥料、残茬和杂草，地面比较粗糙等。深松耕较适合于干旱、半干旱地区和丘陵地区，以及耕层土壤瘠薄、不宜深耕的盐碱土、白浆土地区。

全球应用松耕已较普遍，在美国、俄罗斯等国家其应用面积大大超过免耕的面积，或者与茬地免耕播种相结合组成少耕体系。近年来，我国一些地方试验得出了较好的效果，深松耕技术已在全国适宜地区广泛应用，年度作业面积保持稳定。

（三）旋耕

旋耕（rotary tillage）采用旋耕机（图 5-6）进行。旋耕机上安装犁刀，旋转过程中起切割、打碎、掺和土壤的作用。一次旋耕既能松土，又能碎土，土块下多上少。水田、旱田整地都可用旋耕机，一次作业就可以进行旱田播种或水田放水插秧，省工省时，成本低。

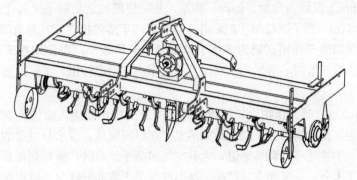

图 5-6 旋耕机

旋耕机按其机械耕作性能可耕深 16～18 cm，应列为基本耕作范畴，但实际运用中通常耕深只有 10～12 cm。从国内实践看，无论水田旱田，多年连续单纯旋耕，易导致耕层变浅与理化性状变劣，故旋耕应与翻耕轮换应用。

二、表土耕作

表土耕作（surface tillage），也称为次级耕作（secondary tillage），是在基本耕作基础上采用的入土较浅，作用强度较小，旨在破碎土块、平整土地、消灭杂草，为作物创造良好的播种出苗和生产条件的一类土壤耕作措施。表土耕作深度一般不超过 10 cm。

（一）耙地

耙地（harrowing）为收获后、翻耕后、播种前甚至播种后出苗前、幼苗期的一类表土耕作措施，深度一般在 5 cm 左右。不同场合采用目的不同，工具也因之而异（图 5-7）。圆盘耙耙地应用较广，可用于收获后浅耕灭茬，耙深可达 8～10 cm；用于水田翻耕后破碎垡块或坷垃；用于旱田早春顶凌耙地时，耙深为 5～6 cm。钉齿耙的作用小于圆盘耙，常用于播种后出苗前耙地，破除板结；用于小麦、玉米、大豆的苗期耙地，杀死行间杂草；也用于冬小麦越冬前后的耙地，冬前耙地增强麦苗抗性，冬后耙地清除田间枯枝落叶。弹齿耙作用类似于钉齿耙，应用场合也相同。振动耙主要用于翻耕或深松耕后整地，质量好于圆盘耙。缺口圆盘耙入土较深，可达 12～14 cm，常用缺口圆盘耙代替翻耕。

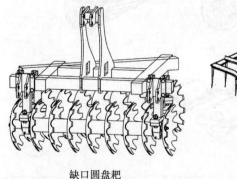

缺口圆盘耙　　　　　　　　　钉齿耙

图 5-7 耙

（二）糖地

糖地（dragging）又称为盖地、擦地、耢地，是一种耙地之后的平土碎土作业；一般作用于表土，深度为 3 cm，糖子除联结于耙后外，也有联结于播种机之后，具有碎土、轻压、糖严播种沟、防止透风跑墒等作用。糖地多用于半干旱地区旱地上，也常用在干旱地区的灌溉地上，多雨地区或土壤潮湿时不能采用。水田耙后应用而字形耙耖田，平整地面，细碎土块。

（三）中耕

中耕（intertillage）是在作物生长过程中进行的表土耕作措施，能使土壤表层疏松，形成覆盖层，能很好地保持土壤水分，减少地面蒸发。在湿润地区，或水分过多的地上，中耕还有蒸散水分的作用。中耕还可以调节地温，尤其在气温高于地温时，能起到提高地温的作用。因为中耕松土改善了水分、温度和空气状况，从而改善了土壤养分状况。消灭杂草是中耕的重要任务，中耕可以铲除杂草植株及其繁殖器官，减轻杂草的危害。中耕的工具有机引中耕机和畜力牵引的耘锄，以及人力操作的手锄和大锄。这几种工具各有其作用和功能，应根据作物、土壤和生产条件来选用。玉米、高粱等作物在生长发育后期进行中耕时常与培土相结合。

（四）镇压

镇压（packing）具有压紧耕层、压碎土块、平整地面的作用。一般作用深度为 3～4 cm，中型镇压器作用深度可达 9～10 cm。镇压器类型很多，简单的有木磙、石磙，大型的有机引 V 形镇压器、网形镇压器等（图 5-8）。较为理想的是网形镇压器，它既能压实耕

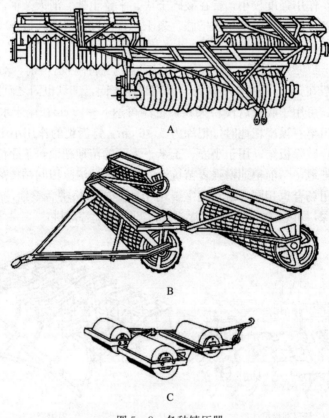

图 5-8 各种镇压器

A. V 形镇压器 B. 网形镇压器 C. 圆筒形镇压器

层，又能使地面呈疏松状态，减轻水分蒸发。镇压保墒，主要应用于半干旱地区旱田上，半湿润地区播种季节较干旱时也常应用。播种前如遇土块较多，则播种前镇压可提高播种质量。播种后镇压使种子与土壤密接，引墒返润，及早发芽。冬小麦越冬前也常用镇压，防止漏风，引墒固根，提高越冬率。

正确镇压是一种良好的技术措施，如果使用不当，也会引起水分的大量蒸发。因此应用时应注意在土壤水分含量适宜时镇压，过湿时镇压会使土壤过于紧实，干后结成硬块或表层形成结皮。根据经验，以镇压后表土不生结皮，同时表面有一层薄的干土层最为适宜。镇压后必须进行耱地，以疏松表土，防止土壤水分从地面蒸发。盐碱地或水分过多的黏重土壤不宜镇压。

（五）做畦

我国有两种畦，北方水浇地上种小麦做平畦，畦长为 10～50 m，畦宽为 2～4 m（为播种机宽度的倍数），一般畦埂宽约为 20 cm、高为 15 cm。南方种小麦、棉花、油菜、大豆、蔬菜等旱作物时常筑高畦，畦宽为 2～3 m，长为 10～20 m，四面开沟排水，防止雨天受涝。做畦（bedding）于播种前进行，力求有计划地做到畦的大小一致，灌水排水自如。做畦时用筑埂机，经开沟培土而成畦。

（六）起垄

我国东北地区与各地山区盛行垄作，其目的是促进排水，提高局部地温。山区垄作主要是为了保持水土。起垄（ridging）是垄作的一项主要作业，用犁开沟培土而成。垄宽为 50～70 cm，视当地耕作习惯、种植的作物及工具而定。有先起垄后播种、边起垄边播种及先播种后起垄等做法。垄作有利于提高地温、防风排涝、防止表土板结、改善土壤通气性、压埋杂草等效果。

第三节　土壤耕作制

在作物生长发育过程中，由于受到降雨、灌溉、作物根系穿扎等的作用，土壤物理性状、化学性状及生物学性状受到了极大的影响，这些变化有些对作物生长发育是有利的，而有些则是不利的。为此，制定合理的土壤耕作制，采取适宜的土壤耕作措施和方法，对土壤环境进行调节和管理，协调土壤中水、肥、气、热的关系，解决作物和土壤环境之间的矛盾，以利于作物正常生长发育，是稳产高产和持续增产的需要。

一、土壤耕作法

土壤耕作法（soil tillage practice）简称耕法，由一组土壤耕作措施组成，其所建立的耕层结构具有明显特点。笼统地说，各种土壤耕作法的目的是基本一致的，即在当地气候、土壤条件下创造特有的耕层结构和地面状况，调节作物、土壤、气候之间的关系，以满足作物生长发育的要求。但是它们又各具特点，既随气候、土壤条件所建立的耕层结构和地面状况的不同而有差异，又有各自的理论体系，在调节气候、作物、土壤之间的关系上，又各有侧重，所用的农具也不同。

（一）平翻耕法

平翻耕法是在翻耕的基本耕作措施基础上，辅以表土耕作措施整理土垡的一种耕作法。

平翻耕法是世界上运用历史最久、分布最广的一种耕作法，在我国绝大部分地区都有运用。平翻耕法主要采用五铧犁、翻转犁、圆盘耙、钉齿耙、镇压器等农具，主要使用机引农机具。平翻耕法主要有两个土壤耕作环节：基本耕作和表土耕作。平翻耕法能创造平整、疏松、裸露、无覆盖物的地表状态及全虚的耕层结构。

1. 基本耕作措施　基本耕作措施为翻耕。翻耕的深度，以作物根系密集分布的 25 cm 左右为宜，深根作物和根茎类作物可以深些。物理性差的黏重土壤可以深些。我国机翻一般为 25～35 cm，加深耕层有一定增产效果，但因耗能多效益并不与之相应。翻耕作业应有一定的农耗时间，通常是在土地冬闲前进行。不论是夏闲期间的伏耕，还是冬闲田的秋耕，均宜早不宜晚。翻耕有一定的后效期，北方旱作农田有 2～3 年后效，灌溉农田有 1～2 年的后效。因此翻耕无须连年进行。

2. 表土耕作措施　表土耕作措施包括耙糖、镇压、起垄、开沟等，是翻耕的辅助作业。翻耕需要的表土耕作措施，取决于当时生产的需要。例如过去，我国北方夏熟作物收后的夏闲地，先行耙地灭茬，再行翻耕，蓄雨晒垡后，进行耙、糖收墒以待播种。若夏收作物之后进行复种，多采用耕、耙、糖联合作业，抢时播种。秋收作物收后实行冬季休闲春播的地区，多于秋收作物收后，实施秋翻耕经冬冻垡，早春进行耙、糖、镇压的表土耕作措施。在半干旱旱作农区，农田则宜秋耕之后，随即进行耙、糖、镇压等表土耕作，减少土壤蒸发。南方水田，实施冬闲的地块，在秋冬耕晒的基础上，春季放水泡田水耕，再行耙烂田土、秒平田面。夏收作物收获复种水稻的农田，因农时紧促，可以先行放水泡田水耕，耙烂、秒平插秧。

平翻耕法作为世界上应用最广的传统耕作方法，它的主要优点在于：①可以创造一定深度和适宜紧实度的耕层；②较好地控制当年田间杂草和病虫害；③犁壁翻转土壤垡片，覆盖较好，有利于残茬、肥料的翻埋，耕后地面较为清洁。

平翻耕法也有较多问题：①干旱地区易蒸发跑墒，多雨湿润地区易蓄水积墒，较难调节土壤水分状况；②耕层土壤较疏松，地面裸露，易遭受水蚀和风蚀；③改变耕层原有的土壤微生物区系，促进好气性微生物活动，土壤有机质矿化较快；④土壤耕层构造破坏较严重；⑤能耗和成本较高。

平翻耕法要注意以下几点：①适时翻耕，既要保证农时，又要保证耕地质量；②耕深符合要求，深度均匀一致，无漏耙、漏压；③翻耕后的地表平整，土块松碎，无重耕、漏耕、地头、地边整齐；④垡片翻转良好，无立垡、回垡，秸秆、杂草、肥料等覆盖严密；⑤翻耕后及时整地，以防止土壤结块和跑墒；⑥整地后的地表平整、松碎，无大土块，上虚下实。

（二）垄作耕法

垄作耕法是我国的传统耕法，历史久远，与西汉时代（公元前 120 年）所推广的代田法近似，是在耕层筑起垄台和垄沟，将作物种植在垄台上的一种耕法。垄作耕法在全国各地均有应用，以黑龙江、吉林、辽宁和内蒙古东部地区较为普遍，主要用于种植玉米、大豆、谷子等作物，而其他地区用于种植棉花、甘蔗、甘薯等作物。

垄作耕法原始的农具主要是木制大犁，犁铧呈三角形，作业时半翻转土层，很少产生垡块，作业省力。作业深度为 6～8 cm，形成的垄体耕层深度为 16～18 cm，垄沟松土 8～10 cm。播种农具有耩耙和点葫芦。目前将原始的木制大犁改进成配套拖拉机的铁制犁，进行起垄、中耕和播种作业以及起垄、播种、施肥等多项作业一次完成。

　　垄作耕法的作业环节包括扣种和耲种。扣种是一种垄翻作业,其方法有多种,主要用于大粒种子作物,例如玉米、大豆等。典型的扣种作业,首先是破茬(破垄),将根茬和原垄台上部的表土翻入垄沟,在上年垄沟的松土上播种;然后在破茬处再犁耕一遍(掏墒),将松土覆于种子上;最后镇压。可根据气候调节破茬和掏墒的深度而改变播种深度和覆土厚度。如果春季多雨,地温偏低,可深破茬浅掏墒,提高播种位置和降低覆土厚度。若春季干旱,地温高,可浅破茬,深掏墒,降低播种位置,增加覆土厚度,以后可根据覆土情况采取辅助作业,例如出苗前耢去部分覆土。

　　耲种时一般垄沟、垄台不换位置,用耲耙在原垄台开沟播种。传统耲种程序是开沟→播种→播种沟镇压→施肥→覆土→压垄台。目前耲种的方法主要是原垄耢茬或旋耕灭茬,然后沿原垄用播种机直接播种,在播种后出苗前混合喷施灭生性除草剂和土壤处理剂防除杂草,出苗后及时铲耥。

　　垄作地面具有垄沟垄台小地形。垄体中具有 4 种松紧程度不同的部位,即垄体表面是松土层,垄体中部是 3 年 1 次垄翻的紧实区,垄体下部有紧实的三角形非犁耕区(即波状封闭犁底层),垄沟中由于中耕等作业而比较疏松。

　　垄作耕法具有上下左右虚实并存的耕层结构。垄作所形成的特殊地表状态,使其具有很多优点:①垄作耕法人为创造小地形,地面呈波浪形起伏状,地表面积比平作增加 25%～30%,增加了接纳太阳辐射量,白天垄上温度比平作高 2～3 ℃,夜间垄作散热面积大,土壤湿度比平作低,耕层温度日较差较大,利于作物干物质积累;②在雨水集中季节,垄台与垄沟位差便于排水防涝;③地势低洼地区,垄作可改善农田生态条件;④垄作地面呈波状起伏,增加了风的阻力,能降低风速,减少风蚀;⑤在作物基部培土,能促进根系生长,提高抗倒伏能力;⑥能较好地控制杂草;⑦垄作耕法的扣种将播种和倒茬相结合,将播种与深耕结合起来,铲耥作业既是中耕作业又是接纳雨水的深耕作业,耕管结合到一起;⑧垄作机械一机多用,配套机械组件少,机械投资少。

　　垄作耕法也有一定的缺点:①固有垄作耕法受农具限制,耕作层浅,封闭波状犁底层距表土较近,影响储水深度和利用心土层的水分与养分,协调气候、作物、土壤之间关系的能力弱,妨碍根系向心土层伸展;②固有垄作耕法用原始的木制大犁作业,效率低,在人少地多条件下不便于精耕细作,现在实现机械化起垄与机械化播种作业,提高了作业效率;③垄作耕法的耕层构造适宜作物苗期生长,但由于耕层浅不能完全满足作物的后期生长,应加强作物生长发育后期的肥水管理。

(三)深松耕法

　　在长期运用平翻耕法或垄作耕法后,在耕层与心土层之间都形成了一层坚硬的、封闭式的犁底层。犁底层的厚度可达 6～10 cm,总孔隙度比耕层或心土层少 10%～20%,严重阻碍了耕层与心土层之间水、肥、气、热的连通,犁底层的存在影响耕层的土壤水分运移和根系的伸展,加深耕层是必要的。

　　深松耕法是以深松耕为基本耕作措施,并辅之以耙、糖、镇压、中耕等表土耕作措施共同组成的一种耕作法。深松耕法最早于 20 世纪 40 年代由苏联的马尔采夫提出并应用于半干旱地区。他用无壁犁与表土作业耙地相结合,形成连续几年土层致密和一年全面深松相结合的耕层构造,以此来平衡土壤有机质的积累和消耗及蓄水和蒸发的矛盾。20 世纪 50 年代起,美国研究用凿式犁等进行深松以部分代替翻耕,并提出"行下深松"的建议,即深松后拖拉机进地要"躲开"深松带，防止压实，试验结果表明，玉米、大豆、棉花等通常增产20%～30%。我国有关深松耕法的研究于20世纪70年代首先开始于东北，经对深松机具的改良，采用深松机间隔深松，创造了纵向虚实并存的耕层构造，取得了显著成效，目前在我国各地都有应用。

1. 耕作原则　深松耕法的耕作原则有以下几个。

（1）分层深松，不乱土层　根据土壤种类和深松深度，安装1～2层深松铲，使耕作层一次加深到适宜深度，而各层的位置不变。

（2）间隔深松，虚实并存　这是深松耕法的主要特点，间隔深松在耕层中创造了纵向或横向虚实并存的耕层构造。

（3）耕种结合，耕管结合　可省去一次成本较高的深翻耕作业，同时还缓和了单独深耕造成的农时紧迫矛盾，耕种结合和耕管结合接近雨季，深松耕部位的粗糙度较大，有利于接纳雨水，这两者结合能使生产单位所有土壤每年都有深松的机会。

2. 主要特点　深松耕法的主要特点有以下几个。

①深松耕法兼具垄作耕法和平翻耕法的优点，局部打破犁底层，在加深耕层的同时，又保留部分犁底层，具有保水、保肥的良好作用。内蒙古农业大学等于2016—2017年进行的耕作试验结果显示，相对于旋耕，深松耕处理显著降低了0～40 cm土层的土壤容重，提高土壤孔隙度，增加了20～40 cm土层的土壤有机碳含量和活性有机碳含量。

②纵向虚实并存的耕层结构，能提高蓄水能力，减少地面径流和水分蒸发，以虚的部位加强储水，以实的部位提墒，提墒与渗透各有场所，既可多储水，又保证经济提墒用水，适合旱季又适合雨季。河南农业大学赵亚丽等人（2018）的研究表明，深松耕增加了冬小麦、夏玉米和周年总农田耗水量，降低了冬小麦和夏玉米的株间蒸发量，提高了0～100 cm土层的土壤储水消耗量，同时还降低了休闲期无效农田耗水量，提高了周年水分利用效率6.3%。

③深松耕法有多种作业方法，可为各种土壤-作物-气候系统提供灵活选择的可能性。在土壤黏重或耕性不良的低产地上，可采取大比例虚实并存的耕层结构。

④平作地采取耙茬深松或"松-耙-松"方法形成的耕层结构，实际上是"明平暗垄"，具有部分垄作的效果，土壤的透气性得以改善。

⑤深松耕法使土壤通气孔隙增加，透气性增强，有利于提高土壤温度，对于作物苗期光合作用有利。

⑥深松耕法土壤耕作次数少，平作地没有开闭垄，省去大量耙、耢（耱）作业，节约成本。

⑦深松耕法使耕层结构中有虚实不同的部位，实的部位有利于养分积累，虚的部位有利于有机质的矿化，有机质的积累与矿化各有其所，积累与矿化相结合。

⑧深松耕法的不足之处是不适于坡度较大的耕地，否则会引起大量的水土流失。

（四）少耕法

少耕是介于常规耕作法和免耕法之间的中间类型，是将耕作程序减少到作物生产所必需的、适时而又不破坏土壤，风蚀和水蚀程度有很大减轻的耕作方法。但这个概念很不明确，各国理解不同，欧洲将联合作业称为少耕，美国将深松耕也称为少耕。一般讲，少耕大致包括以下内容。

1. 减少耕作深度　例如浅松耕（采用宽幅中耕铲）、留茬耕、耙茬等。

2. 减少耕作次数　将耕、耙、压、播种、施肥、喷药等措施联合作业，大大减少了机械进地的次数。

3. 缩小耕作面积　只进行条状或带状耕作或垄作。带状耕作是在免耕技术基础上在美国开始推广应用的保护性耕作技术，当春季地温回升时，由于免耕有作物秸秆覆盖后地温回升慢，影响作物的出苗和生长，带状耕作恰恰是为了解决覆盖后地温回升问题而产生的。

4. 减少年间翻耕　例如我国东北原有的垄作耕法就是一种典型的减少年间耕作次数的少耕法，第一年起垄种大豆，起垄的起土量只及翻耕的 $1/3 \sim 1/2$；第二年和第三年免耕，在原垄上播种高粱、谷子。东北利用机械进行的翻耕、深松与耙茬相结合也是一种年间少耕的做法。

5. 垄作　从播种到收获，除追肥外，整个生长发育期不翻动土壤，将种子播在事先准备好的垄床上，秸秆覆盖在垄沟表面，杂草使用除草剂或者耕作方法控制，耕作同时做好垄背。

少耕和整个耕作制度一样，是在一定自然、社会经济条件和科学技术水平下发展起来的一种耕法，在不同地区条件下，效果不尽相同。因此应用时要综合考虑，做到因地制宜。生产实践证明，少耕在半干旱地区、复种指数较高地区、坡耕地及土壤侵蚀地区运用效果较好。

（五）免耕法

美国过去沿用平翻耕法及铧式犁为主的一套农具作业，由于平翻后要进行多次表土作业才能达到播种状态，在干旱多风或多雨地区和坡地上，造成了严重的风蚀和水蚀。1943 年 5 月 12 日，长期运用平翻耕法的美国西部地区发生了一次前所未有的"黑风暴"，以 $60 \sim 100 \ km/h$ 的速度持续 5 h，从美国西部大草原横跨美国大陆 2/3 刮起沙尘暴，带走 3.5×10^8 t 肥沃农田的表土，严重威胁农业生产，其原因是当时美国西部地区毁林和毁草开垦为农田传统的土壤耕作（平翻耕法）使表土裸露、过松，而同时干旱、大风等因素综合起作用。经过几个阶段减少耕作次数和改变耕作方法的研究，认为免耕利用作物秸秆覆盖可保护土壤，随着除草剂和秸秆覆盖条件下的免耕播种机研制成功，至 20 世纪 60 年代免耕在美国得以推广运用。

1. 免耕法的技术原理

（1）生物措施　利用秸秆、残茬或死亡牧草覆盖地表，代替表土耕作和施有机肥，这样可以减轻雨水对土壤的冲击及其对土壤沉实作用；以作物根系穿插、排挤和土壤生物作用代替土壤耕作的深层疏松土壤作用。

（2）化学措施　利用除草剂代替全部耕作除草，利用杀虫剂和杀菌剂代替耕作翻埋虫害和病菌等作用。

（3）机械措施　由于地表长期覆盖，必须有特殊的播种机切碎播种行上的秸秆，避免堵塞开沟器和影响覆土，保证播种质量。另外，必须配备防除杂草、防虫、防病的植物保护机械，以及具有秸秆切碎覆盖功能的相应收获机械。

2. 免耕法的优点　免耕法具有以下优点。

①地面有秸秆、残茬或牧草覆盖，水土流失和风蚀现象明显减轻。

②覆盖物可减缓雨水的不利影响，减轻雨滴直接打击表土和土壤颗粒移动，也减轻团粒结构的破坏。

③秸秆覆盖可减少水分蒸发，使表土经常保持湿润，地面不易形成板结层，根系孔隙保持渗透性，增加储水量。

④覆盖的作物秸秆和作物根系腐解后增加表土层土壤有机质含量。

⑤免去耕作作业，可节约能源和资金，投入少，成本低。

⑥在生育期一季有余两季不足时，采取免耕法前作物收获当天就可直接播种后茬作物，能扩大复种面积，争取更多积温。

3. 免耕法的缺点　免耕法有以下缺点。

①免耕条件下多年生杂草发生严重，需要有高效而杀草谱广的除草剂；病虫害加重，防虫防病用药量大，增加了农药成本，同时加重环境污染。

②秸秆覆盖使太阳光不能直接照射到地面，在作物生长季节内，10 cm 土层的温度，免耕地段比常规耕作地段低 1～3 ℃（夜间相反），导致高纬度地区春播作物的播种和出苗推迟，有时延迟 10 d 左右，不利于安全成熟。

③地面覆盖和地表增湿降温的条件，促使土壤成酸性，而且在秸秆分解过程中产生带苯环的有毒物质。

综上所述，免耕法以秸秆覆盖及除草剂代替土壤耕作以保持水土，维护和提高土壤肥力的效果极明显，但是也构成了特殊的土壤环境。在低纬度、斜坡地、粉砂土等轻质土壤上，采用免耕法作物有增产的趋势。而在低湿地、黏重土壤上，土壤通透性不良；在高纬度地土壤温度成为限制因素，免耕法使作物产量不高，甚至下降。

（六）砂田耕法

砂田于明清时代起源于甘肃，历史悠久。砂田耕法是以不同粒径的砾石和粗砂作为覆盖的一种耕作法，主要分布在我国西北半干旱向干旱过渡地区，是我国西北旱区农民与干旱、侵蚀作斗争过程中创造的一种蓄水、抗旱、保墒、稳产、增产的耕作法。由于这些地区年平均降水量少，而且多暴雨，一般农田来不及渗透，农田实际接纳雨水量远少于降水量。因此土壤水分成为这些地区农业生产的绝对限制因素。砂石间空隙大，有很好的渗水作用，且保护土壤，滞阻水分蒸发，日蒸发量比裸露地减少 75％以上。而且还多吸收太阳辐射，增温快，温差大，促进作物快长早发，产量大幅度增加。砂田的蓄水保墒效果确是极佳的，相对裸地土壤含水量可提高 100％左右，可在年降水量为 200～300 mm 的地方成功实现雨养农业生产。目前我国有砂田 $1.67×10^5$ hm²，其中甘肃约为 $6.7×10^4$ hm²，宁夏约为 $6.8×10^4$ hm²。

1. 砂田耕法技术原理　利用小到粗沙、大到鹅卵石不同粒径的砂石按一定比例覆盖于田面 10～15 cm 厚，用一整套特殊的农具进行耕作，能渗纳雨水，减少蒸发，提高土壤蓄水保墒能力和含水量，防止土壤的风蚀和水蚀等作用，既能增温促进作物早出苗和生长发育，又可增大昼夜温差，活化土壤肥力，有利于提高作物产量和品质，减轻盐碱、病虫和杂草危害。

2. 砂田耕种方法　铺砂前先休闲一年，在休闲期间多次翻耕、晒垡，并结合深施农家肥，耙耱平整后冬季结冻期铺砂。此后可连续种植 20～30 年，播种时将地面砂石刨开，播种后覆盖薄砂，出苗后再将播种穴或播种沟覆砂填平，一般不再施肥。砂田在连续种植若干年后休闲 1～2 年，有利于压砂地性能的恢复和地力的恢复。连续种植 20～30 年后，砂土混合，保墒、增温效果降低，需要人工起砂，筛砂，砂土分离后，再重新铺砂。砂田的工程量大，素有"累死老子，富死儿子，苦死孙子"的说法。也有在老砂田衰老后再叠一层砂石的垒砂田，以及老砂田深耕后再压一层砂的做法。

二、土壤耕作制

不同的土壤耕作法都有它们各自的优缺点和相宜条件。孤立地采用一种耕作方法，虽然能够发挥其优点，却难以消除它的弊端，甚至导致某些生态恶果。例如连续翻耕会导致犁底层的出现，阻碍水分的入渗和根系向深层土壤的扩展。由于多种原因，在种植制度的一个轮作周期中，沿用单一类型的耕作法也很常见。然而，以一种不变的单一耕作法去适应变化着的轮作条件，本身就是不可取的。对此，实施与种植制度相配套的若干类型耕作法组合，建立合理的轮耕制度，可以取长补短，起到提高劳动生产率和增加生态效益和经济效益等方面的作用。

（一）土壤耕作制的概念

在特定的土壤和气候条件下，所采用的与种植制度相适应的、由若干土壤耕作法组成的耕作技术体系，称为土壤耕作制。

土壤耕作制是耕作制度的重要组成部分，它依照农田作物在轮作中的地位，综合土壤、作物、气候之间的关系，长期性地调整土壤耕层构造，改善肥力条件，并与其他培肥措施相适应，保证农田作物持续稳产、均衡增产，从而使土壤耕作制成为实施正确种植制度的基础。

（二）制定土壤耕作制的原则和依据

1. 与气候、土壤等自然条件相适应 在制定土壤耕作制时，要考虑到当地的气候、土壤条件，做到趋利避害，调节好气候、作物、土壤之间的矛盾。例如在干旱地区和干旱季节的土壤耕作应以能充分蓄水保墒的耕作法为主，在条件具备的地方以深松耕法为宜，或至少要免去助长土壤水分损失的耕作措施，根据实际情况应用各种覆盖材料，减少蒸发损失。在多雨地区和多雨季节，特别是低洼地，土壤耕作应以排水防涝为主，采取翻耕松土、深沟高畦、中耕培土、多次清沟排渍等措施，加强土壤的通气性。冷湿地区以垄作为主，实行间隔深松，以利于增温、防湿。风蚀、水蚀严重地区应以少免耕、秸秆覆盖技术为主，以保护水土资源，保护生态环境，确保侵蚀区农业可持续发展。

不同类型的土壤，其物理性状、化学性状、生物学性状、土壤肥力、宜耕性等各不相同，采用的耕作措施也应有所差别。例如黏重土壤耕作困难，耕作后土块大，在作物收获后要趁墒情适宜及时翻耕晒垡，并掌握宜耕期耙地碎土；耕层深厚的肥田应深耕、粗耙，瘠薄的瘦田应多耕、浅耕、细耙。

2. 与种植制度和社会生产条件相适应 一般而言，种植制度总是和社会生产条件相适应的。例如我国在化肥用量不足的情况下，各地的种植制度都重视生物培肥和农家肥的利用，在这种条件下，翻耕法有助于有机肥的施用。即使在化肥已经足量的时候，为了促进生态系统内部的物质循环，合理利用资源，仍然不能忽视翻耕法在压青、翻肥中的不可替代作用。南方稻作区在水稻连作情况下，翻耕具有清除毒害性还原物质的作用。多作多熟制地区为了抢赶农时，应该减少两季作物之间的耕作或采取免耕法。此外，制定的土壤耕作制还应有利于消除农田杂草。

3. 统筹安排，前茬为后茬，今年为明年 制定土壤耕作制，既要立足当前，也要顾及未来。例如我国北方冬麦区土壤实行翻耕夏闲蓄存降水，其目的是"伏雨春用"，为后茬小麦高产打下土壤水分基础。稻田种植小麦，应使水稻提前撤水晾田，以利冬种整地。显然，整个种植制度中轮作期间的有些土壤耕作措施，不一定为当季作物所必需，但却为整体生产所必需。因此只有从全局考虑，使多耕与少耕、翻耕与深松耕、深耕与浅耕在轮作期间整体地结合起来，方能充分发挥土壤耕作在培肥农田中的作用。

4. 与施肥、灌溉制度互相配合 例如施用有机肥应与翻耕相结合，把它翻埋入土；生长期间追肥要与耙地、中耕培土相结合，以充分发挥肥效和避免肥料流失。在灌溉地区，土壤耕作制应创造高度平整的耕作面，便于排灌、防止漏水和水分蒸发。

5. 要提高工效，讲求经济效益 农业生产的成本中，土壤耕作费用所占比例很大，其中尤以翻耕及其辅助作业所耗大。因此制定土壤耕作制的每项作业，准确度要高，并对其经济效益进行测算，尽量免去无效作业项目。另外，提高耕作质量，可以减少作业次数。适当采用联合作业，农机农艺结合，对争取农时、提高作业质量都有好处，在制定土壤耕作制时值得思考。

（三）土壤耕作制的发展趋势

翻耕法是我国过去土壤耕作制的主体，在传统农业乃至多熟种植时期起过重要作用。但它的局限性也客观存在。20 世纪 90 年代旋耕逐步替代了翻耕的主体地位，成为目前全国应用最广的土壤耕作技术。随着我国农业生产条件的改善和适应现代农业高效、集约、持续发展的需要，改革传统土壤耕作制，使其朝着现代化与集约化方向发展势在必行。

1. 高效节能的土壤耕作制将逐步发展 随着我国农村经济的发展，农业劳动力转移到其他产业是必然趋势，势必导致农业劳动力不足。因此实行省工高效土壤耕作制势在必行。目前应尽快改进农机具条件，实现联合作业、一体化、轻简化耕作。

2. 保护性耕作将越来越受到人们的重视 保护性耕作是保护土地综合生产能力的重要环节之一。随着我国人口数量和环境压力的增加，可持续集约化发展道路是我国农业发展必由之路，尤其在我国生态脆弱区更是如此。随着人们对可持续发展认识的提高，保护性耕作必将越来越受到人们的重视。

3. 机械化土壤耕作将成为我国土壤耕作的主体 农业生产机械化是我国农业实现现代化的重要条件之一，机械化规模经营是我国农业发展的必然趋势。耕作机具的发展推动着土壤耕作制的改革。努力做到农艺与农机结合，加快机械化耕作的发展进程是我国土壤耕作长期致力的目标。

第四节 保护性耕作

一、保护性耕作的概念

保护性耕作（conservation tillage）的概念并不十分明确。在美国，保护性耕作的主要是以地表秸秆残茬覆盖为主休，采取少耕免耕、轮作、施肥等措施，为作物创造良好的生态环境。从整个世界来看，全球气候、土壤类型多样、种植制度变化大，保护性耕作技术类型繁多，美国的这个定义也难以概括全貌。

2003 年 7 月在澳大利亚布里斯班召开的国际土壤耕作组织（ISTRO）第 16 届学术研讨

会上，联合国粮食及农业组织（FAO）的 Jose R. Benites 和巴拉圭保护性农业顾问 Rolf Derpsch 等人在保护性耕作的基础上提出了保护性农业（conservation agriculture）的概念，认为保护性农业是为了解决由犁耕引起的土地退化、土壤肥力和生产力水平下降、有限水资源利用效率低和土壤沙化等问题而发展起来的技术体系，有三项基本原则：①覆盖，利用前作残茬或控制生长的牧草或其他物质作为覆盖物，覆盖全田或行间，借以减轻风蚀、水蚀和土壤水分蒸发；②减少土壤耕作次数，一般采用联合作业的免耕播种机，喷药、施肥、播种、覆土、镇压作业一次完成；③应用作物轮作系统。

随着我国保护性耕作研究的深入，通常认为，保护性耕作泛指保土保水的耕作措施，其目的是减少土壤侵蚀、保护农田生态环境、促使整个耕层健康发育。通过土壤少耕、免耕、地表微地形改造技术及地表覆盖技术，通过"少动土""少裸露"，达到"适度松紧""适度湿润""适度粗糙"等土壤状态，从而保护土壤，使生态效益、经济效益及社会效益协调发展。

二、保护性耕作的历史

一般认为，保护性耕作是人们吸取严重水土流失和风沙危害的惨痛教训之后，逐渐研究和发展起来的。美国在 20 世纪 20—30 年代利用大型机械翻耕大面积农田，但由于气候持续干旱，土地沙化严重，"黑风暴"从美国西部干旱地区刮起，席卷 2/3 的美国大陆，大风在没有遮挡的农田裸地上横扫，刮走地表层 $10\sim50$ cm 厚度的肥沃土壤 3.5×10^8 t，冬小麦减产 5.1×10^9 kg。20 世纪 40 年代苏联广大的干旱农区也尝到了"黑风暴"的苦头，接着，"黑风暴"又席卷了加拿大和澳大利亚及亚洲、非洲等地。沉痛的教训，迫使人们对传统的耕作方式进行反思和变革。1935 年美国成立了土壤保持局，从此开始研究保护性耕作技术。1943 年美国俄亥俄州农民福克纳（Faulkner E. H.）用圆盘耙（不用犁）耙地，并把残茬留在地面，减少了水土流失。随后，他写了《犁耕者的愚蠢》一书，首次明确提出反对犁耕的看法，认为黑风暴是由于犁耕引起的。从此，对土壤耕作的研究便在世界各国全面铺开。澳大利亚从 20 世纪 70 年代初，相继在一些主要牧区建立了保护性耕作研究站，研究探索农业可持续发展的新途径，并取得了辉煌成就。目前，全球有 9%～15% 的耕地采用保护性耕作技术。总结国际上保护性耕作技术的发展历程，大体经历了以下 3 个阶段。

第一阶段：20 世纪 30—40 年代，主要是针对传统的机械化翻耕措施在水蚀和风蚀方面存在的弊端，对土壤耕作农机具和耕作方法进行改良，提出少耕、免耕、深松耕等保护性耕作法。美国在"黑风暴"过后成立了土壤保持局，大力研究改良传统翻耕耕作方法，研制深松铲、凿式犁等不翻土的农机具，免耕技术成为当时的主导技术。

第二阶段：20 世纪 50 年代以后，机械化少耕免耕技术与残茬覆盖技术同步发展。许多研究证实了少耕免耕对减少土壤侵蚀方面有显著效果，在少耕免耕技术研究的基础上，人们发现残茬覆盖有明显的蓄水保墒和防水蚀、风蚀的作用，但免耕和残茬覆盖既带来了杂草的严重危害，也对播种机具提出了严峻挑战，使得该项技术推广较慢。直到 1957 年，高效广谱除草剂的问世和 60 年代后期免耕播种机的研制成功，才使少耕免耕结合秸秆覆盖的保护性耕作技术在美国得到广泛应用和迅速发展。

第三阶段：20 世纪 80 年代以来，随着耕作机械改进、除草剂以及作物种植结构调整，保护性耕作的应用范围也不断加大。美国保护性科技信息中心（CTIC）的资料表明，2011

年美国实行免耕、垄作、覆盖耕作（指浅松留茬）和少耕技术的耕地占全国耕地的 63%，常规耕作的耕地占 37%，保护性耕作比例呈上升趋势。

三、保护性耕作的效益原理和主要类型

（一）保护性耕作的效益原理

保护性耕作对于改善土壤环境具有多种独特的生态效益和经济效益，例如保土作用、保水作用、培肥表层土壤、节本、增产增效等（图 5-9）。

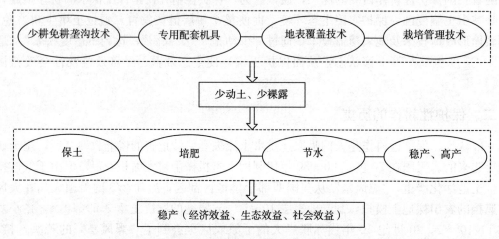

图 5-9 保护性耕作技术原理和效果

1. 保土 保护性耕作减少了土壤的翻动，加上秸秆的覆盖作用，可以有效地控制土壤侵蚀，减少水土流失。众多研究表明，免耕可大大减少土壤侵蚀甚至减少为零。Blevins 长期试验结果表明，与传统翻耕相比，免耕土壤侵蚀量减少 94.15%。由于保护性耕作地表覆盖秸秆或作物残茬，增加了地表的粗糙度，阻挡了雨水在地表的流动，增加了雨水向土体的入渗量，所以保护性耕作可以有效地控制地表径流量。从我国北方多点试验示范结果看，保护性耕作可以减少地表径流量 50%～60%，减少土壤流失 80% 左右，减少田间大风扬尘 50%～60%。保土作用在坡耕地和风沙土上最为显著。

2. 保水 少耕免耕翻动土壤少，因而较好地保蓄了土壤水分。这个作用在缺水的半干旱地区最为显著，所以少耕免耕主要在半干旱地区推广应用。免耕与秸秆覆盖结合时，由于地表的秸秆可以减少太阳对土壤的照射，降低土壤表层温度，加之覆盖的秸秆阻挡水汽的上升，因此免耕条件下的土壤水分蒸发量大大减少。张海林等的多年研究结果表明，免耕比传统耕作增加土壤蓄水量 10%，减少土壤蒸发量 40% 左右，耗水量减少 15% 左右，水分利用效率提高 10% 左右。李立科研究表明，采用小麦秸秆全程覆盖耕作技术，可以使自然降水的蓄水率由传统耕作法的 25%～35% 提高到 50%～65%，土壤增加 60～120 mm 水分。

3. 培肥表层土壤 研究表明，免耕加秸秆覆盖，可以达到增加土壤表层有机质、改善土壤结构的目的。免耕加秸秆覆盖可改善土壤理化性状，土壤有机碳含量显著提高，同时可提高土壤表层的氮磷钾含量，但下层土壤差别不大或有所减少。免耕还可增加土壤生物数量和微生物活性，Edwards、Hendrix 等人认为，土壤动物特别是蚯蚓的数量和活动增加显著。蚯蚓在土体中的翻动可改善土壤结构，蚯蚓的残体可增加土壤有机质含量。

4. 节本　保护性耕作具有省工、省时、节约费用等特点，可以降耗，减少土壤耕作次数，有些一次完成多项作业，减少机械动力和燃油成本，降低劳动强度。以北美洲为例，一个 203 hm² 的农场，免耕可节省 225 h 的工作时间，相当于节省约 4 周的工作时间（以每周 60 h 计），同时还可节省油耗 6 624 L。

5. 增产增效　保护性耕作可以保水保土，秸秆还田可增加土壤的有机碳和氮磷钾等养分，因而在多数情况下有利于增产。据张海林等的研究，在华北平原免耕夏玉米产量比传统耕作提高 10% 以上。杨光立等在湖南双季稻区对稻草免耕覆盖还田栽培晚稻的研究表明，每公顷比无草翻耕增产稻谷 948 kg，比稻草翻耕田增产 582 kg。黄高宝等在黄土高原半干旱区的研究发现，免耕秸秆覆盖技术使小麦和豌豆的产量比传统耕作提高 15% 左右。秸秆还田还避免了焚烧所带来的环境污染问题。因此采用保护性耕作技术，可以创造良好的生态环境，最终实现经济、社会和生态的协调发展。

（二）保护性耕作的类型

根据对土壤的影响程度可以将广义的保护性耕作技术划分为 3 种类型：①以改变微地形为主的，包括梯田、等高耕作、沟垄耕作、水平沟、坑田、围堰等，主要应用于丘陵山地的坡耕地上；②以改变土壤物理为主的，包括少耕、浅耕、深松、免耕等；③以增加地面覆盖为主的，包括秸秆覆盖、留茬或残茬覆盖、密播作物覆盖、砂石覆盖（砂田）、地膜覆盖以及带状种植、间套作等。

下面介绍几种典型的保护性耕作技术。

1. 覆盖耕作（mulch tillage）　在干旱半干旱条件下，仅靠耙耱后表层的干土层覆盖，保墒效果极其有限，且不利于保护土壤。如果耕作或播种后，在地面上再覆盖一种人工覆盖物，则会收到良好的蓄水保墒效果。生产上常用的覆盖物有砂石、作物秸秆和塑料薄膜等。

前文介绍的砂田耕法，利用砂石覆盖耕过的土壤所形成的砂田，是一种蓄水、抗旱、保墒、稳产、增产的覆盖耕作法。农田铺盖砂石前，饱施粪肥，实行翻耕，铺砂后进行播种，此后每年只需免耕播种，不加其他农作措施，20～30 年后待耕层的土壤与砂石混合生态作用失效后，经过清砂、施肥、耕作、砂土分离、铺砂重建砂田后，再行利用。

利用作物残茬覆盖地面是比较简单易行的覆盖方法。覆盖的作物残茬可阻碍水分蒸发，故能起到明显保墒效果。免耕覆盖技术还可以提高土壤有机质、改善养分循环、增强土壤生物活性，从而实现持续提高土壤质量、增产、高效用水。但它也有不利因素，例如在有些地区降低地温，导致作物生育略有延迟；作物生长期覆盖还会发生"氮饥饿"现象，需额外施肥。

利用塑料薄膜覆盖，既增温又保墒，多方面地起到改善农田生态环境的作用，为作物旺盛的生理活动提供有利的条件。地膜覆盖已广泛应用于小麦、玉米、棉花、花生、烤烟等多种作物。

2. 免耕　人们在长期的生产实践中发现，频繁的土壤耕作，尤其是过多的不必要的土壤耕作措施，不仅增加了生产成本和动力消耗，而且使耕层土壤致密，犁底层增厚，影响降水下渗，加速有机质耗损。尤其在坡耕地上多次不必要的耕作助长了水土流失。对此，国外自 20 世纪 50 年代就开始探索减少耕作次数和强度的方法。于是，免耕法（no-tillage）应运而生。

免耕法是指作物播种前不采用基本耕作和表土耕作，直接在茬地上播种，作物生长发育期间不使用农具进行土壤管理的耕作方法。典型的免耕由 3 个基本环节组成：①地面覆盖残茬、秸秆或其他覆盖物，从而减轻风蚀、水蚀和土壤蒸发；②采用联合作业的免耕播种机直接播种，一次完成开沟、播种、施肥、喷药、覆土、镇压等作业；③应用广谱性除草剂杀除杂草。

3. 少耕 少耕（minimum tillage，reduced tillage）指在常规耕作基础上尽量减少土壤耕作次数或在全田间隔耕作、减少耕作面积的一类耕作方法，它是介于常规耕作和免耕之间的中间类型。凡多项作业一次完成的联合作业，以局部深松耕代替全面深耕，以耙茬代替翻耕，在季节间、年份间轮耕，间隔带状耕种，减少中耕次数或免中耕等等，均属少耕范畴。少耕法的概念是针对平翻耕法的多耕而言的，主要是去掉有缺点的或不必要的耕作措施和作业次数，以便达到节省能量和降低成本的目的，当前实施的各种少耕法都是为了达到这个目的。

4. 深松耕 用深松铲深松土（sub-soiling）而不翻转土层，残茬或秸秆随即保留在地面上，采用除草剂或耕作除草。在美国和我国东北地区深松耕法甚为普遍。这种耕作法可以增加土壤水分的渗透，增加土壤有机质含量，减少因翻耕带来的失墒。间隔深松还可以为作物创造一个虚实并存的耕层结构。但深松耕难以良好地翻埋有机肥料和秸秆，耕作后的地面也较粗糙。

四、保护性耕作的发展

（一）保护性耕作的总体发展趋势

国际上对保护性耕作的概念已经拓展到保护性农业，主要技术是采用少耕免耕、覆盖等措施，结合除草剂，减少对土体的扰动和破坏，从而达到保护水土资源，使土壤能够维持较高生产力的一套农艺和农机相结合的耕作技术体系。保护性农业利用正在生长的作物植株或作物残茬来维持土壤表层一种永久或半永久有机覆盖状态，可以保护土壤，同时可以为土壤微生动物提供更多的食物来源，其目的是达成生态与经济双赢的效果。未来，保护性耕作的发展趋势和主要研发重点如下。

1. 保护性耕作由以研制少免耕机具为主向农艺和农机结合并突出农艺措施的方向发展 传统的保护性耕作技术重点是开发深松、浅松、秸秆粉碎等农机具，将来在发展保护性耕作农机具的基础上，将重点开展裸露农田覆盖技术、施肥技术、茬口与轮作、品种选择与组合等农艺和农机相结合的综合技术的研发应用。

2. 保护性耕作技术由在生态脆弱的半干旱区应用为主向更广大农区应用发展 保护性耕作技术起源于半干旱草原区，初期主要是少耕免耕技术，可减少对土层的干扰和水分丢失。目前已经推广到其他农田，包括对农田进行少耕免耕、减少农田裸露、减少风蚀水蚀、保持土壤肥力、增加土层蓄水量、增加农民收入。联合国粮食及农业组织（FAO）正在计划将保护性耕作推广到其他地区，例如非洲、中亚和印度恒河平原。

3. 保护性耕作技术由不规范逐步向规范化和标准化方向发展 发达国家已经将保护性耕作技术与农产品质量安全技术、有机农业技术形成一体化，进一步提高了保护性耕作技术的规范化和标准化要求。

4. 保护性耕作由单纯的土壤耕作技术向综合性的保护性农业发展 保护性耕作已经由当初的少耕免耕技术发展成为保护农田水土、增加农田有机质含量、减少能源消耗、减少土壤污染、抑制土壤盐渍化、受损农田生态系统恢复等领域的保护性技术，保护性耕作的研究范围和领域逐渐在拓宽，逐步向保护性农业方向发展。

（二）我国不同生态类型区保护性耕作发展趋势

针对我国的具体情况，保护性耕作的研究要从区域多样化出发，建立区域化保护性耕作技术模式，突出不同区域的特点，在区域布局上重点是在东北平原退化区、华北缺水区、黄土高原水土流失区、南方平原区、南方丘陵区等各大典型区域，针对区域关键问题，结合共性关键技术，组合形成区域特色关键技术体系开展研究与示范。

在东北地区，一年一熟，土壤水蚀退化严重，耕层逐年严重变浅，部分地区黑土层由开垦初期的 $60\sim70$ cm 减少到 $20\sim30$ cm，一些薄层黑土变成露黄黑土，对粮食生产具有潜在的威胁。本区现代少耕免耕技术的普遍应用在全国处于前列，在垄作基础之上，改畜力为机械力，实行翻耕、深松耕、耙茬与免耕结合相结合。本区保护性耕作研究的重点是研发能够遏制土地退化、培肥地力、减轻风蚀的保护性耕作的技术体系。

在华北地区，一年二熟为主，一般秋季小麦种植前进行土壤基本耕作，多采用翻耕或旋耕，小麦玉米一年二熟制中玉米一般采用免耕播种。机械化秸秆还田技术已经逐步成熟，但玉米秸秆以旋耕混埋为主，小麦秸秆以地表覆盖还田为主。水资源矛盾突出，地下水超采严重，形成多个地下漏斗，粮食高产压力大，是该区一年二熟制可持续发展面临的主要问题。因此研发能够减少蒸发、减少径流、提高水分利用效率的稳产节水型保护性耕作技术模式和体系是重点。

西北黄土高原区是世界上水土流失最严重的区域，年土壤流失量达 2.1×10^9 t，侵蚀面积达 3.4×10^5 km^2。干旱少雨，坡地多，生态比较脆弱，保土、保水成为土壤耕作的重要任务。目前该区仍以传统的耕作为主，保护性耕作主要是改变微地形的水土保持耕作法，现代的秸秆覆盖和少耕免耕技术应用尚少。在该区，研发不同类型耕地保水保土型保护性耕作技术是将来的重点，比如坡地水土保持耕作法、小麦秸秆和地膜覆盖耕作、小麦高留茬秸秆全程覆盖耕作、旱地玉米免耕整秸秆半覆盖等都可以是重要的技术环节。

在南方平原区，稻作多熟为主，劳动力紧缺，秸秆资源浪费严重是现实的问题，省时、省工、高效的耕作技术体系是该区的客观需求，需要重点研究秸秆资源高效利用及冬季资源利用技术体系。

在南方丘陵，水土流失严重，季节性干旱突出，土地生产力低下。当前仍以传统耕作为主，基本耕作是通过微耕机进行机械旋耕。少耕免耕的主要内容是传统的免耕套作（水稻套作小麦、油菜、紫云英等）和水稻收获后板田播种小麦、油菜、绿肥等。该区将来的发展重点是研究应用能够减少土壤水蚀的保水抗旱保护性耕作技术体系。

☆ 思考题

1. 土壤耕作法和土壤耕作制有什么区别和联系？
2. 为什么我国保护性耕作历史悠久，但目前推广应用十分有限？
3. 基本耕作与表土耕作的作用有哪些？相互之间有什么联系？
4. 合理耕层具有什么样的特点？与土壤耕作制度有什么关系？
5. 构建轮耕制度的优势与难点分别有哪些？
6. 为什么保护性农业会成为一个重要发展趋势？

6

第六章
农田培肥与保护

本章提要

- **概念与术语**

地力（soil productivity）、土壤肥力（soil fertility）、农田防护制（field protection system）、水蚀（water erosion）、风蚀（wind erosion）、土壤盐渍化（soil salinization）

- **基本内容**

1. 不同种植制度下耕地养分平衡
2. 农田培肥的主要途径
3. 农田水分调控的主要措施
4. 影响水蚀的主要因素
5. 防治风蚀的主要措施
6. 农田污染的主要防治措施
7. 土壤盐渍化危害及主要防治措施

- **重点**

1. 农田用养结合平衡体系的建立
2. 农田水蚀控制技术原理
3. 影响风蚀的主要因素

第一节　农田土壤培肥

一、地力概念

（一）地力的概念

地力是农田培肥的调控中心。地力一词是农业生产中的一个重要词汇，早在2 000多年前就有"尽地力之教"的说法。在我国古代农业著述中，就有"多粪肥田""地力人助""地力常新壮"的论述。王充的《论衡·率性篇》中有："夫肥沃硗（qiāo，硬）确（què，贫瘠），土地之本性也；肥而沃者性美，树稼丰茂；硗而确者性恶，深耕细锄，厚加粪壤，勉致人功，以助地力，其树稼与彼肥沃者相似类也"。在《论衡·效力篇》中指出："地力盛者，草木畅茂，一亩之收，当中田五亩之分"。又说："苗田，人知出谷物多者地力盛"。

日本学者大久保隆弘将地力定义为："地力是与土壤的物理性状、化学性状、生物学性状相适应，并与气象条件相互关联，从而以取得生产物质为目的而利用土壤的能力。"他将土壤、气象和作物三者联系起来，综合评价地力。还进一步用地力的函数关系公式表明地力与土壤性质、气象条件、作物适应性的关系，即

$$SP = f(P,C,B,Cl,Cr)$$

式中，SP 为地力，P 为土壤的物理因素，C 为土壤的化学因素，B 为土壤的生物因素，Cl 为气象条件，Cr 为作物。

地力（soil productivity）是在特定的种植制度和气候条件下，由土壤物理特性、化学特性、生物学特性与作物生长相适应而具有的生产能力，又称为土地生产力。地力的含义包括两个方面：①地力通过作物生产来反映，同时受多种因素制约；②地力是在人为控制和管理下实现的，是自然与人为干预综合作用的结果。

（二）地力与肥力的区别

土壤肥力（soil fertility）是指在作物生长期间土壤能够不断地供给作物水分和养分的能力。显然，地力与土壤肥力既有共同点，也有不同点。相同点即二者均具有能够生长植物的能力。不同点是地力是自然土壤经人类长期耕种后形成的农田生产能力，地力具有综合性、可培育性和可控性；而土壤肥力是土壤的基本属性和本质特征，不考虑作物的生产能力，也不一定同气象条件关联。

（三）地力的演变和类型

土地开垦为农田后，在人为因素作用下，自然肥力逐步发展成为具有经济能力的地力。因为气候条件、地貌条件、栽培管理措施的差异，受农田生态系统物质循环和能量转化的作用，形成不同生产水平的地力类型。根据农田培肥管理内容，可把地力分成以下 4 种类型。

1. 提高型　我国高产农田采用多肥集约型培肥管理，采取多途径养地措施，土壤肥力因素得以积聚，肥力条件得到改善，有助于地力恢复和提高，具有高产性和稳定性，形成了高投入与高产出相结合的地力生产模式。提高型地力应该是培肥农田的目标。该类型主要分布于我国南北方主产区的吨粮田、双千田等可实现高产、高效的基本农田，由于物质和能量投入多于输出，使土壤肥力因素得以积聚，肥力条件得到改善，地力得以提高。

2. 维持型　我国大多数中产农田养分输入和输出大体趋于平衡，培肥途径比较单一，过多地依靠化肥，忽视有机培肥，仅能维持简单再生产，难以扩大再生产。现阶段我国的多数中等水平的农田都属于维持型地力，是我国北方旱区分布最广的一种地力类型。

3. 减退型　我国中西部黄土高原和西南丘陵山区的低产农田培肥不力，物质与能量投入不足以维护农田产出，用地力度大于养地力度，地力趋于减退，难以维持地力平衡，需要多种途径增加投入，控制农田水土非目标性输出，扭转地力减退趋势。此类农田属低产田。

4. 枯竭型　在地力减退情况下，没有采取相应的有效养地措施，实行掠夺式经营，或是在生态环境脆弱地区不适当地耕垦，使农田物质循环严重障碍，农田生态环境急剧恶化，地力枯竭。这种类型的耕地主要分布在只用不养的掠夺式经营导致的土壤侵蚀陡坡地、对草原高强度开垦导致的风蚀沙化地区、内陆干旱绿洲的农田超量灌溉诱发的土壤盐渍地等，导致地力每况愈下，直到废弃。

地力状态具有整体的动态变化过程，其类型可以相互转化。地力构成因素在地力使用与培养中发生局部变化而导致地力的整体发展和变化。

二、农田地力与土壤有机质

（一）不同种植制度下的地力变化

1. 未开垦耕地 地力越种越好还是越种越坏，是一个基本理论问题。自然土壤肥力的产生和发展，生物因素起主导作用。英国洛桑试验站在 Broodburk 的长期定位试验结果表明，林地砍伐转为撂荒地后（1886 年），土壤全氮积累速度更快，74 年间的增量与持续施用厩肥处理下 127 年的增量相同。可见，在自然情况下，肥力状态在变好。因为自然植被覆盖度大，覆盖时间长，风雨对土壤侵蚀作用小。自然植被为营养物质闭合循环，既没有人为的投入能量和物质，也没有取走任何产品。在自然根系层中，由于植物及土壤微生物的作用，碳、氮以及有效性磷、钾一般是输入，碳、氮的补给主要来自空气，而有效性磷、钾的补给主要来自土壤母质的活化。植物生长越好，为有机物质所固定的碳、氮及其他养分越多，在气候、地形、水分等条件有利的地方，土壤中的养分可以保持循环，并处于缓慢增加的状态，年复一年不断增多的植物残体将促使土壤中有机物质及养分的积累，良好的土壤结构亦得以保持和发展。

2. 新垦耕地 荒地开垦以后，一般规律是土壤有机质和养分迅速下降。黑龙江富含有机质的黑钙土，在开垦后 10 年间，有机质损失了 35%。一般来说，农田土壤中的有机质，有 70%～90% 以收获物及产品形态移出田外，而以残茬、落叶和根的形式遗留在农田中的数量不多。在一定条件下，种植中耕作物土壤有机质损失最多，麦类作物消耗的有机质少，而栽培牧草则有利于有机质的积累。

3. 成熟耕地 成熟耕地与新开荒地大不相同，有机质分解较慢，有些已开垦千百年的成熟耕地土壤有机质已达到稳定状态，肥力状况决定于投入与移出的平衡状况。一般规律是：①多出少入是耗地的原因，而多入少出则为养地之本，产量越高，氮、磷、钾移出越多，但可归还的有机质源也越多；②磷、钾一般是负平衡（不投入时）；③氮一般是负平衡，但种植豆科作物时则有正有负；④碳多数情况下是正平衡，但完全不投入时则为负平衡。

4. 多熟制耕地 多熟种植产量增加，从土壤中移走的物质增多，若耕种培肥措施不当，便会使生态系统和土壤的能量和物质平衡遭到破坏，土壤中水、肥、气、热状况失调，导致肥力下降。但另一方而，多熟高产本身留给土壤的作物根茬以及可能直接和间接归还土壤的有机物也相应增多，同时多熟制往往有较充足的水分、养分补给和良好的耕作管理，使土壤的环境条件不断得到改善，水、肥、气、热诸肥力因素不断得到调节。因此只要在措施上保持整个农田生态系统的土壤能量和物质平衡，加强水、肥、气、热诸肥力因素的合理调节，土壤肥力和作物产量是能够提高的。刘巽浩等（2015）对 1952—2010 年的全国农业数据比较发现，在这 50 多年中，多熟制在高投入的同时也增加了产出。50 多年全国耕地平均耗碳总量（包括无机碳与有机碳）增加了近 3 倍，同时单位面积固碳增加了 3.5 倍，固碳增加的比耗碳多。总固碳和总耗碳的比值从 1952 年的 2.41 增加到 2010 年的 2.75，总是大于 1，说明我国农田是一个净碳汇（表 6-1）。

表 6-1　不同时期全国农田生态系统碳流分析

（引自刘巽浩等，2015）

项目	1952 年	1965 年	1980 年	1995 年	2010 年
总固碳 $[kg \cdot CO_2/(hm^2 \cdot a)]$	3 741	4 709	9 010	14 323	16 807
总耗碳 $[kg \cdot CO_2/(hm^2 \cdot a)]$	1 555	1 975	3 171	4 977	6 110
总固碳/总耗碳	2.41	2.38	2.84	2.88	2.75
每千克籽粒耗碳（kg）	0.9	0.9	0.8	0.75	0.82
净碳汇 $[kg \cdot CO_2/(hm^2 \cdot a)]$	2 186	2 734	5 839	9 346	10 697

（二）有机质在耕地培肥中的作用

土壤有机质是地力的物质基础，其含量高低直接影响土壤的结构性、紧实度、通透性、容重、养分、颜色、耕性及微生物的活动。在生物作用下农田土壤有机质不断地发生变化：①由矿物质或简单有机质转化为腐殖质的腐殖化过程，即腐殖质的合成过程；②由腐殖质分解为各种简单的有机质或矿物质的矿化过程，即有机质的分解过程。土壤中有机质的60%～70%为土壤腐殖质形态，其含量水平是腐殖化和矿质化共同作用的结果。当农田生态系统各因素相对稳定时，有机质的矿质化和腐殖化过程将使农田土壤有机质趋于平衡，反之土壤有机质将向新的平衡发展。

土壤有机质的作用是多方面的，其主要作用是改善土壤物理性状、化学性状和生物学性状并为植物提供生长所需的营养，具体包括以下5个方面。

1. 植物养分的重要来源　有机质含有植物生长发育所需要的各种营养元素，特别是土壤中的氮，有95%以上氮素是以有机状态存在于土壤中的。除施入的氮肥外，土壤氮素的主要来源就是有机质分解后提供的。土壤有机质分解所产生的二氧化碳，可以供给绿色植物进行光合作用。此外，有机质也是土壤中磷、硫、钙、镁以及微量元素的重要来源。所以有机质多的土壤，养分含量也就多，化肥可以适当少施。

2. 促进土壤微生物活动　土壤有机质能供应微生物活动所需要的养分和能量。微生物在土壤有机质的转化过程中起重要的作用，80%～90%的土壤总代谢是通过微生物的作用完成的。土壤中大部分氮源来自土壤微生物分解有机质的活跃活动。有机质是微生物生长繁殖的重要条件。

3. 促进作物的生长发育　土壤有机质分解时释放出的生长促进物质（例如维生素、氨基酸、植物激素等）可以刺激高等植物及微生物的生长。很多试验表明，腐殖质具有促进植物生长的作用。胡敏酸可以促进根细胞的伸长，促进植物芽和根的生长。胡敏酸还可以增强植物呼吸作用，提高细胞膜的渗透性，增强对营养物质的吸收，同时有机质中的维生素和一些激素能促进植物的生长发育。

4. 改善土壤物理性状　有机质中的腐殖质是土壤团聚体的主要胶结剂，土壤有机胶体是形成水稳性团粒结构不可缺少的胶结物质，所以有助于黏性土形成良好的结构，从而改变土壤孔隙状况和固液气三相比，创造适宜的土壤松紧度。土壤有机质为暗色，吸热多，能提高土壤温度，影响水热状况。增加土壤有机质能提高土壤最大持水量，增加1%的土壤有机质可以增加1.5%的容积田间持水量。腐殖质黏结力为黏粒的1/11，而黏着力为黏粒的1/1.5，且都大于砂粒，因此腐殖质可增强砂土的黏性、降低黏土的黏性，进而改善土壤的通透性和保蓄性。腐植质能降低黏土的黏性，从而减小耕作阻力，提高耕作质量；另一方面它可以提高砂土的团聚性，改善其过分松散的状态。要保持土壤结构的稳定性，土壤的有机碳含量应至少在20 g/kg以上，如果在12～15 g/kg之间土壤结构稳定性会急剧下降。

5. 提高土壤保肥保水力和缓冲性 腐殖质是一种有机胶体，其巨大的表面积和表面能，对吸附可溶性养分有重要作用。腐殖质的代换量，比黏粒大4～5倍，能增强土壤保肥力。土壤有机碳增加，可以提高阳离子交换量。有机质有松土作用，使土壤孔隙度增加，从而提高土壤透水性。腐殖质的吸水率为熟土粒的10倍，加之改善土壤的孔隙状况，能明显提高土壤的保水性。土壤腐殖质呈弱酸性，其盐类具有两性胶体性质，可缓冲土壤溶液的酸碱变化，其酸性可促进与难溶性的磷反应，增大磷的溶解度。

我国农田有机质含量从东南向西北递减。受水热条件等众多因素影响，有机质含量一般是阴坡大于阳坡，坡底大于坡顶，缓坡大于陡坡，川台地大于分水岭，川地大于塬地。但随海拔增加，有机质含量也增加。研究表明，土壤有机质含量在1%以下时，与作物产量之间成明显正相关。研究证实，在10°左右的坡耕地上，每年施入一定数量的有机肥，可使土壤有机质增加，土壤结构得到改善，并达到减少水土流失、提高作物产量的效果。因此在农田培肥中，注重农田有机质平衡，使土壤有机质稳定增长，是培肥地力、提高作物产量的重要环节。

三、农田培肥途径

（一）化学培肥

化学培肥，又称为无机培肥，即通过施用化学肥料、土壤改良剂，弥补因农产品输出带走的养分，强化农田物质循环，增进地力。化学培肥是现代农业扩大再生产的基础，也是现代农业培肥地力的重要途径和标志。化肥施用量与作物产量水平密切相关。据联合国粮食及农业组织（FAO）估计，世界粮食增产额中约有50%靠的是化肥。化肥能有效保持土壤氮、磷、钾、钙养分平衡，促进碳循环。

化学培肥遵循的原则有以下3条。

①化肥施用量应服从施肥经济原则，避免出现"报酬递减"现象。

②化肥施用必须遵循因土壤、因作物制宜，氮、磷、钾合理配施原则，推荐测土配方施肥。

③在强化无机投入的同时，应注重有机培肥，坚持有机与无机相结合。化肥的肥效快，但后效短、养分单一，有机肥的肥效慢，但后效长、养分全面，含有微量元素。有机肥与化肥配合施用，可以相互取长补短，能够持续均衡地全面满足作物生长过程中对养分的需求，保持地力经久不衰。

（二）有机培肥

有机肥（包括秸秆还田）是一种全肥，它的某些作用是化肥难以替代的。例如施用有机肥与秸秆，磷钾返还比例大；有机肥中含有多种微量元素，这是化肥所缺少的，有机肥还可以改善土壤的理化性状和生物学性状、培肥地力，使施用的化肥效果更大。提倡有机肥与化肥合理配合施用，是制定施肥方案的一个重要原则。例如沈其荣等在湖南祁阳开展长期定位试验结果发现，与不施肥或单施化肥（氮磷钾）相比，施用有机肥（超过20年）或有机肥与化肥配施可显著提高土壤有机碳含量（图6-1）。

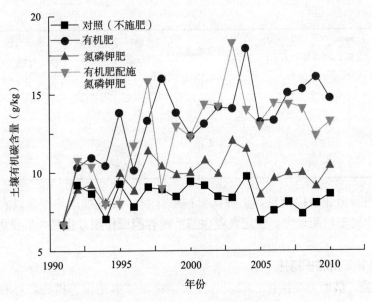

图 6-1 长期施肥处理下土壤有机碳含量变化动态

(引自 Yu 等，2016)

（三）生物培肥

借助植物光合作用合成的有机物质，通过生物固氮作用增加氮素营养，连同家畜粪便含有的营养物质投入农田，能显著增加土壤有机质和氮素等营养物质。生物培肥是地力培肥的基本途径，主要包括种植豆科作物、种植绿肥牧草、合理轮作、施用厩肥和堆肥及菌肥、秸秆还田、造林种草等。生物培肥的主要作用表现为：生物固氮，增加土壤有机质；增加土壤营养物质；固土保水；改良土壤理化性状；生物排水和消除盐碱等。

目前，我国农户日常积攒人粪尿和家畜厩肥数量十分有限，增施农家肥料的潜力有限。与此同时，全国每年作物生产中产出的秸秆总量高达 $7×10^8 \sim 8×10^8$ t，除了作为家畜粗饲料、农户生活燃料等方式利用外，还有相当数量秸秆没有被合理利用，在田间被直接焚烧或丢弃在村庄和田间道路之旁，不仅浪费了秸秆中所含有的营养物质，而且还造成了农村环境污染和卫生状况恶化。禾本科作物秸秆中含有机物质 80% 左右，含氮素 0.4%～0.6%，含磷素 0.13%～0.27%，含钾素 1.0%～2.0%。秸秆直接还田一直是重要的生物培肥措施之一，可显著增加不同土壤类型农田的土壤有机碳含量（表 6-2）。但作物秸秆在高温潮湿环境下需要经过 40～80 d 才能腐烂分解，在北方干旱低温环境下所需时间更长。在我国多熟种植制度下，秸秆直接还田后残留于表层土壤，并且腐解时微生物大量吸收土壤中有效氮磷，不利于后茬作物播种、出苗和生长。因此需要加强秸秆还田方式、时间、机具等技术研究，促进秸秆还田技术的普及推广。

表 6-2 秸秆还田对土壤有机碳含量变化影响

(引自 Blanco-Canqui 和 Lal，2007；Duiker 和 Lal，1999)

土壤类型	土壤坡度（%）	土壤深度（cm）	耕作措施	作物种类/还田量 [t/（hm²·a）]	土壤有机碳含量（t/hm²）	
					对照	秸秆还田
粉壤土	6	5	免耕	玉米/5	14	19

（续）

土壤类型	土壤坡度（%）	土壤深度（cm）	耕作措施	作物种类/还田量 [t/（hm²·a）]	土壤有机碳含量（t/hm²）	
					对照	秸秆还田
粉壤土	2	5	免耕	玉米/5	15	20
黏壤土	<1	5	免耕	玉米/5	16	18
粉壤土	1	10	免耕	小麦/8	9	13
粉壤土	1	10	垄作	小麦/8	9	14
粉壤土	1	10	翻耕	小麦/8	8	11

此外，通过种植业结构调整、扩种饲料饲草作物、实行粮草轮作、以农养牧、以牧促农、农牧结合，对于培肥地力、稳定农业生态系统有积极作用，也是今后我国农业发展应强化的途径。

（四）物理措施和防护措施

1. 物理措施 借助土壤耕作、灌溉与排水、农田基本建设等措施，可有效地改善耕层构造，协调耕层土壤水分、空气和养分的矛盾，改善肥力条件，促进肥力因素有效化，控制地力非目标性消耗，为农田作物生长发育创造一个良好的土壤环境条件。例如采取适宜的少耕免耕技术，可减少土壤扰动而改良土壤结构，优化土壤物理性质，提高土壤生物多样性，从而达到提高土壤肥力的目的。

2. 防护措施 建立综合的农田防护体系，控制因水蚀、风蚀和草害导致农田地力因素的非目标性输出。对此，通过基本农田建设、营造农田防护林带、实施保护性耕作与保护性种植、控制农田水土流失、防除农田杂草危害等保护性农业措施，将能持续提高土壤肥力，改善农田生态环境条件，维护和提高农田地力。

由于地力是多因素综合作用的结果，建立与种植制度相适应的多途径农田培肥技术体系，是耕作制度发展的需要和必然结果。多途径农田培肥技术体系是指：以地力动态平衡为基础，在建立良好农业生产体系的同时，以人工施肥为核心，通过化学措施、物理措施、生物措施和工程防护措施实行多维养地，全面调控地力的技术体系。通过实施全方位、多途径培肥，使更多的物质和能量纳入农田生态系统，是现代多维用地、高产出、多功能的种植制度的需要。多途径培肥下，各种途径之间可以取长补短、综合利用，避免单一途径的不足或弊端，即使某些培肥措施暂时削弱或中断，地力也能维持相对稳定。针对不同地区不同农田的土壤特点，也应有所侧重、有主有次。

四、确立用养结合的有机质与养分平衡体系

养分循环是支持农业生态系统作物生产的基本过程之一。农业生态系统的养分循环是开放性的，由于循环过程中养分的损失，参加再循环的养分数量必然逐渐减少，生产水平必将逐步下降。因此为了提高养分的循环强度，必须从系统以外获得养分以增加养分投入。

农田养分平衡是体现用地养地相结合的基本原理。因此计算种植制度中农田养分和有机质平衡、确立用养结合的平衡体系，是建立合理耕作制度的重要内容。

（一）农田养分和有机质平衡

土壤有机质平衡的计算公式为

$$A = \frac{\text{加入每公顷土壤中的有机质干物质量（kg）} \times \text{腐殖化系数}}{\text{每公顷耕层土壤质量（kg）} \times \text{土壤有机质含量（g/kg）} \times \text{有机质矿化率}}$$

式中，A 表示平衡状态。$A > 1$ 时表示土壤有机质为盈余状态，$A < 1$ 时表示土壤有机质处于亏缺状态。

加入土壤中的有机质包括有机肥、作物秸秆、残茬根系等，其腐殖化系数一般为 $0.2 \sim 0.4$，依碳氮比比值的不同而异，碳氮比高的禾本科作物腐殖化系数较高，碳氮比低的豆科作物则较低。土壤有机质的矿化率一般为 $0.01 \sim 0.04$，因气候和土壤条件而异。

例如 $1 \ hm^2$ 耕层（20 cm）的土壤质量以 $2\ 250\ t$ 计，如翻入土壤中的有机质干物质量为 $2\ 250\ kg/hm^2$，腐殖化系数为 0.3，土壤有机质含量为 $1.36\ g/kg$，土壤有机质矿化率为 0.02，根据上述公式计算 A 值为 1.10，表示土壤有机质为盈余状态。

氮、磷、钾的平衡是分析各养分从农田移出与投入的比值。氮的投入包括有机和无机肥料中所含的氮、作物的自生与共生固氮作用所固定的氮、降水中所含有的氮等。移出的氮主要是随产品的移出量、由于淋洗和反硝化作用土壤中损失的氮等。为简便计算，只计算肥料中的含氮量、共生固氮量及随产品移出的氮量。磷、钾的投入主要是肥料，移出主要是随产品的移出量。

（二）种植制度中用养结合平衡体系的建立

种植制度中用养结合平衡体系的建立，实际上就是计算肥料需要量及其分配。

1. 以肥料当季利用率计算 传统上，计划施肥（养分）量的计算是在田间试验差值法基础上进行的，其计算公式为

$$\text{计划施养分量} = \frac{\text{施肥区计划单位面积移走养分量} - \text{无肥区作物移走养分量}}{\text{当季肥料利用率}}$$

上述公式计算中的当季肥料利用率只是当年一季作物所利用的，一般为 20% ～ 30%。假设以无肥区作物移走的养分量为土壤供肥量，适用于刚开垦的自然土壤，但不适用于开垦多年的成熟土壤。

2. 以肥料累加利用率计算 随着 [15]N 在施肥研究上的应用，对肥料后效问题已逐步明确化。Jannson 通过 6 年 [15]N 试验得出，硫酸铵当季被作物吸收 41%，残留于土壤中 47%，脱氮 11%，在施入后的 6 年中，残留氮每年被作物吸收 1.4% ～ 3.9%。

为了弥补差值法只计当季利用率的不足，刘巽浩、陈阜等（1991）采用多年连续全方位氮分析法研究了氮素投入与产出间的关系，即实际累加利用率 $= \dfrac{\text{产出氮}}{\text{投入氮}}$，其前提是以土壤为黑箱，即成熟土壤上氮素不增不减，此法适用于我国大多数耕作土壤。

刘巽浩、陈阜等研究得出下面两个结论：①我国和世界各地大量分析得出，与一般所称的当季利用率 30% 的说法不同，我国实际氮累加利用率在 60% ～ 70%，甚至超过 80%（表 6-3 和表 6-4），世界在 50% ～ 70%，这个结果与国际生态学会发起的矿质养分讨论会所得出的氮效率为 50% ～ 60% 的估计是相似的。②与一般认为产量上升肥效下降的说法不同，无论是中国，还是世界，在产量不断上升时，氮多年累加利用率尚未出现显著下降现象，其原因是综合生产条件的改善与科学技术进步。

由此得出，养分平衡公式为

$$\text{计划施用养分量（无机＋有机）} = \frac{\text{计划产量所需养分量}}{\text{肥料累加利用率}}$$

具体的计算步骤如下。

①算出计划产量所需养分量。一般每百千克籽粒与秸秆所移走的氮量，小麦为 3.0 kg，玉米为 2.5 kg，水稻为 2.1 kg。

②氮肥累加利用率以 60% 估算。

③由化肥与有机肥等所含的氮率算出计划单位面积施氮量。为了简便起见，有机氮量可从标猪量导出。每头大牲畜折 3 头标猪，1 头猪折 1 头标猪，2 头羊折 1 头标猪，每公顷标猪供氮肥量以 75 kg（北方）或 90 kg（南方）计。

例如北方某地亩产吨粮，其中小麦产量为 7 500 kg/hm²，玉米产量为 7 500 kg/hm²，其移走氮为每公顷 225 kg＋187.5 kg＝412.5 kg，肥料利用率以 65% 计，则需施氮 635 kg/hm²。

表6-3 我国多年氮利用率与边际效益
（引自刘巽浩和陈阜，1991）

指标	年份						
	1949—1955	1956—1960	1961—1965	1966—1970	1971—1975	1976—1980	1981—1987
利用率（%）	78	82	74	75	71	68	73
每增加 1 kg/hm²氮产出氮增量（kg/hm²）	—	—	9.2	11.7	8.3	6.9	12.9

表6-4 世界各国氮素利用效率（%）
（引自刘巽浩和陈阜，1991）

年份	世界平均	美国	西欧	印度	日本	非洲
1961—1965	64.1	82.1	72.9	55.9	69.4	57.6
1969—1971	59.1	77.8	63.6	57.8	67.8	50.3
1977	55.2	68.3	66.0	57.8	67.5	49.3
1979—1981	58.0	78.1	64.2	53.1	65.3	51.9
1987	58.7	87.6	67.5	55.6	62.8	50.3

第二节 农田水分调控

一、农田水分平衡

（一）农田水分循环和水量平衡

农田水分循环主要受降水、灌溉、土壤蒸发、植物蒸腾、土壤渗漏、地表径流、地下水补给等方面因素影响。在土壤-植物-大气农田水分循环体系中，自然降水、地表水和地下水之间的"三水循环"经常处于动态平衡之中。在一个较长时段内，农田多年蒸发量近似于多年降水量，而一个区域的来水量等于出水量与蓄水量之和，这种来水量和出水量关系称为水量平衡。在特定时段内，农田土壤水量与作物含有水量的变量，受制于降水、灌溉水、土壤蒸发、植物蒸腾、径流、水分入渗等因素，水量平衡式通式为

$$P+I=RO+D+ES+\Delta WS+EP+\Delta WP$$

式中，水的主要来源包括：降水（P，包括降雨、降雪、降霜等）和灌溉水（I）；水的

去向包括：径流（RO）、渗漏（D）、土壤蒸发（ES）、土层保留（ΔWS，例如土壤胶体、毛管吸持）、植物蒸腾（EP）和植物保留（ΔWP）。

（二）作物需水规律

为使作物良好生长、避免严重水分胁迫，就需要进行灌溉。要做到合理灌溉，就必须了解作物需水量和需水规律。

1. 作物需水量 作物需水量是指作物在正常生长发育状况和适宜的水分与肥力水平下，全生育期或某时段内正常生长所需要的水量，包括作物蒸腾、株间蒸发和组成作物的水量。由于组成作物体的水量很少（小于总耗水量的1%），可忽略不计，故实际应用上，常将作物蒸腾量与株间蒸发量之和（即田间腾发水量）作为作物需水量。

其中，株间蒸发能增加地面附近空气的湿度，对作物生长环境有利，但大部分是无益的消耗，因此在缺水地区或干旱季节应尽量采取措施减少株间蒸发量，例如进行地面覆盖。深层渗漏对旱田是无益的，会浪费水源，流失养分，地下水含盐较多的地区还易形成次生盐碱化。但对水稻来说，适当的深层渗漏是有益的，可增加根部氧分，消除有毒物质，促进根系生长。

作物需水量可分为全生育期需水量、生育阶段需水量和月、旬、日需水量等。其单位以单位面积水量（m^3/hm^2）或水深（mm）表示。

影响田间作物需水量的主要因素有：气象条件、作物种类、土壤性质和农业措施等，气象条件是主要因素。气温高、日照时间长、空气干燥、风速大时作物需水量大；生长期长、叶面积大、生长速度快、根系发达以及蛋白质或油脂含量高的作物需水量大；就生产等量的干物质而言，多数 C_3 作物需水量大于 C_4 作物；地面覆盖、采用滴灌、水稻控灌等能减少作物需水量。

一般可根据蒸腾系数的大小来估计某作物的需水量，即以作物的生物产量乘以蒸腾系数作为理论最低需水量。例如某种作物的生物产量为 1.5×10^4 kg/hm^2，其蒸腾系数为500，则该作物的总需水量为 7.5×10^6 kg/hm^2（即 $750\ mm$）。但实际应用时，还应考虑土壤保水能力大小、降水量以及生态需水等。因此实际需要的灌水量要比上述数字大得多。

2. 作物需水规律

（1）不同作物对水分的需求量不同 作物不同发育时期的需水量差别很大。一般在整个生长期中，前期植株小，叶面积小，需水量少；中期生长旺盛，生长速度快，叶面积迅速增大并达到最高值，营养生长和生殖生长并进，需水量也达到最高值；后期植株叶片开始枯黄，光合作用功能叶片逐步减少，植株蒸腾减少，需水量随着减少。

（2）同一作物不同生育时期对水分的需要量不同 作物任何生育时期缺水，都会对其生长发育产生影响，但作物在不同生育时期对缺水的敏感程度不同。通常把作物整个生长期中对缺水最敏感、缺水对产量影响最大的生育时期称为作物需水临界期或需水关键期。

（3）不同作物的水分临界期不完全相同 不同作物的需水临界期不同，但大多数出现在从营养生长向生殖生长的过渡阶段，例如小麦在拔节至抽穗期，棉花在开花至结铃期，玉米在抽雄至乳熟期。在需水临界期内，作物新陈代谢强，生长速度快，需水量大，作物忍受和抵抗干旱的能力大大减弱。如果缺水，就会影响作物生长，使得作物显著减产。由于水分临界期缺水对产量影响很大，因此应确保农作物水分临界期的水分供应。

二、农田水分调控措施

农田水分调控的主要目标是为作物提供良好的水分条件，提高农田水分利用效率。提高农田水分利用效率是缺水条件下农业得以持续稳定发展的关键所在。各种节水技术、节水措施的应用，归根结底是为了提高水分利用效率，因此水分利用效率是节水农业的重要指标。农田水分利用效率包括灌溉水利用效率、降水利用效率和作物水分利用效率3个方面。

（一）提高灌溉水利用效率

1. 完善输水工程　目前国内灌溉渠道大多为土渠，渠道防渗和管道输水是减少输水渗漏损失提高输水效率的有效措施。渠道防渗材料主要有浆砌石、混凝土衬砌、塑料薄膜、土工膜等，与土渠相比，浆砌石、混凝土衬砌和塑料薄膜至少可减少渗漏损失60%以上。未来衬砌防渗渠道仍然是渠灌区发展的主要方向。管道输水基本可以避免输水渗漏损失和蒸发损失，并且具有占地少和水流速度快等优点。管道输水又分为高压输水和低压输水，其中低压输水造价低、技术简单。实践证明，低压输水也是北方地区发展节水灌溉的有效途径之一。

2. 推广节水灌溉技术　节水灌溉技术既包括发展微灌、喷灌、滴灌等有压灌溉技术，也包括改善传统的地面灌溉方式，提高田间灌溉水利用效率。有压灌溉是先进的灌溉方式，可以大幅度地提高田间灌溉水利用效率，但是需要配套一定的资金、技术和管理条件，才能收到应有的效益。改进传统地面灌溉方法，例如沟畦灌、波涌灌、膜上灌等节水潜力大，少量的投资可取得显著的节水效果和增产效益，值得大力推广。

3. 建立节水灌溉制度　依据作物需水过程确定节水灌溉制度是农业节水的重要内容，节水灌溉制度是以产量、农田水分利用效率和经济效益三者高水平的有效统一为目标，其既能提高灌溉水利用效率，也能提高产量，最终提高作物水分利用效率。在不同水分条件下，农田水分利用效率、耗水量与产量之间呈现一种非常复杂的关系。试验证明，在灌溉农业中，只要运用合理，就能够提高灌溉水的有效性，最终实现增产、节水的双重目标。当总的灌溉定额一定时，少量多次灌水亦能提高作物的灌溉水利用效率。作物产量不但决定于灌水量，更与之分配有关，寻找作物生理需水临界期和生态需水关键期，确定最优灌溉组合适时灌水，可以提高农田水分利用效率。

（二）提高降水利用效率

1. 建立与水资源状况相适应的种植制度　应使作物需水与降水节律一致，因水种植。具体措施包括：①按降水时空分布特征、地下水资源和水利工程现状，合理调整作物布局，增加需水与降水耦合性好的作物和耐旱、水分利用率高的作物品种，以充分利用当地水资源；②通过调整作物熟制，使之与水热条件相适宜；③通过调整播种期，使作物生育时期耗水与降水相耦合，提高作物对降水的有效利用，避免干旱的影响。

2. 运用蓄水保墒的土壤耕作措施　具体措施包括：①通过平整土地、培肥地力和改良土壤结构，提高水分入渗速率及蓄水能力，接纳更多的降水量；②增加田间土壤有效储水量，减少地面径流和防止深层渗漏；③积极推行秸秆、地膜等覆盖保墒技术，减少株间蒸发，提高作物蒸腾在总蒸散中的比重；④加强田间管理，利用传统的耕作保墒技术（例如深耕、镇压、耙糖等）抑制土壤蒸发，增加土壤储水。例如在北方旱作区为充分利用降水，促进降水入渗，采取多种措施消除土壤结皮和土壤板结，并通过深松耕作定期打破坚实的犁底层，以达到充分蓄纳降水的目的。

（三）提高作物水分利用效率

1. 培育高水分利用率的作物品种　作物农田水分利用效率是一个可遗传性状，通过引种和育种以提高栽培作物农田水分利用效率是可行的。引种或选育具有小叶面积、根系大、气孔对水分胁迫反应敏感等特点的节水高产品种，是一种行之有效的方法。选育农田水分利用效率高的品种，需要一种有效的筛选指标，^{13}C 丰度理论为抗旱丰产育种提供了新思路和新方法。

2. 调控作物蒸腾　通过调节蒸腾减少不必要的水分消耗，达到节水高产目的是有希望的途径，可以通过多种措施来实现。寻求增加阻力来阻止水分通过边界层小通道，以减少叶内的水汽向自由大气扩散。选择较大的、多毛而坚硬叶片的作物种类并具有层状叶分布的冠层，就能达到增加边界层阻力的目的。提高气孔阻力，一是从外部应用抗蒸腾剂，降低蒸腾，同时能提高产量；二是适时水分亏缺引起气孔关闭，适度气孔关闭对蒸腾作用的降低大于对净光合作用的降低，从而增加气孔阻力，提高农田水分利用效率；三是通过合理密植，适当增加茎叶密度，有利于增加空气动力学阻抗，通过地膜覆盖，都有利于降低从气孔下腔到空气间的水势梯度，从而降低水分耗散的驱动力，有利于抑制蒸腾失水。

3. 调控作物冠层和根系结构　通过合理密植、水肥管理等调控措施，促进作物叶片快速生长，冠层尽早封闭，从而减少作物株间蒸发。根系在土壤中的分布影响着根系的吸水及吸水部位，试验研究表明，采取科学的灌溉和施肥方式，可以达到人为调控根系生长及分布、促进根系更有效地利用土壤水分的目的。灌溉总量一定时，少量多次灌溉可使根系多分布于湿润层；水肥耦合促进根系发育，使作物农田水分利用效率显著提高。

三、节水耕作制度

（一）新型节水灌溉模式

传统灌溉以充分灌溉（full irrigation）为特征，适时适量地满足作物生长发育对水的需求，追求单位面积高产而较少考虑水的效益。随着旱区水资源供需矛盾日趋突出，农田灌溉不再是以充分供水条件下追求产量最高为目标，而是产量、水分利用效率和经济效益的高效统一。通常情况下，作物产量与灌溉水量成非线性关系，灌水量达到一定程度后，产量增加缓慢甚至降低，水分利用效率也会降低。水分亏缺并不总是降低产量，一定时期和一定范围的有限水分亏缺，在某些作物上有利于增产。因此在旱区形成了一系列人为主动施加一定程度水分胁迫的节水灌溉模式。

1. 非充分灌溉　与丰水高产型充分灌溉理论不同，非充分灌溉是指灌溉水源有限，不能充分满足作物需水量的条件下，把有限的水最优分配至不同作物及作物各个生育阶段，不是追求单位面积产量最高，而是整个灌区总体增产。非充分灌溉以按作物灌溉制度和需水关键期进行灌溉为技术特征，技术体系也比较成熟。

2. 调亏灌溉　调亏灌溉是根据作物生理生化作用受到遗传的特性或受内源激素影响的特性，在作物生长发育的某阶段施加一定程度的水分亏缺，调节其光合产物向特定组织器官优先分配，从而提高所需收获产量而舍弃营养器官生长量和干物质总量，达到节水增产的目的。其关键在于从作物生理角度出发，根据其需水特征进行主动调亏处理，以作物一定时期一定程度亏水灌溉为技术特征。

3. 控制性根系分区交替灌溉　控制性根系分区交替灌溉是基于节水灌溉技术原理和作物感知缺水的根源信号理论而提出的，其基本概念与传统灌水方式不同，它不是追求田间作物根系层充分和均匀湿润，而是强调从根系生长空间上改变土壤湿润方式，人为控制或保持根区土壤在某个区域干燥，交替使作物根系始终有一部分生长在干燥或较干燥土壤区域中，限制该部分根系吸水，让其产生水分胁迫逆境根源信号，叶片解析根源信号而减小气孔开合度；另一部分生长在湿润区域的根系正常吸水。这样可减少作物奢侈蒸腾耗水和株间全部湿润时的无效蒸发，达到以不牺牲作物光合产物积累而大量节水的目的。这种灌溉制度以作物根系交替灌溉为技术特征。

(二) 旱区集雨补灌技术

旱作农业泛指无灌溉条件的雨养农业生产，一般是指半干旱和半湿润地区主要依赖降水的农业生产活动。我国北方旱作农区无灌溉条件的旱耕地面积达 3.8×10^7 hm²。旱区集雨补灌技术是指在空间上把非种植区径流富集到种植区，并采用人工措施提高集流面、集流效率和集流量，在时间上把雨季径流汇集蓄存于存储设施中，在作物需水关键时期进行补充灌溉。集雨补灌技术强调了对自然降雨利用的主动性，通过对自然降雨在空间和时间上的富集，能有效解决降水季节分布和作物需水时间错位难题，提高降雨利用效率，实现农业增产目标。

集雨补灌农业技术主要包括集雨工程技术和农艺工程技术两大类。

1. 集雨工程技术　集雨工程技术包括雨水汇集技术、存储技术和灌溉技术，主要功能是以较低成本获得质量较高的水，包括把降雨转化为径流的集流过程、径流储存在存储设施中成为人工供水的蓄水过程、水源水转化为田间水的输水过程、田间水转化为土壤有效水的灌溉过程。

集雨材料选择是提高集雨效率的关键环节，常见集雨材料有混凝土、塑料薄膜和土壤固化剂集流材料、高分子面喷涂集流材料及新型生物集雨材料。防渗漏是雨水存储设施的关键，常见雨水存储形式多为黏土和混凝土防渗的水窖和蓄水池。

2. 农艺工程技术　农艺工程技术就是把集雨工程中所得到的水资源迅速增值，变成优质高产的农产品，包括有效土壤水转化为作物水的水分生理过程，以及最后作物水转化为实物或价值的过程。

集雨补灌农艺工程技术措施：①采用非充分灌溉原理和方法，在作物关键需水期补充水分；②采取节水高效局部灌溉方法，补灌水只湿润作物根系土壤，降低株间蒸发量，灌水量只有常规灌溉的 1/10～1/5；③采用坐水种、人工点灌、膜上点灌、注水灌溉等简单易行高效节水方法。

(三) 旱区节水型耕作制度

节水型耕作制度是指一个地区或一个生产单位以提高水资源利用有效性为目的的作物组成、配置、熟制和种植方式的综合。在分析区域水资源特征和耕作制度发展水平的基础上，进行作物水分基础参数分析，并据此结合当地自然条件、经济条件等进行作物节水种植结构优化，并辅以节水种植模式及配套节水综合技术体系，实现水资源的优化配置，维持农业生产系统、环境和人类社会的良性关系。

1. 构建节水型耕作制度的主要原则

(1) 优化配置原则　农业水资源优化配置必须遵循多维用水、因需供水和供需动态平衡原理，提出水资源合理配置方案和相应节水政策，实现有限水资源区域供需平衡、水资源产出量与经济效益的最大化。

（2）量水而行原则　深入分析农业水资源供应条件，以水定种植结构、作物布局、作物品种和种植比例，做到量水而行。

（3）效益最大化原则　在农业水资源优化配置、构建节水型种植制度、选择配套节水技术时，必须以用水效益与产量效益的最大化为原则。

2. 节水种植制度　节水种植制度是指在一定技术经济条件下，以作物适水性调整为核心，优化作物品种结构及时空布局，提高作物水分利用效率及利用效益，使区域有限水资源效益最大化的种植业结构。在既定水资源条件下，通过调整种植业结构和作物布局，最大限度地提高作物水分供需的时空协调度，使农田水分生产率最大化，实现区域效益最佳。

节水种植制度是以提高水资源利用率和土地产出率为目的，通过实行合理的作物单作、间作、混作、套作模式，实现最佳产量效益与节水效益的种植模式。不同地区都具有与当地生态条件、社会条件和作物生物学特性相适应的典型节水种植制度，例如黄淮海平原的冬小麦—夏玉米、冬小麦/夏玉米、冬小麦/春玉米/夏玉米、冬小麦/夏玉米//大豆、冬小麦/棉花等，东北地区的马铃薯//春玉米、旱地垄膜沟种玉米等，西北地区的春小麦/春玉米（马铃薯、向日葵）、马铃薯//春玉米、膜下滴灌棉花、膜下滴灌马铃薯，西南地区的小麦/玉米/甘薯、小麦/玉米/大豆等均属于当地典型高产节水模式。

第三节　农田保护

农田保护是指采用各种有效措施保护农田，防止土壤被水冲刷，被风吹走，引起土壤侵蚀，也包括防治农田污染和土壤盐渍化。因此农田保护包括防水蚀、防风蚀、防污染和防盐碱 4 方面内容。

一、防水蚀

（一）水蚀的概念

水蚀（water erosion）也称为水土流失，是指在陆地表面由外营力引起的水土资源和土地生产力的损失和破坏。一般水蚀过程，开始在土壤层进行，当其发展到一定程度则将涉及土壤母质和基岩，一旦土层全部损失，其实质不仅是肥力的损耗，而且是肥力的彻底破坏，同时也是土地生产力的破坏；不仅是农业上的损失和破坏，而且是涉及人类生命和生产安全以及国土整治、城乡建设、生态环境的破坏。

根据水力作用与地表物质形成不同侵蚀形态，水蚀划分为溅蚀、面蚀、沟蚀和河沟山洪侵蚀 4 种。

（二）水蚀的危害

我国丘陵和山地占陆地面积的 2/3，是世界水土流失最严重的国家之一。2019 年水利部发布的全国水土流失动态监测结果，我国水土流失面积为 $2.710\ 8\times10^6$ km²，占国土陆地总面积的 28.34%。黄土高原区是世界上水土流失最严重的地区，也是我国水土流失重点防治区。四川盆地及周围山地丘陵、云贵高原及南方山地丘陵等地区水土流失也较为严重。水土流失对农业的危害主要有以下 3 方面。

1. 引起"三跑"（跑水、跑肥、跑土），**降低土壤肥力**　水蚀不仅使地表层土壤流失，而且也造成了土壤养分和水分的损失。水利部 2019 年全国水土流失动态监测结果显示，黄河流域水土流失面积占流域土地面积的 33.25%，中度及以上水土流失占比为 37.39%。长江流域水土流失面积绝对值居各流域之首，达 3.415×10^5 km²。

2. 切割、蚕食、淤积和埋压农田　在我国水土流失严重地区，每平方千米沟壑数目密度达 30~50 条，土地被沟壑切割导致地形破碎，丘陵和沟壑纵横，给农业生产造成极大困难，降低了土壤耕作、种植和收获效率。同时，河谷农田易遭受洪水携带的泥沙淤积或沙石埋压，导致严重破坏农田，危害作物生长。

3. 危害水利设施　洪水携带的泥沙冲毁或淤塞灌溉水渠，影响农田正常灌溉，增加清淤和修复渠道费用。严重水蚀所致的洪水泥沙容易淤积水库，降低水库的蓄水能力，导致洪水泛滥，降低蓄洪标准和供水效益。

（三）水蚀的影响因素

土壤水蚀的影响因素很多，主要包括气候因素、土壤因素、地形因素、植被因素等自然因素和人为因素。

1. 气候因素　影响径流和水蚀的主要气候因素包括降雨、温度、太阳能和风。降雨是影响水蚀的最主要因素，是引起水蚀的原动力。降雨通过溅蚀和径流冲刷携带土壤，造成水土流失。水土流失大小与降雨的总量和强度直接相关。如果降雨量相同，降雨强度越大，产流量就越大，径流系数也越大，径流深也越大，侵蚀作用也就越大。降雨导致地表产流有两种情形：①超渗产流，即当降雨强度较大时，超过土壤水分入渗速率，雨水在地表蓄积和汇集形成径流；②超蓄产流，即当降雨量较大时，超过土壤蓄水能力，雨水在地表蓄积和汇集形成径流。

此外，温度可使雪融化产生径流，从而导致无覆盖、较浅融化表层产生细沟侵蚀。风主要是通过雨滴碰撞角度和速度来影响侵蚀过程。风也影响蒸发蒸腾，影响土壤含水量和蓄水能力，进而影响土壤侵蚀。

2. 土壤因素　土壤特性对水蚀的影响主要表现在土壤接纳雨水能力和降雨或径流期间土壤抗分散及抗冲性。

（1）**土壤接纳雨水能力**　土壤接纳雨水能力的大小取决于土壤孔隙度、降雨时土壤含水量和土壤剖面渗透度。前两个因素决定土壤渗透速率，而土壤剖面渗透度显示了水分穿透土壤的速率，同时也与通气孔隙度有关。

（2）**土壤抗分散及抗冲性**　该特性主要与土壤质地、土壤有机质含量、土壤结构等有关。土壤抗冲性是指土体抵抗水力机械破碎的能力，其大小主要与土壤湿涨性及土体固结状态有关。一般土壤膨胀系数越大，崩解越快，土壤遇水越易于分散，抗冲性越弱；而固结良好的土壤则能抵抗水力分散。具有较高黏粒含量和有机质含量的土壤具有较稳定的团粒结构，其抗冲性和抗蚀性都较强。黏粒含量在 30%~35% 或以上的土壤，凝聚力较大，并形成稳定的团粒结构，对雨滴打击和溅蚀阻力较大，从而能减轻水蚀的危害。

3. 地形因素　地形是决定径流量和侵蚀的重要因素。平坦土地通常不容易发生水蚀。只要地形略有起伏，侵蚀就会加剧。而坡度和坡长是影响径流和侵蚀的两个主要地形特征。在高强度降雨条件下，土壤侵蚀强弱与坡长坡度成正相关，通常坡度比坡长更重要。一般地面坡度越大，径流速度越高，冲刷越强。在北方旱地农业区，50%~90% 的坡耕地坡度为

5°～30°。＜5°的坡耕地易发生微轻度土壤侵蚀；5°～8°的坡耕地易发生中度侵蚀；8°～15°的坡耕地易发生强度侵蚀；15°～25°的坡耕地易发生极强度侵蚀；＞25°的坡耕地易发生剧烈侵蚀。例如黄土丘陵区西吉县坡耕地观测数据表明，冲刷量随坡度增大而增加（表6-5）。

表6-5　黄土丘陵区不同坡度坡耕地径流损失量（mm）

（引自陈奇伯等，2003）

年份	坡度			
	10°	15°	20°	25°
1994	5.72	6.03	9.23	11.27
1995	10.07	11.08	14.83	12.08
1996	1.04	5.08	7.08	2.67
3年平均	5.61	7.40	10.38	8.67

其他条件相同时，水蚀强度又因坡长而变化。所谓坡长是指从坡面流的起点到由于坡度减缓而发生沉淀作用处，或者到径流进入轮廓分明的沟道之间的距离。在相同坡度条件下，坡面越长，径流速度越高，汇集的径流量越大，侵蚀力越强。因此实行陡坡退耕还林还草，并在坡耕地上修筑梯田，均能降低坡度与坡长，起到保持水土的作用。

4. 植被因素　地表有厚草皮或密林等良好植被覆盖可以缓和气候、地形、土壤对侵蚀的影响，使得径流和侵蚀降低，其径流和侵蚀分别不到裸地的5％和1％。植被能防止水土流失的作用主要包括：拦截雨滴、滞阻径流、固结土体和改善理化性质。

上述4种作用，不管是森林还是牧草和农作物都有。但由于它们的覆盖度和覆盖时间不同，所起的保持水土的作用差别很大，森林再加上枯枝落叶层覆盖度最大，覆盖时间最长（全年），保土效果最好；多年生牧草次之，一年生农作物最差。整体的防水蚀功能顺序是：森林＞牧草＞农作物间混作＞农作物单作。

5. 人为因素　人类不合理的生产活动和建设活动是导致土壤侵蚀的人为因素，例如乱砍滥伐森林、破坏植被、陡坡开荒、过度机械化耕作、超载放牧等不合理利用自然资源的生产活动，以及社会建设中开矿、修路、采石、建厂、建房等大型建设活动，在破坏地表植被和地形后不加以保护，都是造成土壤侵蚀的人为因素，这类人为作用造成的土壤侵蚀又称为现代侵蚀。例如晋陕蒙煤田开发过程中，每年挖掘、运移土石矿渣废弃物量多达 1.824×10^7 t，其中流失量达 5.5×10^6 t，占总量的30％。

（四）农田水蚀控制技术原理

美国学者魏斯曼（Wischmeier）等人经过40多年的调查研究，不仅查明引起土壤侵蚀上述的有关因素，而且确定了各因素之间的数值关系，从而得出预测土壤水蚀的经验公式——土壤流失通用方程式，即

$$A = R \cdot K \cdot LS \cdot C \cdot P$$

式中，A 为单位面积年平均土壤流失量（t/hm²）；R 为降雨侵蚀因子；K 为土壤可蚀性因子；LS 为地形因素，即坡长与坡度影响的联合因子；C 为作物管理因子；P 为土壤侵蚀控制措施因子。土壤流失总量 A 的大小，取决于5个因素值连乘积的大小：①当5个因素值都最大时，土壤流失量最大；②当5个因素值都趋向于零时，土壤流失不会发生；③只要这些因素中的某个趋向于零，不论其他因素值大小，土壤流失总量也趋向于零；④虽然这

些因素中没有趋向零的,但只要每个因素的值都低于一定的大小,土壤流失总量将被控制在一个允许的范围之内。

利用土壤流失通用方程式不仅可以预测在某一特定土地条件下坡面年均土壤流失量、因耕作和土壤保持措施变化所引起的土壤流失量变化,而且还可以根据允许土壤流失量反向求算某个因素数值,进而指导特定土壤类型和坡面种植业生产和选择合理有效土壤保持措施。

(五)农田水蚀生态修复

1. 工程措施 防治水蚀的工程措施主要在于改变坡地形态,从而使径流量和径流速度降低。修筑梯田就是通过控制坡长、降低坡度来减缓田面径流的一项有效的工程措施。例如黄土高原的梯田能减少地表径流量和土壤冲刷量 70%～90%,雨季增加土壤水分 400～500 m^3/hm^2,较坡地作物增产 1 倍以上。2000 年黄土高原梯田面积超过 $6.0×10^6$ hm^2,1951—1995 年,梯田累计拦蓄水量 $1.9×10^{10}$ m^3,占总拦蓄水量的 35%。此外,利用工程措施修筑淤地坝、水窖、涝池等也可在一定程度上减少沟蚀,并集蓄雨水实现雨水有效利用。

2. 生物措施

(1)整体布局 对于不适宜农耕的坡地,要退耕还林、种草、归牧,同时确立与土壤水蚀区气候相适宜的、有助于控制农田水蚀的种植业结构,例如扩大密播作物面积、压缩中耕作物比例、扩大秋收作物面积、压缩夏收作物面积、扩大多年生作物面积、压缩一年生作物面积等,都可以在一定程度上通过增加农田植物覆盖度,避免暴雨季节农田裸露休闲等,减轻水蚀的发生。此外,可通过发展间混套作和复种多作种植,尽可能延长农田全年作物覆盖时间和覆盖度。

(2)合理轮作 在坡耕地上实行合理轮作,能有效防治水蚀。例如把防侵蚀作用强的多年生牧草纳入轮作,实行草田轮作;避免防侵蚀力差的中耕作物长期连作;不使土地长期裸露,避免休闲;作物收获后最好留茬度过侵蚀期;安排豆科作物培肥地力。

(3)带状种植 在坡地上沿等高线将坡耕地建成长而窄的条带,并相间种植不同作物,包括密播保护作物(例如多年生牧草),也包括不耐水蚀的中耕作物和密植禾谷类作物。一般可采取多年生牧草与作物带状间作,或密生作物与疏生作物间作,并在时间上轮换种植。牧草带既可降低水蚀危害,也可拦截和纳蓄作物带流失的水土。在同样条件下,带状种植比非带状种植平均减少土壤流失 1/4。带状种植再配合填闲种植、残茬覆盖及等高耕作,防侵蚀的效果更好。带状种植需要确定种植带的宽度及间作作物的比例,一般是坡度越陡,稀植作物带比例越小,牧草或密植作物带比例越大。

3. 耕作措施 耕作措施防止水蚀的原理在于利用土壤耕作措施增加地面粗糙度,改良土壤结构,提高土壤肥力和透水储水能力,减轻土壤径流和土壤流失量,从而达到保水保土、培肥地力和持续增产的目的。主要通过等高耕作、沟垄耕作、区田耕作、残茬覆盖耕作、少耕免耕等措施以减少地表径流,防止或减轻土壤侵蚀。

二、防风蚀

(一)风蚀的危害及其影响因素

风蚀(wind erosion)是指土壤颗粒被风吹起、移动、降落,从而破坏土壤、危害农业生产的过程。风蚀可分为悬移、推移、跃移、磨移等几种形式。

1. 风蚀的危害 由于风蚀土壤颗粒在空间上重新分布和分选,可能对所作用的土壤、与土壤有关的微地形和任何与该土壤有关的农业活动产生严重危害。

我国是世界上受风沙危害最严重国家之一。近年来春季较大范围和强度的浮尘、扬沙和沙尘暴天气连续频繁发生，表明风蚀危害仍很严重。根据 2015 年国家林业局发布的《中国荒漠化和沙化状况公报》调查结果，我国风蚀面积达 $1.826\ 3 \times 10^6\ km^2$，占国土陆地面积的 19.0%，主要分布在内蒙古、新疆、陕西、宁夏、山西、河北、吉林、辽宁、甘肃、青海等的农牧交错带、北方草原区、大沙漠边缘地区。近年来，随着在风沙区生态环境治理力度的加大，我国土地荒漠化和沙化状况有明显好转，与 2009 年相比，2018 年全国荒漠化和沙化土地面积分别减少 $12\ 120\ km^2$ 和 $9\ 902\ km^2$，这是自 2004 年出现缩减以来，连续第三个监测期出现"双缩减"。

2. 风蚀的影响因素 土壤侵蚀度因素主要与土壤颗粒、质地和结构有关：①土壤粗糙度影响因子，通常有土块、覆盖物和垄体的存在；②风蚀的气候因素，主要包括大风季节中风的频度、风速和土壤湿度；③田块风蚀宽度因素，是指下风向没有防护的田块距离（m），如果田块有防护措施，例如防风篱笆、防护林带、作物防风障，其防护距离一般是其高度的 10 倍；④植被覆盖因素，是指正在生长的作物和覆盖地面的作物残茬挺立于地面之上，不仅能降低风速，而且把气流线抬高到一定高度，使风不直接吹袭地表，减轻土壤风蚀。

（二）防风蚀的主要措施

防治风蚀主要是通过农艺措施和工程措施减弱地表风速和改善地表土壤条件，提高土壤抗风能力。

1. 农艺措施 防风蚀的农艺措施不仅有效，而且简单易行。它以建立由植物、残茬和其他的有机残余物组成保护层来固定土壤为基础。与防水蚀相似，可采用有利于保留作物残茬的土壤耕作法，例如深松耕法、免耕法，残茬留在地面上，起保护作用，避免风蚀。利用土壤耕作在地面上形成土块、团聚体和沟垄也能有效地减轻风蚀。

（1）保护性耕作 不恰当的土壤耕作会加剧风蚀，因此要采用有利于保留作物残茬或造成土壤粗糙块状表层的耕作法，例如无壁犁翻耕、深松耕等可增加表面粗糙度和表面不易侵蚀部分的分量，从而有助于减轻风蚀。另外，也可以采取深耕覆盖将黏质底土带至表面，增加表土黏粒含量，以产生高度抗风蚀团聚体和土块，达到有效减轻风蚀的目的。此外，开沟起垄、免耕覆盖等也是有效防止风蚀的重要措施。为了避免土壤耕作的不利影响，应将土壤耕作与其他防风蚀措施相互配合，同时土壤耕作方向应尽可能与当地盛行的风向垂直。

（2）保护性种植 一些种植措施，例如带状种植、多熟种植、填闲种植、增加种植密度等，都能增加植物覆盖度，降低风速，保护地面，在一定程度上也能起到防风蚀的效果。

①选择种植防风蚀能力强的作物和品种：由于不同作物株型、韧性及田间覆盖度与根系固持能力不同，其防风蚀性能也不同。一般抗风蚀能力较强的作物有大麻、麦类、苜蓿等，马铃薯、玉米、谷子等次之，棉花、瓜类、豆类等最差。

②调整播种期，避开风季：例如春小麦可顶凌播种，在风季来临时麦苗已健壮，已具有一定的防风能力。

③多样化种植模式：多熟种植、填闲种植、带状种植等种植措施在一定程度上都可以减轻风蚀发生。例如内蒙古农业大学连续多年在内蒙古阴山北麓农牧交错风沙区采用密植作物燕麦、油菜与稀植马铃薯带状留茬间作试验研究，结果表明，6 m 带宽的燕麦留茬 20 cm，土壤风蚀量较裸地降低 68.7%～78.4%（图 6-2）。

图 6-2　内蒙古阴山北麓马铃薯（中间）与燕麦（两边）带状留茬间作种植技术

（引自刘景辉等，2010）

（3）设置田间屏障　在田间可以设置作物防风障、雪栅防风障、篱笆防风障及自然屏障等。作物防风障是利用一种特殊的带状间作形式，利用高秆保护作物去保护低秆被保护作物，使易受风害作物免受风害，例如一年生苏丹草、玉米、高粱等高秆作物，如果密植可以构成有效的作物屏障，保护矮秆作物免受风蚀。例如美国采用玉米保护大豆，保护带行向与风向垂直，被保护的间距一般是保护作物高的 10 倍，例如种 2 行玉米，保护 14 行大豆，豆行距为 76 cm，防风障间距大约为 11.4 m，在有效保护范围之内，这样种植除两边第一行大豆受影响外，其他各行由于受到保护，风速降低，蒸发蒸腾减少，相对空气湿度增加，有利于大豆生长，产量比空旷区高 11.9%。

2. 农田防护林网建设　农田防护林是防护林体系的重要组成部分。建立于农田四周对农田起保护作用的防护林称为农田防护林带或农田林网，是防止风蚀的最有效措施。农田防护林的防风蚀作用主要包括以下两个方面。

（1）防风作用　当翻越林带气流与透过林带气流，到达背风面一定距离内汇合时，将再次磨损一部分动能，致使防护林带背风面一定范围内风速明显下降，形成了有效的防风区。在 1～2 m 高处降低风速作用明显，而更高处风速降低较少。在靠近土壤表面 10～15 cm 高处气层中，风速降低最大，平均风速降低 50%。

（2）防沙作用　由于林带对气流的抬升作用及林带本身所具有的防风性能，使林带迎风面或背风面林缘附近出现一个弱风区，促使气流中近地面空间呈跃移和滚动运动的沙粒，在弱风区沉降堆积，制止了沙粒继续前进，起到阻沙、防沙和固沙的作用。

三、防污染

（一）我国农田污染现状

农田是物质进入农产品系统的基础环境，其洁净程度对农产品产量和品质有决定性影响。农田污染状况取决于大气、水体等污染状况及农业化学物质投入程度。农田污染是获得优质农产品的重要制约因素，已经影响我国农业可持续发展、农产品质量安全和国家生态环境安全。目前，我国农田污染状况表现出如下特点。

1. 农田污染程度持续加剧，环境危害日益扩大　2014 年全国土壤污染状况调查公报显示，全国耕地土壤点位超标率为 19.4%，其中轻微、轻度、中度和重度污染点位比例分别为 13.7%、2.8%、1.8% 和 1.1%，主要污染物为镉、镍、铜、砷、汞、铅、滴滴涕和多环芳烃。

2. 农田污染物种类逐渐增多，污染空间呈扩张趋势　农田污染物除了传统农药和重金属污染外，还包括化肥流失、畜禽粪便污染、秸秆废弃或焚烧、塑膜残留和大量温室气体排放等方面。

3. 农田污染格局发生转变，农田污染复杂化　农田污染逐步由面源特征走向立体与综合，呈现出复合交叉和食物链时空延伸特征。从污染分布情况看，南方土壤污染重于北方；长江三角洲、珠江三角洲、东北老工业基地等部分区域土壤污染问题较为突出，西南、中南地区土壤重金属超标范围较大；镉、汞、砷、铅 4 种无机污染物含量分布呈现从西北到东南、从东北到西南方向逐渐升高的态势。

4. 农田污染治理难度不断加大　传统"点源"污染、"面源"污染防治思路难以解决复杂的农田污染问题，单方面研究已经远不能从根本上有效地解决农田污染问题。

（二）农田污染的类型及其危害

农田是各种污染物的载体，通过物理作用、化学作用、生物作用，对污染物具有一定自净能力。但这种自净能力是有限的，当人类活动产生的污染物积累到一定程度时就引起土壤质量恶化，即土壤污染。农田污染的主要类型和危害介绍如下。

1. 水污染型　水污染型污染源多为各种工业废水和城市生活污水，其中污染物以灌溉形式进入农田，是最普遍的土壤污染形式。

2. 大气污染型　大气污染型污染土壤中的污染物来自被污染的大气。例如由大气二氧化硫产生的酸雨引起土壤酸化。农田土壤酸度随大气降水酸度增大而增加，能促进土壤中钙、镁、钾、磷等营养溶解和淋失，还会促进土壤中某些有毒元素（例如铅、汞和镉等）溶解活化，经作物吸收后危害人畜健康，并降低微生物活力和土壤肥力，增加土壤侵蚀作用和污染水系。

3. 固体废弃物污染型　地面堆积采矿废石、工业废渣时，其中的有害物通过大气扩散、降雨淋洗而污染周围农田土壤。2018 年我国畜禽粪便年产生量达 3.8×10^9 t。大量成分复杂、未经处理的畜禽粪便与生活垃圾随意排放，对农田土壤及水体造成了严重污染。此外，工业废渣和城市垃圾也是农田主要固体污染物，既不易蒸散挥发，又不易被农田生物所分解。工业废渣和尾矿积累量已达 7.2×10^8 t，不仅占用了大片土地和耕地，而且在风吹雨淋和地面水冲洗下，大量可溶性废物进入农田和地下水，造成对农田和水体的污染。

4. 农业污染型　农业大量使用农药、化肥、地膜，如使用不当就造成土壤残留污染，进而影响农产品的产量和品质。

（1）化肥　2018 年我国化肥年使用量已达 $5.823\ 2 \times 10^7$ t。长期大量使用化肥，导致土壤理化性质改变，一些化肥成分积累还会污染作物，使农产品品质下降。当过量使用氮肥后，会造成植物体内硝酸盐积累，易被还原成亚硝酸盐和亚硝酸胺，是重要致癌物之一。

（2）**农药** 我国农药产量居世界第二位，2019 年农药总施用量达 $1.456×10^6$ t，有机磷及高毒农药比例高达 70%，污染耕地面积累计达 $1.3×10^7～1.6×10^7$ hm^2。农田施用农药后，除作物吸收小部分外，大部分残留农药污染土壤，可杀死土壤蚯蚓，影响土壤通透性，进而危害作物生长，并能通过食物链富集而危害畜禽及人类。

（3）**地膜** 随着地膜覆盖栽培面积扩大和年限增加，土壤地膜残留数量越来越多。2017 年我国地膜使用量为 $1.42×10^6$ t，多年累积残留量达 $1.18×10^6$ t，土壤中残留的地膜降低了土壤渗透性和含水量，阻碍了农作物正常生长。例如覆膜 12 年的棉田，残膜量基本稳定在 60 kg/hm^2，残膜量与棉花出苗率、收获株数成负相关，导致棉花产量降低 7.3%～21.6%。

（4）**秸秆污染** 2017 年，我国每年产生 $8.05×10^{11}$ kg 作物秸秆，其中有 $5.85×10^{11}$ t 被利用，约有 27% 未能利用，堆放在田间地头、房前屋后，或在田间付之一炬，既浪费了资源，又造成了环境污染。

（三）农田污染的防治

1. 控制和消除土壤污染源

①控制和消除工业"三废"排放，发展工业和区域循环用水系统，改善生产工艺，采用无污染或少污染的新工艺，以减少废水和污染物排放量，对工业废水、废气、废渣进行回收处理变废为利，并对必须排放的"三废"进行净化处理，控制污染物排放的浓度和数量。

②控制化学农药使用，对残留量大、毒性强的化学农药，应控制其使用范围、数量和次数，研制和开发利用高效、低毒、低残留的农药新品种，开发生物防治新途径。

③合理使用化学肥料，应根据农作物需求合理经济施肥，并实行化肥和有机肥配合施用，以免化肥施用过多而造成土壤污染。

2. 提高土壤对污染物的净化能力 土壤有机质和黏粒对土壤中有机污染物和无机污染物具有吸附、络合和螯合作用，土壤微生物对有机污染物有代谢、降解作用，对有些无机毒物具有使其有机化的作用。因而增施有机肥、改善微生物土壤环境条件、提高微生物活性，能提高土壤对污染物的净化能力。

3. 调节农田土壤肥力 应采取合理施肥措施，根据作物需肥特点，通过改变有机肥和化肥的配合比例、施肥期、施肥量和施肥部位等，调节养分的供应强度和持续时间，以求养分供求关系协调，不断增加参与农田物质循环的物质数量，降低化肥残留污染。

4. 调节农田土壤水分 改良农田土壤团粒结构与加厚土层，改善和调节农田透水性和蓄水能力，提高农田土壤蓄水保墒效果，并通过发展灌溉，制定科学节水灌溉制度，以满足作物生长生理需水和抗旱增产，减轻农田污染危害。

5. 开展污染土壤生态修复 研究对重金属具有超富集功能的生态修复材料，通过调节、优化土壤水分、养分、pH 及气温、湿度等生态因子强化生物富集功能，采用农业生态修复工程对农田土壤进行修复。

四、防盐碱

（一）土壤盐渍化及其危害

1. 土壤盐渍化与盐碱地分布 盐化或碱化形成的一系列土壤，称为盐渍土。盐渍土是盐土、碱土和各种盐化土、碱化土的统称。盐土是指土壤中可溶性盐含量达到对作物生长有显著危害程度的土类。碱土则含有危害植物生长和改变土壤性质的大量交换性钠，又称为钠质土。土壤盐渍化（soil salinization）是指在特定气候、土壤、水文地质及地形地貌等自然背景条件下，或人为因素影响下，自然盐碱成分在土体中积累，使得其他类型土壤逐渐向盐渍土演变的成土过程。次生盐渍化通常是指在自然积盐背景下，由于人为灌溉措施不当造成的土壤盐渍化。

盐碱地是地球上分布广泛的土壤类型和重要的土地资源，面积约为 9.5×10^8 hm²，主要集中在欧亚大陆、非洲、北美洲西部等干旱地区。据国家林业局 2015 年发布的《中国荒漠化和沙漠化状况公报》，我国有盐碱地 1.78×10^7 hm²，主要分布在东北、华北、西北内陆地区及长江以北沿海地带等区域。盐渍土土层深厚、地势平坦，是宝贵的后备耕地资源。

2. 土壤盐渍化危害

（1）土壤盐渍化对农业的危害　土壤盐渍化限制了农业土地资源利用，轻则作物生长不良、产量降低，重则死苗、绝收。土壤次生盐渍化则降低农业生产力，造成农用土地资源萎缩。在新疆 4.03×10^6 hm² 耕地中，受不同程度盐渍化危害的耕地面积高达 1.229×10^6 hm²。因次生盐渍化造成黄淮海平原作物减产 10%～15%，松嫩平原减产 4%～85%。一般常见盐类对作物危害顺序是：氯化镁＞碳酸钠＞碳酸氢钠＞氯化钠＞氯化钙＞硫酸镁＞硫酸钠。土壤盐分对作物的危害表现为以下几个方面。

①造成生理干旱：当土壤含有过量盐分时，土壤溶液渗透压增加，造成植株吸水困难，种子无法萌动和发芽，出苗后生长发育迟缓。当土壤溶液渗透压过高时，作物还会发生水分反吸现象，导致作物生理干旱，逐渐枯萎死亡。

②破坏养分均衡：土壤溶液离子过多进入植株体内，破坏了植物体内离子间平衡。例如植株体内 SO_4^{2-}、Cl^-、Na^+、Mg^{2+} 含量增加时，K^+ 含量会大大减少，Ca^{2+} 次之，作物营养失衡，生理机制遭到破坏。

③直接毒害作用：一些土壤溶液离子对作物有直接毒害作用。例如过量盐碱离子会破坏淀粉水解酶活性，减少叶绿素含量，影响植物光合作用；大量氮还会使某些作物叶片边缘枯焦，造成"生理灼伤"现象。

④破坏土壤结构：次生碱化使土壤胶体上钠离子饱和度过高，土壤颗粒分散度增大，湿时泥泞，干时板结，通透性降低，宜耕性、宜种性和生产性变差。

（2）土壤盐渍化对生态环境的破坏　土壤次生盐渍化是土地荒漠化的重要原因之一。据2015 年国家林业局发布的《中国荒漠化和沙化状况公报》，我国荒漠化土地面积为 $2.611\,6 \times 10^6$ hm²，其中盐渍化土地面积为 1.719×10^5 km²，占 6.58%。土壤次生盐渍化可导致森林和草原退化，我国每年因次生盐渍化退化草原面积超过 4.0×10^5 hm²。土壤盐渍化分布以新疆、内蒙古和青海 3 个省份面积最大，分别占土壤盐渍化总面积的 16.3%、23.0% 和 18.7%。

（二）农田盐碱防治措施

盐碱地改良的任务就是排除已积累盐分，并防止盐分进一步积累。需要调查分析土壤盐渍化起因、现状和发展趋势，正确认识和利用盐碱地水盐运动规律，采取合理有效措施排除土壤盐分。

1. 冲洗改良盐碱地　针对已经发生土壤盐渍化地区和垦殖盐碱地时，冲洗能快速地排除土壤中过多盐分。冲洗改良盐碱地，就是引水到田里进行淹灌，使土壤盐分溶解，又随重力水下渗，通过排水沟排走。冲洗脱盐标准是指冲洗后在一定土层中允许的最高含盐量，是依照作物耐盐度确定的，通常以作物苗期耐盐能力作为各类盐碱土脱盐标准，即在冲洗之后能够保证作物有 85%～90% 或以上出苗率。不同作物耐盐性有差异，田菁、草木樨、甜菜、红花、向日葵、棉花、小麦等较为耐盐，而豆类耐盐性较差。

2. 排水改良盐碱地　排水改良盐碱地是指排出多余地表水和降低地下水位，将土壤盐分排出灌区，防止土壤再度返盐，巩固脱盐效果。治盐先治水，盐碱化地区可通过排水除盐。排水方式主要有以下几种。

（1）明沟排水　明沟排水即在地表开挖排水沟，以排出地表水和地下水。因为没有物体遮蔽，所以称为明沟排水。明沟排水施工简单，是世界上广泛应用的排水方法。

（2）暗管排水　暗管排水是指排水管道埋在地下一定深度进行排水，亦称为暗沟排水。暗管排水占地少，不影响机耕，但一次性投资大，技术要求高，管道易淤积和堵塞。

（3）生物排水　植物根系吸收土壤水和地下水，通过叶面蒸腾防水散失到大气中，可降低地下水位。

（4）井灌井排　通过机井抽取地下水用于灌溉，既满足了作物需水，又兼有排水降低地下水位的作用。

3. 盐碱地节水灌溉降盐技术

（1）渠道防渗技术　采用土料压实防渗、干砌和浆砌石料防渗、混凝土衬砌防渗、塑料薄膜防渗、沥青护面防渗等处理后，地下水位下降，可防止渠系两侧土壤次生盐渍化。

（2）膜下滴灌技术　将地膜栽培技术与滴灌技术有机结合，通过滴灌淡化作物主根区盐分，减少灌溉水深层渗漏，地膜抑制土壤蒸发与表层积盐，可治理土壤次生盐渍化。

4. 生物改良盐碱地

（1）绿洲防护林抑盐作用　护田林带两侧 10 m 范围内，0～20 cm 土层含盐量较无林带减少 50%，15 m 处减少 22%。防护林宜选用沙枣、榆树、小叶杨、胡杨、红柳等抗盐耐盐树种。

（2）引种生物排盐先锋植物　通过种植柽柳、花花柴等盐碱地先锋植物，不仅可忍耐硫酸盐、氯化物等盐类胁迫，植物体还具有泌盐腺和泌盐孔结构，每年可吸收和除盐 1 500～2 250 kg/hm^2。

（3）增加绿色覆盖，防止盐分表聚　增加地表植物覆盖，可减少地面蒸发和盐分表聚。红豆草和毛苕子覆盖度达 90% 时，耕作层土壤全盐含量可降低 82%，盐分由 0.83% 降到 0.15%。内蒙古农业大学通过多年研究发现，一些燕麦品种具有较强耐盐性，可耐受 0.32% 盐浓度，且可获得对照 80% 以上的籽粒产量。在盐碱地连续种植燕麦两年，土壤全盐含量由 0.75% 降到 0.54%，总脱盐 23.71%，仅次于多年生牧草苜蓿和披碱草。

（4）培肥地力　增施人畜粪、土杂肥、厩肥、秸秆堆肥、河塘泥、青草肥等有机肥，有利于促进土壤熟化，从而改变盐渍土不良的水盐状况。

5. 施用土壤改良剂和客土改良技术

（1）物理措施　例如采用磁化水灌溉、砂掺黏、黏掺砂可改善土壤结构，增强土壤渗透性。通过磁场处理的灌溉水称为磁化水，有利于细胞吸水和土壤脱盐，用磁化水膜下滴灌棉花，可使棉田 0～60 cm 土壤盐分含量降低 20% 以上。西北旱农区铺砂可防止盐碱上返，农谚称"砂压碱，刮金板"。掺砂改良是在土壤中掺入砂子，提高通透性能，起到防盐渍化作用。客土改良是直接把积盐表土挖出和运走，换上含盐量低的土壤，但工程量巨大，同时仍需避免再度返盐。

（2）化学措施 针对某些特定盐碱成分，施用硫黄、硫酸、硫酸亚铁、硫酸铝等，可加酸中和碱土。例如施用石膏（硫酸钙），用钙离子代换钠离子，变碱土为含硫酸钠盐土，再经过灌溉冲洗得到改良。

6. 综合治理技术 盐渍土改良利用需要采用综合配套治理技术措施，例如选择抗盐耐盐作物种类和品种、地膜覆盖栽培、深耕保墒隔盐和压盐、增施有机肥、种稻洗盐和水旱轮作、发展盐土农业、种植耐盐碱植物等。

 **思考题**

1. 土壤地力和土壤肥力的联系和区别各是什么？

2. 农田培肥主要途径与措施各有哪些？建立农田培肥制的原则是什么？

3. 农田水分循环和平衡的规律是什么？如何建立合理的农田节水耕作制度？

4. 土壤水蚀的危害以及影响土壤水蚀的因素各有哪些？如何控制农田水蚀？

5. 土壤风蚀的危害以及影响土壤风蚀的主要因素各包括哪些？控制土壤风蚀的主要农业措施有哪些？

6. 我国农田污染有哪些类型？如何防治农田污染？

7. 土壤盐渍化的危害以及防治土壤盐渍化主要措施各有哪些？

7

第七章

区域耕作制度

本章提要

• 基本内容
1. 我国耕作制度区划
2. 我国典型区域耕作制度
3. 我国耕作制度发展趋势展望

• 重点
1. 我国典型区域耕作制度及其主要特征
2. 我国典型区域主要耕作制度形成的原因及限制因素
3. 各地区未来耕作制度发展的方向和重点

第一节　我国耕作制度区划

一、耕作制度区划依据

（一）耕作制度区划的目的

耕作制度的形成与发展主要取决于当地自然条件及社会经济条件，包括气候、地形地貌、土壤、生产条件、科学技术水平，以及人类社会产品需求、市场与政策环境等。我国幅员辽阔，自然资源、环境条件和社会经济发展水平的地域差异非常大，由此形成了多种多样和特征各异的耕作制度类型。耕作制度区划就是遵循地域分异规律，按区际差异性和区内相似性原则，将全国农业区域划分成不同层级的耕作制度类型。其主要目的是便于分区管理、分类指导、扬长避短及合理布局，为充分合理利用区域农业资源和因地制宜推进耕作制度调整优化提供科学依据。

（二）耕作制度区划的原则

1. 耕作制度区划的主导性原则　我国不同地区的自然条件和社会经济条件差异甚大，耕作制度形成和发展的影响因素非常多，耕作制度区划只能求大同存小异，从区划的简洁性和实用性考虑，突出有明显地域差异的主导因素和关键因素，能够准确反映全国各地耕作制度的复杂性和特异性。

2. 耕作制度区划的相对一致性原则　进行耕作制度区划时要确保同一类型区的自然条件与社会经济条件、作物种植制度的相对一致性，包括气候、地貌、土壤、植被等自然条件的相对一致性，地理区位、交通与市场、农业与农村产业结构等社会经济条件相对一致性，以及作物种类、作物结构、熟制等种植制度的相对一致性。

3. 耕作制度区划的完整性原则 为方便实际应用及相关数据信息分析，耕作制度区划的各个层级分区以县域为最小单元，基本保持县级行政区划的完整性，确保分区连片。

（三）耕作制度区划的指标

1. 熟制带划分 按照主要作物生长发育所需积温及热量条件，将全国划为3个熟带：一熟带（>0℃积温小于4 400 ℃）、二熟带（>0℃积温为4 400～6 000 ℃）、三熟带（>0℃积温为6 000～6 200 ℃或以上）。

2. 一级区（大区）划分 在考虑熟制和作物类型情况下，综合考虑自然地理和行政区位、地貌、水旱作条件、主要作物类型等因素，将全国划为11个耕作制度一级区。

3. 二级区（亚区）划分 在每个一级区内综合考虑地貌、作物生产条件、社会经济条件等因素的差异性，将全国划为41个耕作制度二级区。

（四）耕作制度区划的命名

耕作制度一级区命名重点体现出地理位置、地貌、作物特点或水旱作条件、熟制类型等，例如"东北平原丘陵半湿润喜温作物一熟区""四川盆地水田旱地二熟区"。耕作制度二级区命名重点体现所在一级区内的地理位置、地形地貌及农林牧产业特征的相对差异性。

二、耕作制度区划

从20世纪80年代到现在，我国耕作制度区划根据气候变化、技术进步及农业生产发展不断修正完善。1987年，中国农业大学刘巽浩教授和韩湘玲教授等在《全国综合农业区划（1980）》基础上，牵头完成了我国首个《中国耕作制度区划》，将我国耕作制度分为3个熟带（一熟带、二熟带和三熟带）和12个一级区、38个二级区。2005年，中国农业大学刘巽浩教授和陈阜教授等在原《中国耕作制度区划》基础上，吸收了《中国土地的利用方式（1995）》及相关农业生产实践与科研进展，牵头完成了《中国农作制区划》，将我国耕作制度划分成11个一级区和41个二级区。2020年，中国农业大学陈阜教授等又结合农业资源与作物生产匹配特征的最新研究进展，在更新完善上述两个区划基础上提出新的区划方案，将我国耕作制度分为3个熟制带、11个一级区和41个二级区。具体分区结果见表7-1。若无特殊说明，本部分所用的数据为2015年的统计数据。

表7-1 中国耕作制度区划

熟制带	耕作制度一级区	耕作制度二级区
一熟区	1. 东北平原丘陵半湿润喜温作物一熟区	1.1 大小兴安岭林农区
		1.2 三江平原农业区
		1.3 松嫩平原农业区
		1.4 长白山山地林农区
		1.5 辽东滨海农渔区
	2. 长城沿线内蒙古高原半干旱温凉作物一熟区	2.1 内蒙古草原农牧区
		2.2 辽吉西蒙东南冀北山地农牧区
		2.3 晋北后山坝上高原农牧区

（续）

熟制带	耕作制度一级区	耕作制度二级区
一熟区	2. 长城沿线内蒙古高原半干旱温凉作物一熟区	2.4 河套银川平原农牧区
		2.5 鄂尔多斯高原农牧区
		2.6 阿拉善高原农业区
	3. 甘新绿洲喜温作物一熟区	3.1 北疆准噶尔盆地农牧林区
		3.2 南疆塔里木盆地农牧区
		3.3 河西走廊农牧区
	4. 青藏高原喜凉作物一熟区	4.1 青北甘南高原农牧区
		4.2 藏北青南高原牧区
		4.3 藏南高原谷底农牧区
二熟区	5. 黄土高原易旱喜温作物一熟二熟区	5.1 黄土高原中部沟谷农林牧区
		5.2 黄土高原南部旱塬农林牧区
		5.3 黄土高原西部丘陵农林牧区
		5.4 汾渭谷地二熟农业区
		5.5 豫西晋东丘陵山地二熟农林区
	6. 黄淮海平原丘陵灌溉农作二熟区	6.1 燕山太行山山前平原农业区
		6.2 冀鲁豫低洼平原农业区
		6.3 山东丘陵农林渔区
		6.4 黄淮平原农业区
	7. 西南山地丘陵旱地水田二熟区	7.1 秦巴山林农区
		7.2 渝鄂黔湘浅山农林区
		7.3 贵州高原农林牧区
		7.4 川滇黔高原山地农林牧区
		7.5 云南高原农林牧区
	8. 四川盆地水田旱地二熟区	8.1 盆西平原农林区
		8.2 盆东丘陵山地林农区
三熟区	9. 长江中下游平原丘陵水田旱地三熟二熟区	9.1 鄂豫皖低山平原农林区
		9.2 江淮平原农业区
		9.3 沿江平原农业区
		9.4 两湖平原农林区
	10. 江南丘陵山地水田旱地三熟区	10.1 浙闽沿海丘陵山地农林渔区
		10.2 南岭丘陵山地农林区
	11. 华南丘陵平原水田旱地三熟区	11.1 华南低平原农林渔区
		11.2 华南西双版纳山地丘陵农林牧区

三、耕作制度分区概述

(一)东北平原丘陵半湿润喜温作物一熟区

本区包括黑龙江、吉林、辽宁和内蒙古东北部,共 275 县。土地总面积为 8.772×10^7 hm²,约占全国土地总面积的 9.5%,耕地为 2.946×10^7 hm²,总人口为 9 978 万人,其中农业人口 3 883 万,人均耕地为 0.3 hm²,北部多南部少。本区土地广阔、平坦肥沃,气候适宜,中部拥有 3.0×10^5 km² 的松辽平原,是我国主要商品粮生产基地。四周为大兴安岭、小兴安岭和长白山区。平原海拔大多数在 150 m 以下,山前丘岗缓坡耕地海拔在 150~300 m,而山区海拔多为 500~1 000 m,少数海拔达 1 500 m。

本区以喜温作物一年一熟、旱作农业为主,机械化面积大,土壤耕作以垄作为主,深松耕、平翻、耙茬相结合。粮食作物占比达到 96.5%,主要有玉米、水稻、大豆、高粱、谷子和春小麦,已成为全国玉米、大豆最大产区和稻谷重要产区;经济作物比重较小,以甜菜、向日葵和亚麻为主。近 20 多年来本区农业集约化水平不断提升,春玉米、春大豆和水稻的连作比例很大,也有部分轮作换茬,但比例不是很大。本区耕作制度发展方向:①进一步优化种植结构和布局,调减高纬度地区玉米种植,适当压缩三江平原水稻种植面积;②适度发展多样化种植和粮豆轮作体系,恢复大豆种植,适当增加甜菜、亚麻、向日葵等作物种植;③加强高标准农田建设,提升东北农作区作物生产应对干旱等自然灾害的能力。

(二)长城沿线内蒙古高原半干旱温凉作物一熟区

本区地处我国北方东北平原半湿润区以西、西北干旱区以东的半干旱过渡地带,包括内蒙古高原、东北平原和黄土高原,长城横贯其中。本区土地总面积为 1.187×10^8 hm²,约占全国土地总面积的 13%,海拔为 300~1 500 m,区内中低高原相间;总人口为 4 886 万,人口密度为 41 人/km²;农业人口为 2 038 万,占比为 42%。本区以长城为界分为南北两部分,最北边与蒙古国交界处仍为纯牧区,向南有农牧交错带(例如阴山后山、坝上),林地极少,耕地主要分布于内蒙古高原上的平缓坡岗地和黄土丘陵上,绵延于内蒙古南部东西向的阴山山脉两侧、山西北部及陇中、宁中南、青东,以及雁北、陕北的长城沿线等地。长城以南大部分为农区,耕地主要分布于河谷山间盆地和黄土高原的梁、峁、塬地上。据统计,本区共有耕地面积 1.717×10^7 hm²,人均耕地为 0.35 hm²,其中农业人口的人均耕地可达 0.64 hm²。

本区长城以北主要种植喜凉的粮食作物春小麦,少量种植豌豆、马铃薯、谷子、糜子、莜麦;经济作物有胡麻、春油菜、向日葵、甜菜等。近年来地膜覆盖的玉米种植面积不断扩大,基本上是一年一熟,部分土地实行休闲。长城以南以旱作农业为主,适于种植喜温作物玉米、高粱和谷子,一年一熟为主体。部分热量条件好的旱塬地区可以种植冬小麦,实行三年四熟(冬小麦→冬小麦—糜子、谷子→春小麦);山地多实行谷类作物与豆科作物、马铃薯轮作。土壤耕作强调抗旱保墒或抗旱播种,山区多采用等高耕作、等高种植、带状间作等防止水土流失。本区耕作制度发展方向:①要适应本区干旱、瘠薄、冷凉特点,发展杂粮杂豆等特色优势作物,以及耐旱、抗旱稳产性好的作物;②改善农田生态环境,提升土壤地力水平,在坡耕地推广少耕免耕技术,实行覆盖种植、水平沟带状种植等;③充分利用人均耕地和土地资源相对丰富的优势,注重草田轮作和农牧结合;④适度发展灌溉农田,推广旱作节水技术,提高作物生产集约化水平。

（三）甘新绿洲喜温作物一熟区

本区包括我国西北部，位于祁连山、阿尔金山和昆仑山以北的广大范围，包括甘肃河西走廊灌区和新疆内陆灌区，以及一望无际的荒漠、戈壁、其他沙漠、山地草原、荒漠草原等，著名的塔克拉玛干大沙漠、古尔班通古特沙漠等都集中于此，共 113 县，土地总面积为 $1.751×10^8$ hm^2，约占全国土地总面积的 18.2%。总人口为 3 071 万人，农业人口为 1 651 万，耕地为 $8.89×10^8$ hm^2，人均耕地为 0.29 hm^2。农区呈点片状分布于荒漠半荒漠中的绿洲，其外围为荒漠、戈壁或其他沙漠，除少数沿山的耕地外，均实行灌溉。

绿洲农业是本区的重要特点，绝大多数农田靠四周的高山雪水灌溉，集约化程度较高。作物以玉米、棉花为主，甜菜、小麦比重也比较大；同时也是瓜果类作物的生态适宜区，例如哈密瓜、白南瓜、西瓜、甜瓜等品质好。种植制度以一年一熟为主，有小部分一年二熟制，例如河西走廊、银川平原和内蒙古河套地区有麦后填闲种植短生育期的谷子、糜子、荞麦等；北疆盆地南缘、敦煌麦后可复种大豆、小杂粮等。2015 年本区棉田面积已发展到 $1.62×10^6$ hm^2，接近全国棉田总面积的一半，单产高达 1 819 kg/hm^2，居全国之首。本区耕作制度发展方向：①扩大间套复种面积，本区光热资源丰富，灌溉条件优越，许多地区热量条件是一熟有余两熟不足；②提升棉花、瓜果、蔬菜等高效经济作物的种植水平，进一步提高经济效益；③注重农牧结合和草田轮作，有效控制土壤次生盐渍化。

（四）青藏高原喜凉作物一熟区

本区位于我国西部，包括西藏、青海、川西高原及甘肃的甘南自治州等，共 149 县。土地面积很大，共 $2.134×10^8$ hm^2，约占全国土地总面积的 22%；但耕地少，仅有 $1.72×10^6$ hm^2，垦殖率只有 0.6%；草地面积占全国的 45%。农区分布于西藏东南部、青海中北部、四川西部、甘肃西南角。总人口为 1 025 万，人口密度仅 5 人$/km^2$，以藏族为主。农业人口为 616 万，人均耕地为 0.17 hm^2。本区是我国也是世界最高的高原农区，周围大部分为自然牧场。耕地主要分布在雅鲁藏布江河谷、东部横断山脉三江（怒江、澜沧江和金沙江）河谷以及青海湖周围和柴达木盆地。海拔大部分为 2 300～5 000 m，作物（青稞）种植海拔最高达 4 700 m。荒漠和荒漠草原土地大多数为天然牧场，植物覆被少，实行近原始的游牧或定牧制。

本区由于地势高、寒冷而干旱，只能种青稞、春小麦、豌豆、油菜等喜凉作物，一年一熟，耕作粗放，部分耕地撂荒轮歇，农业生产力整体水平很低。本区耕作制度发展方向：①提高集约化程度，增加肥料投入和加强技术改进，努力提高单产；②优化作物布局，既要稳定提高粮食作物、油料作物的生产能力，又要兼顾畜牧业发展需求；③深度发展设施农业，有效提高蔬菜瓜果等产品自给率。

（五）黄土高原易旱喜温作物一熟二熟区

本区地处黄土高原，包括秦岭以北、长城以南、太行山以西、乌鞘岭以东在内的区域。土地总面积为 $4.826×10^7$ hm^2，约占全国土地总面积的 5.0%。海拔为 300～2 600 m，整体上西边海拔高于东边。本区包括山西、陕西、宁夏、甘肃、河南、青海在内的 289 县，总人口达 1.12 亿，人口密度为 230 人$/km^2$。农业人口为 5 504 万，占总人口的 49%。本区年降水量为 186～817 mm，降水量从东南向西北整体上呈现逐步减少的趋势，干旱是本区农业生产的最主要限制因素之一。耕地主要分布于河谷山间盆地和黄土高原的塬、梁、峁地上及豫西丘陵山地地带，是世界上有名的水土流失地区。全区耕地面积为 $1.308×10^7$ hm^2，占土地面积的 27.4%，人均耕地为 0.12 hm²。

本区以种植喜温作物为主，粮食作物比重大，小麦、玉米、谷子、糜子、高粱大致占总播种面积的 80%，是我国谷子、糜子、高粱集中种植区。经济作物种类较少，主要为胡麻、向日葵、油菜等油料作物。本区是我国重要的杂粮、杂豆生产基地，主要分布在黄土高原中部沟谷区；也是我国最主要的苹果产区，广泛分布于旱塬地区。本区以一年一熟为主体，南部地区可以二年三熟和一年二熟，在冬小麦收获后复种玉米、大豆、谷子、糜子等。本区耕作制度发展方向：①发展保护性种植和保护性耕作，丘陵沟壑地区建设梯田、坝地、围堰、林草地及水平耕作、覆盖耕作等，有效控制水土流失；②进行结构和布局优化，充分挖掘本地区薯类、杂粮、杂豆、果树生产优势，发展特色农业；③加强农田基本建设，提高农业生产的防灾减灾能力，发展旱作节水技术、集雨补灌技术等，稳定提高农业生产能力。

（六）黄淮海平原丘陵灌溉农作二熟区

本区位于我国东部，东达黄海、渤海，西至太行山—伏牛山，北以长城为界，南至淮河，包括黄河流域、海河流域和淮河流域中下游的北京大部、天津全部、河北大部、河南东部、山东全部、江苏和安徽北部。本区土地面积为 4.510×10⁷ hm²，约占全国土地总面积的 4.2%，垦殖率达 53.1%，在全国各区中是最高的。本区共有耕地面积 2.307×10⁷ hm²，共 481 县（区、市），是我国最重要的粮棉油和猪牛等农畜产品生产基地。本区地形以平原为主，主体部分为我国最大的黄淮海平原，在东部地区分布有鲁中丘陵山区。本区地处我国中原心脏地带，经济比较发达，人口密度甚大。总人口 3 亿多，人均耕地不足 0.08 hm²。本区水资源短缺问题非常突出，人均水资源不足 400 m³，灌溉面积持续增长已经造成地下水过度开采，成为世界上面积最大的地下水漏斗区。

本区小麦种植面积和产量均居全国第一，分别占到全国的 57.4% 和 63.7%；大豆和玉米的种植面积和产量仅次于东北，居全国第二位；蔬菜、花生、棉花等种植业生产规模都居于全国前列。冬小麦—夏玉米一年二熟是本区最具代表性的种植制度，占耕地总面积的一半左右；冬小麦—夏大豆（夏花生、夏谷子）等一年二熟也广泛分布。在历史上本区冬小麦/棉花套种一年二熟面积较大，但近年来受效益影响减少很多。黄河以北以一熟制为主，种植玉米、高粱、谷子、甘薯、花生、大豆等。本区花生和芝麻种植面积占全国的一半，烟草是我国第二大产区，果品、蔬菜面积也非常大。本区耕作制度发展方向：①调整种植结构和优化作物布局，从根本上解决华北平原水资源供需矛盾日趋加剧的问题，在地下水严重超采区控制蔬菜、小麦、果树等需灌溉水较多的作物种植；②提升耕地质量和可持续生产能力，确保粮食主产区丰产增效；③优化种养结构和控制农业面源污染，解决好由于高度集约化种植及大规模养殖带来的环境负荷压力，推进循环农业发展。

（七）西南山地丘陵旱地水田二熟区

本区主要包含围绕四川盆地的一圈中高原山地，北起秦岭南麓，南至西双版纳北界，西界青藏高原，东止巫山、武陵山，包括秦巴山地、渝鄂黔湘浅山区、川滇黔高原山地、云贵高原，共有 299 县，总土地面积为 7.264×10⁷ hm²，约占全国总土地总面积的 7.8%；耕地面积为 1.228×10⁷ hm²，垦殖率为 17%；人均耕地为 0.17 hm²。本区 95% 的面积是丘陵、山地和高原，河谷平原和山间盆地只占 5%。土壤以红壤和黄壤为主，非地带性土壤有紫色土和石灰性土壤，坝区、河谷则为水稻土，土壤肥力不高，酸、黏、瘦、薄、冷、烂等低产田面积约占耕地总面积 1/3，岩溶地区不易蓄水而易旱。

本区水田约占耕地面积 1/3、旱地占 2/3，水田以一年二熟为主，旱地为一年二熟或一年一熟。粮食作物以玉米、水稻为主，小麦、薯类次之；经济作物以油菜、烤烟为主，甘蔗、花生次之。水田复种方式以油菜—水稻、小麦—水稻、蚕豆—水稻为主，还有烤烟—晚稻、蔬菜—水稻、小麦/烤烟/甘薯、马铃薯/玉米/大豆等套种一年三熟，以及小麦—玉米、油菜—玉米、小麦—马铃薯等一年二熟形式。本区耕作制度发展方向：①努力提高间套作机械化程度，多种形式间混套复种多熟制是本区耕作制度特色，但机械化程度低是严重制约因素；②开发冬季农业，减少冬闲田以提高资源利用效率和耕地周年生产力；③注重用地与养地相结合，防治水土流失，不断提升农田土壤地力。

（八）四川盆地水田旱地二熟区

本区包括四川盆地底部和周边低山丘陵，北抵秦岭，东至巫山，南达云贵高原，西临横断山脉。土地总面积为 2.066×10^7 hm²，占全国土地总面积的 2.2%；由西部海拔 200～500 m 的成都平原、川中海拔 300～750 m 的丘陵、台地及川东和周边的丘陵和海拔 600～1 000 m 的低山组成。共 146 县，除赤水市隶属于贵州省外，其余在行政上隶属四川省和重庆市。盆地东部和中部为丘陵，海拔为 200～750 m，是西南地区中较低的地方，相对高度为 50～200 m，约占盆地面积的 61%。四周为低山，海拔为 600～1 000 m，相对高度为 200～500 m，约占盆地面积的 30%。盆地西部为成都平原，占盆地面积的 9%。本区农业历史悠久，土地垦殖率甚高，平原达 60%，丘陵地区高达 40%，山区为 5%～20%。分布于平坝的耕地占耕地总面积的 15%，丘陵耕地占耕地总面积的 58.5%，山区耕地占耕地总面积的 23.8%。丘陵山地上坡地比例大，其中许多陡坡地也已开垦为农田，水土流失严重。

本区水田、旱地各半，粮食作物以水稻、小麦为主，玉米、甘薯次之；经济作物以油菜为主，棉花、甘蔗、麻类、烟草有较大面积，油菜籽、柑橘、桑蚕产量居全国首位。全区耕作制度以一年二熟制为主，水田有小麦—水稻、油菜—水稻一年二熟，旱地有小麦—甘薯、小麦—玉米、小麦/棉花一年二熟，少部分农田也有油菜（蔬菜）—早稻—晚稻、蔬菜—蔬菜—水稻等稻田一年三熟，以及小麦/玉米/甘薯（大豆）等旱地套作一年三熟。本区耕作制度发展方向：①优化水田种植模式，提高周年光温水资源利用效率和经济效益；②挖掘旱地多熟潜力，扩大"旱三熟"面积，提高旱地资源利用率和生产率；③加强生态建设，改善农田环境，开发冬水田，防治水土流失。

（九）长江中下游平原丘陵水田旱地三熟二熟区

本区包括长江中下游的江汉平原、洞庭湖平原、鄱阳湖平原、皖中平原、太湖平原、长江三角洲、杭嘉湖平原、大别山区、宁镇丘陵等，包括河南、安徽南部、江苏南部、浙江北部、湖南大部、湖北大部和江西大部。全区包含 467 县，土地总面积为 5.612×10^7 hm²，占全国土地总面积的 6.1%，其中 2/3 以上是海拔 200 m 以下的平原，其余为 200～500 m 的丘陵岗地。近年来随着气候变化的加剧，长江中下游平原二三熟农业区，北界向北移动，西界也向西推进，总区域面积扩大。本区是我国农业最精华的地区之一，也是全国耕地复种指数最高的地区，可达 230%～250% 或以上。

本区水田面积占耕地总面积的 70%～80%，以双季稻一年三熟制为主，例如绿肥—双季稻、油菜—双季稻、三麦（大麦、小麦、元麦）—双季稻等；近年来早稻种植面积持续下降，许多双季稻三熟制被油菜—中稻、蔬菜—中稻、烤烟—水稻、玉米（大豆）—晚稻等稻田一年二熟制替代。本区旱地常见的种植方式有小麦/棉花、小麦—甘薯、小麦/花生等一年二熟制，还有小麦/大豆—甘薯、小麦/玉米/甘薯等一年三熟制。本区耕作制度发展方向：①发展全程机械化的双季稻绿色增产模式，解决传统双季稻劳动强度大、生产效率低等问题，适度恢复双季稻生产；②大力开发冬闲田，增加油菜、绿肥等冬种作物面积，提高资源利用效率和增强农田生态功能；③进一步优化种植结构和品种结构，提高稻麦品质和稻田种植效益。

（十）江南丘陵山地水田旱地三熟区

本区位于我国东南部，以南岭山脉与浙闽丘陵山地为主体，包括浙江、福建中北部、江西南部、湖南南部、广东北部、云南南部山地。全区共包含 226 县，土地总面积为 3.939×10^7 hm²，约占全国土地总面积的 4.1%。全区约 90% 是海拔为 300～500 m 的丘陵、海拔为 700～1400 m 的山区，间以众多海拔为 50～100 m 的河谷或者小盆地。山区丘陵以林地为主，耕地以水田为主。耕地主要分布在海拔为 500～800 m 的山间盆地和缓坡丘陵，属中亚热带湿润气候，春夏多雨，秋冬较干旱，气候垂直差异较大。耕作制度以一年二熟制为主，一年三熟制为辅。东部稻区以双季稻为主，品种搭配为中配迟或迟配迟，典型复种方式肥—稻—稻分布上限为海拔 600 m 左右；海拔 600～700 m，则主要是麦—稻一年二熟区；海拔700 m 以上，为单季稻一年一熟区。沿海丘陵有冬作—早稻—秋甘薯、大豆—晚稻等复种方式。旱地的主体是一年二熟，例如小麦—甘薯、马铃薯—甘薯（或玉米），也有玉米—玉米、玉米—大豆等。近年来，旱地一年三熟制也得到一定发展，例如小麦—玉米—甘薯、花生—甘薯—蔬菜等；旱地套作也相当普遍，例如小麦/花生、马铃薯/玉米、大豆（或玉米）/甘薯、小麦/玉米（或豆类）/甘薯、小麦/花生/秋玉米等。

本区耕作制度发展方向：①开发冬闲田，提高复种指数，充分利用本区存在的大量冬闲田种植饲料、绿肥、豆类、小麦、马铃薯等；②扩大双季稻一年三熟制面积，在稳定一年二熟制水田种植面积的基础上，对于水肥条件较好的盆地河谷区，要提高稻田复种指数和资源利用效率；③提高单产，改变粗放耕作方式，增加投入，提高单位面积作物产量和农田生产力；④开发旱地，在加强养地、改善生态条件的前提下，重视旱地资源开发和耕作制度改革，促进农牧结合、农果结合，实现旱地耕作制度的可持续发展。

（十一）华南丘陵平原水田旱地三熟区

本区位于我国最南部，属于南亚热带、热带地区，包括闽南和南岭山地以南至沿海的粤桂大半部、台湾、海南岛以及西双版纳等地区，共 271 县，土地总面积为 4.812×10^7 hm²（未包括台湾、香港和澳门），约占全国土地总面积的 5.0%。地形复杂，山地、丘陵、台地、河谷和沿海平原、岛屿都有，以山地丘陵占多数。珠江三角洲、潮汕平原、漳州平原人口稠密，经济发达，农业生产水平较高；北部丘陵山区、海南岛以及西双版纳等地人口少，经济落后，农业生产水平低。本区人多地少，人均耕地仅 0.05 hm²。

本区水田约占 2/3，旱地约占 1/3，是典型的一年三熟地区。主要种植制度有冬闲—水稻—水稻、蔬菜—水稻—水稻、马铃薯（甜玉米、油菜）—水稻—水稻等双季稻模式，以及小麦—花生—水稻、大豆—水稻—甘薯等水旱轮作模式；旱地种植制度有玉米—花生—甘薯、甘蔗‖花生、花生—豆类—甘蔗、菜—菜—菜连作等。南部地区包括闽南、粤桂、台湾及云南西双版纳等地，可种植橡胶、香蕉、咖啡、可可、椰子、腰果、胡椒等热带作物，冬季可种植甘薯、玉米、花生、烟草等喜温作物，是全国复种潜力最大的地区；沿海平原地区种植的香蕉、柑橘、龙眼、荔枝的面积较大，外向型农业发达。本区耕作制度发展方向：①开发冬季农业，提高复种指数，充分利用该区冬季丰富的光热水资源，增加农业收益；②发展高效种植模式，重视和发挥本区热带作物、热带与亚热带水果、冬季蔬菜的优势，构建高效种植模式；③控制化肥和农药过量使用，避免对农田、空气与地下水的污染，推进科学合理的水旱轮作模式。

第二节　典型区域耕作制度

一、东北地区耕作制度

（一）区域范围

东北地区包括黑龙江、吉林、辽宁三省及内蒙古东部，属一年一熟春播区，包括松嫩三江平原农业区、大兴安岭南北地区、长白山地林农区和辽河平原丘陵农林区。本区平原广阔，土地肥沃，适宜发展种植业，是我国人均粮食产量最多的地区。

（二）区域资源特征和农业战略地位

1. 资源特征　东北地区处于温带和暖温带，有大陆性和季风性气候类型。夏季短而温暖多雨，冬季漫长而寒冷少雪，冬夏之间季风交替。1月平均气温为 $-24 \sim -9 \, ℃$，7月平均气温为 $21 \sim 26 \, ℃$；$\geqslant 10 \, ℃$ 活动积温为 $2\,200 \sim 3\,600 \, ℃$，由北向南递增。年降水量为 $350 \sim 700 \, mm$，由西北向东南递增；降水量的 $85\% \sim 90\%$ 集中于暖季（5—10月），降水的高峰在7—9月；年降水变率不大，为 20% 左右。干燥度由西北向东南递减，春季低温和秋季霜冻现象频繁。江河两岸和洼地，汛期常有洪涝灾害。东北地区（含内蒙古蒙东部）拥有以黑土为主的耕地约 $3 \times 10^7 \, hm^2$，约占全国耕地的 22%，是我国重要的商品粮生产基地，主要种植玉米、小麦、大豆、水稻等作物，年均粮食总产近 $1.5 \times 10^8 \, t$，约占全国粮食总产的 $1/4$。全区旱地面积为 $2 \times 10^7 \, hm^2$，占耕地总面积 70% 以上，旱地粮食产量年均为 $1.1 \times 10^8 \, t$，占总粮食产量的 73%。近年来本区粮食总产量逐年上升，对保证国家粮食安全具有重要意义。

2. 农业战略地位　东北地区是我国重要的商品粮基地、畜牧业基地和农产品加工基地，在保障国家粮食安全和农产品供需平衡中占有重要的战略地位。东北地区人少地多，耕地集中连片，土地广阔平坦，农业机械化程度较高，粮食商品率、商品量、人均占有量和调出量均居全国首位，已成为我国第一大玉米和大豆生产带、第三大奶品生产带、优质稻米集中生产带，也是我国粮、豆、肉、奶发展潜力最大的地区。随着我国粮食生产格局进一步由南方向北方粮食主产区推移，东北粮食主产区在保障国家粮食安全中的战略地位更加突出。

东北地区是我国第三大粮食产区，是我国第一大豆产区、第二玉米产区和优质稻米生产基地，大豆产量占全国总产的 50% 以上，玉米产量约占全国总产的 30%。东北地区共建设商品粮基地区县 110 个，占全国总数的 13.2%，占东北地区区县总数的 72.8%，粮食产量占东北地区总产的 80% 以上。东北地区是我国最大的粮食净调出区，外调到主销区（华东、华南、华北等地）的商品粮占全国 60% 以上，已成为确保国家食物安全的商品粮和畜牧业生产基地。

（三）区域耕作制度

东北地区耕作制度属于平原丘陵半湿润一熟农林区，以种植业为主，畜牧业为辅，复种指数为 98%。粮食生产以雨养旱作为主，水田和水浇地面积约占 22%。主要类型如下。

1. 平原雨养半机械化玉米、大豆混合耕作制　本耕作制度在东北分布广泛，主要分布在松辽平原和三江平原，在农业生产中占有重要地位，是东北平原主体耕作制度。玉米与大豆是主体，一年一熟，生态适应性好，可以与美国玉米带相媲美，同时有部分小麦、高粱、谷子等种植。本区以玉米为主要饲料，以大豆、肉、奶产品为原料的农产品加工业正在兴起。本区轮作换茬比较普遍，主要轮作方式有：春小麦→大豆→玉米、大豆→玉米→玉米→高粱、大豆→高粱→谷子→玉米、大豆→玉米→玉米→甜菜等。在部分热量较多地区，实行以小麦、油菜为上茬，大豆、糜子、谷子、向日葵、早熟玉米为下茬的套作复种。

2. 低地集约水稻耕作制　本耕作制度主要分布于三江平原和松辽平原，是我国优质高产高效粳稻的主要产区，水稻面积占农作物总播种面积的 15％。但水稻生产耗水导致地下水位下降，制约水稻面积增长。东北南部稻区稻田养蟹、稻田养鱼等种养模式也较普遍。

3. 山地农林复合耕作制　本耕作制度主要分布于大小兴安岭和长白山林区，是我国主要的林木生产基地，只有在山地沟谷和山间小平原开辟农田，种植大豆、玉米或水稻，以国有林场为经营主体。山地丘陵林区菌粮、菌林、林药间作较为普遍。

4. 草地放牧与舍饲结合耕作制　在松嫩平原和三江平原分布有广阔的优质草甸草原，实行牛羊放牧，并与舍饲（玉米、秸秆）相结合，是肉牛和奶牛生产基地。

5. 大规模机械化农场雨养耕作制　黑龙江三江平原分布有众多的机械化国有农场，以春小麦、大豆、油菜、玉米等作物为主，机械化程度和生产水平较高，是我国重要的商品粮基地，近年来奶牛业正在快速发展中。

6. 辽东滨海平原渔业、果园和设施蔬菜耕作制　在东南部的辽东半岛，分布有沿海渔场、丘陵漫岗苹果生产基地和日光温室蔬菜生产基地。

（四）未来耕作制度发展重点

未来应加速农业供给侧结构性改革，构建粮经饲三元结构，重点调减非主产区粒用玉米种植面积，扩大粮改饲、粮改豆、优质饲草种植比重；农牧结合，发展循环农业。推动大宗农产品生产副产品如作物秸秆、畜禽粪便等就地就近转化为饲料和肥料，形成良性循环大农业。提高劳动生产效率，发展优势特色农业。本区农业劳动力相对充裕，应充分发展科技和劳动密集的高效益农业，发展具有区域特色优势的农产品生产与加工，提升区域农业产业整体竞争力水平。研究和推广资源节约型、环境保护型耕作制度。开源节流，大力推广节水灌溉技术，提高水资源利用率；合理轮作、增施有机肥、缓释肥料及秸秆覆盖等提高资源利用率；推广保护性耕作技术，保护黑土地，加快高标准农田建设。

二、华北地区耕作制度

（一）区域范围

华北地区在自然地理上一般指秦岭—淮河一线以北，长城以南的广大区域，北与东北地区、西北地区相接，地理范围包括北京市、天津市、河北省、山西省、内蒙古中部、河南省和山东省。华北地区大部分地区以平原为主，从而形成了我国 3 大平原之一的华北平原，是我国北部大平原的重要组成部分。华北平原位于北纬 $32°\sim40°$、东经 $114°\sim121°$，北抵燕山南麓，南达大别山北侧，西倚太行山—伏牛山，面积为 3.0×10^5 km²。平原地势平坦，河湖众多，交通便利，经济发达，是我国政治、经济、文化中心，平原人口和耕地面积约占我国的 1/5。

（二）区域资源特征与农业战略地位

1. 资源特征　华北地区属暖温带半湿润、湿润季风气候，光热组合好，全区大部分地区多年平均气温在 10～15 ℃（占全区总面积的 88％），全年≥10 ℃积温为 3 500～4 800 ℃，无霜期为 180～230 d，大部分地区可以一年二熟。华北地区从北到南，年平均降水量变幅在 460～1 000 mm，干燥度为 1.0～1.5。降水量由北向南增多，南部地区降水较多，在无灌溉的耕地上，能够满足一年二熟作物的水分需求，可以实现一年二熟，有水浇条件则可以获得一年二熟高产；黄河以北年降水量为 460～600 mm，降水较少，在无灌溉条件的耕地上，一年一熟或二年三熟，通过种植抗旱、耐旱作物和灌溉，也可以实现一年二熟。由于受季风的影响，60％～70％的降水集中于夏季，同时年内和年际降水也不均匀，部分地区时常发生春旱、夏涝、伏旱和秋旱。季节间的先旱后涝，涝后又旱，年际的旱涝，多年间的连旱连涝，是长期以来农业生产不稳定的基本原因。

华北地区水资源总体上较紧张。京津冀鲁豫耕地面积占全国的 22％，但水资源只占全国的 3.7％，人均水资源只有 380 m³，仅为全国平均水平的 14％。本区地下水资源分布较广，利用地下水的井灌甚为普遍，但黄河以北不如黄河以南。地表水主要来自黄河，河南、山东有大面积黄灌区。1949 年以来，灌溉面积成 10 倍的增长，但由于过度开采，水资源已呈相当紧张状态，部分地区已经出现地下水漏斗。

华北地区地势低平，多在海拔 50 m 以下，是典型的冲积平原，是由于黄河、海河、滦河等所带的大量泥沙沉积所致，多数地方的沉积厚度达 700～800 m，最厚的开封、商丘、徐州一带达 5 000 m。根据联合国粮食及农业组织（FAO）推荐的美国农业部土壤质地分类标准，华北区土壤质地大部分为壤土和砂质壤土，南部淮河流域和渤海沿岸多为黏壤土，适宜农作物耕种。沿海多盐渍土，通过大规模的河道治理，耕地中的盐渍土面积已大幅度缩小。历史上旱涝盐碱瘠薄的危害已大为减轻。植被为温带阔叶林和温带落叶灌丛，林木零星分布于平原与山地。

2. 农业战略地位 华北地区处于我国中原心脏地带，有京津两大城市及天津、青岛、烟台、秦皇岛等港口，位置重要，交通发达，是我国南北、东西的要道。华北地区是我国人口的主要集中地，2016 年全区常住人口约为 3.78 亿，占全国的 27.4％，其中乡村人口约为 2.16 亿。本区人口密度大，人均耕地少，仅有 0.08 hm²。灌溉面积占 70％以上，是我国农业最重要的商品基地之一。

华北地区是我国最重要的农业生产区，其在粮食生产中的重要地位决定了其在国家粮食安全中无可替代的作用。本区气候兼有南北之长，大部分地区可以一年二熟，农业发展潜力大，全区耕地面积占全国的 20.4％，粮食产量占全国粮食总产量的 30.3％。本区小麦产量自 1980 年以来，一直处于平稳增长过程，其在全国所占比重由 1980 年的 54.6％上升到 2016 年的 63.9％。目前，玉米和大豆的产量在全国所占比重分别为 33.0％和 29.3％。棉花产量在全国所占比重在 1984 年曾达到 73.2％，进入 21 世纪虽有所下降，但仍然是我国的第二大棉区。油料产量占全国的比重为 45％以上。肉类产量呈逐年增长趋势。华北地区是保障我国粮食安全的重要区域，其农业综合发展程度对整个地区乃至全国都有着重要的影响。

（三）区域耕作制度

华北地区属于一年二熟为主体的农业主产区，灌溉条件较好，是我国最重要的冬小麦、夏玉米、棉花产业带，也是最主要的畜禽产业带，具有高投入、高产出、高效益的集约化特征。主要耕作制度类型包括以下几个。

1. 小麦—玉米复种一年二熟为主体的集约耕作制 小麦—玉米复种一年二熟是华北地区普遍采用的粮田一年二熟种植制度,有利于实现全程机械化作业,可通过调节小麦、玉米的品种生育期协调两季作物的田间配置关系,实现周年高产高效。此外,本区域还有许多小麦—花生、小麦—甘薯复种一年二熟模式。在小麦—玉米一年二熟的基础上也发展了一些新型高产高效多熟种植模式,例如小麦/春玉米/夏玉米、小麦/西瓜/棉花、小麦/玉米/花生、小麦/玉米/大豆等间套作多熟模式。这些模式在兼顾粮食生产的同时,有效地提高了农田种植效益。

2. 雨养一年二熟耕作制 在本区南部(淮北、苏北、豫南)降水量较多的局部地区(800~900 mm)可在无灌溉条件下实行麦田一年二熟,下茬以大豆、甘薯、玉米居多。但遇上干旱年度,产量不够稳定。

3. 雨养一年一熟耕作制 在部分无灌溉的土地上实行一年一熟制,以淮北、豫西、汾渭谷地较多,其他亚区也有零散分布。种植玉米、高粱、谷子、甘薯、花生、大豆等。也有一年种一季冬小麦,小麦收获后夏休闲的做法。个别地区实行冬小麦—夏作物→春玉米二年三熟。

4. 水田耕作制 本区水田面积约占总播种面积的5%,均实行灌溉。其中少数为一年种一季水稻(在北部),多数为小麦—水稻一年二熟(在南部)。主要模式是中稻→中稻和冬小麦(冬油菜)—晚稻。

5. 棉田耕作制 本区是我国重要棉区,黄河以北以一年一熟制为主,黄河以南以小麦/棉花套种一年二熟为主,大部分实行灌溉,多连作。

(四)未来耕作制度发展重点

华北地区耕作制度的建设要有利于强化粮食主产区的地位和作用,要大力发展粮食生产的规模化经营,建设适合我国国情的中等规模现代耕作制度和模式。通过作物品种筛选、品种组合配置、土壤培肥、土壤耕作、水肥优化管理、病虫害防治等制度性增产技术优化集成和高产配套技术模式的构建,变单一技术增产为制度性增产、单一作物高产为农田周年作物综合高产,实现区域小麦、玉米一年二熟周年均衡增产。针对华北平原小麦、玉米一年二熟周年高产与水肥资源高效利用关键技术进行研究示范,有效集成品种优化搭配、一体化水肥高效运筹、全程机械化栽培管理及秸秆还田等技术,有效降低生产成本和实现省工省力,建立冬小麦—夏玉米一体化高产高效机械化生产模式和配套技术。另外,进一步研究作物布局节水、农艺节水、工程节水技术,实现在高产条件下的高效、节水或者节水条件下的高产、高效,对于缓解区域水资源压力、保障粮食安全具有重要意义。针对城市周边农区和胶东半岛沿海地区菜田面积大、夏季菜田撂荒休闲普遍的问题,因地制宜开发蔬菜产区夏闲田利用的蔬菜—粮食—蔬菜轮作模式,是既能增加农民收入、又保证粮食安全和改善农田生态环境有效途径。

三、西北地区耕作制度

(一)区域范围

西北地区指大兴安岭以西,昆仑山—阿尔金山、祁连山以北的广大地区,包括陕西、甘肃、青海、宁夏、新疆等省份和内蒙古最西部,总面积为$3.1×10^8 hm^2$,占全国土地总面积的32%,总人口为1.22亿。

（二）区域资源特征与农业战略地位

降水稀少、气候干旱是本区主要的气候特征。西北地区由于地处亚欧大陆腹地，除秦岭以南地区外大部分地区降水稀少，全年降水量大部分地区在 500 mm 以下，属大陆性干旱半干旱气候和高寒气候，其中黄土高原年降水量在 300～500 mm，局部地方如吐鲁番、若羌等降水在 20 mm 以下，几乎终年无雨。

西北地区光资源丰富，太阳辐射强度大，大多数地方年均辐射强度为 501.6～627.0 kJ/cm^2（120～150 kcal/cm^2）；光照时间长，≥10 ℃初始到终止期间日照时数，除个别地点外，都大于 1 000 h，很多地点大于 1 400 h；光合有效辐射充足，各地全年光合有效辐射为 229.9～292.6 kJ/cm^2（55～70 kcal/cm^2）。然而，由于西北地区纬度、海拔均偏高，热量资源较差，大多数地方年平均温度低于 10 ℃，无霜期短于 170 d，≥0 ℃积温在 3 000～4 000 ℃，≥10 ℃积温在 2 500～3 500 ℃，农作物以一年一熟为主，南部和东南部的部分地区可以达到二年三熟或一年二熟，低温冻害、霜冻等自然灾害时有发生。

地形以高原、盆地、山地为主，有农业用地 1.5×10^8 hm^2，其中耕地 1.853×10^7 hm^2，人均耕地为 0.21 hm^2；有草地 6.544×10^7 hm^2，林地 1.413×10^7 hm^2。各类作物特别是棉花在全国占有重要比重。在西北地区，黄土高原区分布的土壤主要有娄土、黑垆土、黄绵土等，干旱区、绿洲灌区主要土壤有栗钙土、灌漠土等，青藏高原区的土壤类型有寒漠土、高山荒漠草原土、高山草甸土等。总体上土壤比较贫瘠，而且受自然条件和人为条件的影响。西北地区各类盐碱土分布比较广泛，对农业生产极为不利。由于自然资源禀赋、历史等诸多原因，西北地区经济发展比较落后。

（三）区域耕作制度

西北地区有以河西走廊、河套平原、宁夏平原、天山南北麓、昆仑山—阿尔金山北麓、伊犁谷地和额尔齐斯河流为主的典型绿洲灌溉农作区，有以陕西、陇东、陇中黄土高原区及渭北旱塬区等为主的雨养农作区，还有广大荒漠和半荒漠区，耕作制度类型多样。

1. 绿洲灌溉集约耕作制　本耕作制主要分布于新疆天山南北、甘肃河西走廊、宁夏银川平原和黄河后套。本地区光热资源丰富，降水量少，但有天山雪融化水塔里木河、祁连山雪水、黄河水保证灌溉，生产力水平较高。主要有以下几种模式。

（1）粮经饲单作一年一熟耕作制　主要模式有玉米（籽粒玉米、饲用玉米、制种玉米）、棉花、冬（春）小麦、水稻、蔬菜、大豆、冬（春）油菜、啤酒花、啤酒大麦、苜蓿、西瓜、哈密瓜等的单作模式。

（2）粮经饲间套作多熟耕作制　主要模式有小麦/玉米、小麦‖玉米、玉米/大豆、玉米‖大豆、小麦‖豌豆、小麦/蔬菜、小麦/玉米‖大豆、小麦/玉米/马铃薯、棉花/萝卜、棉花/小茴香、棉花/甜瓜等。

（3）粮经饲复种及间套作多熟耕作制　主要模式有（冬）春小麦/大豆复种叶菜（油葵、饲用玉米、糯玉米）、（冬）春小麦复种的杂粮作物（豆类、糜子、谷子）、（冬）春小麦复种饲料和油用作物（饲用玉米、黑麦草、油葵、油菜、草木樨等）、（冬）春小麦复种蔬菜（大白菜、娃娃菜、香菜、萝卜、盘菜、辣椒、番茄等）、冬小麦—夏玉米/春玉米/油菜/早熟水稻等模式。

（4）保护地集约多熟耕作制　以近年来发展速度较快的温室、小拱棚、集约化连栋温室等保护地种植为主要设施，种植作物主要以芹菜、空心菜、娃娃菜等叶菜类，番茄、辣椒、黄瓜等果菜类，杏、李、桃等果树类。

（5）两旱一水轮作耕作制 由于宁夏灌区水资源紧缺，长期以来，以节水、作物生产及地力恢复相结合形成两旱一水农作制，即小麦/玉米→小麦/玉米→水稻模式，或小麦/玉米→旱作物→水稻模式，近年来小麦/玉米模式消失，出现了玉米→玉米→水稻模式或玉米→蔬菜→水稻模式。

2. 雨养耕作制 在陇中、陇东、陕西黄土高原区、宁南山区、渭北旱塬区，雨养耕作制是主体。本区光资源丰富，热量资源有限，降水量为 400～600 mm，作物仅能一年一熟。高原、丘陵、山区占 2/3。本地区以水土资源高效利用为中心，形成了以单作一熟型为主的高效优质雨养耕作制，主要有以下 4 种模式。

（1）覆盖集水抗旱型耕作制 主要模式有地膜覆盖、秸秆覆盖、砂石覆盖、梯田微集雨、全膜双垄沟播、抗旱栽培的小麦、玉米、马铃薯、特色小杂粮（胡麻、豆类、谷子、糜子等）、冷凉蔬菜、西瓜等。

（2）粮草复合型耕作制 主要模式有一年生牧草燕麦、多年生牧草黑麦草、苜蓿、油菜、饲用玉米的单作一熟模式，以及以玉米、小麦等作物与牧草、饲用玉米等饲用作物结合的间套多熟模式。

（3）特色经果林型耕作制 以芹菜、萝卜、苹果、梨、枸杞、杏等特色蔬菜和经济林果为主的模式，可单作，也可与粮食作物或饲料作物立体间作。

（4）保护型耕作制 在水土流失区以少耕免耕、秸秆覆盖为主要技术环节，结合合理轮作建立的保护性耕作制，兼顾了生产力水平的持续提高和生态环境的改善。

3. 干旱荒漠草原游牧定牧耕作制 西北地区人均草地面积为 0.73 hm²，主要分布在内蒙古、新疆、青海、甘肃等地，大部分为荒漠及山地荒漠草原，主要以牛羊游牧、定牧为主。牧民长期居住在干旱草原上"逐水草而居，逐水草而牧"，形成了独具特色的草原游牧耕作制。随着草场和畜牧业一系列管理政策的出台，部分生态退化严重的草原实行了"封山制牧"政策，进入了一个生态自然恢复时期。而在广大牧区，牧民由游牧变为定牧，草场畜牧压力随之增大，定牧耕作制也随之形成。

（四）未来耕作制度发展重点

在绿洲灌区，光热水资源丰富，是我国北方典型的高产、优质、稳产耕作区。近年来由于供给侧结构不平衡，种植业结构也正处于改革关键期，传统小麦/玉米面积大幅度缩小，种植大宗粮食作物收益不高，同时畜禽废弃物、农业化肥、农药及农业退水引起面源污染较严重。因此本地区未来发展重点是：在满足区域粮食安全前提下，围绕主导产业提高农产品附加值，从"主粮型"向多元复合型发展，不断提高集约化、现代化水平，发展"作物生产-地力提升"的种养复合型模式，发展循环农业。

在雨养农业区，光资源丰富，水热资源有限，水土流失严重的问题继续存在，大量使用地膜覆盖带来的残膜污染形势严峻。将来发展的重点是继续以提高水土资源利用效率为核心，应用可降解地膜、大力推行保护性耕作制，提高抗旱减灾能力，持续提高土地生产力水平，注重生态修复。

在草原区，草地退化问题比较突出，将来重点要通过划区轮牧、掌握适当放牧强度、配合饲料工业等途径减轻草场压力，注重草地生产力的恢复和持续提高，同时促进畜牧业发展。

四、长江中下游地区耕作制度

(一) 区域范围

长江中下游地区位于我国长江三峡以东的中下游沿岸带状平原，为我国 3 大平原之一，包括上海、江苏、浙江、安徽、江西、湖北和湖南 7 省、直辖市，水热资源丰富，河网密布，水系发达，是我国传统的鱼米之乡。

(二) 区域资源特征与农业战略地位

本区自然条件优越，大部分地处北亚热带，小部分地属中亚热带北缘。年平均温度为 14～18 ℃，最冷月平均温度为 0～5.5 ℃，绝对最低气温度为 −10～−20 ℃，最热月平均温度为 27～28 ℃，≥10 ℃活动积温为 4 500～5 600 ℃，日照时数为 2 000～2 300 h，无霜期为 210～300 d，年降水量为 800～1 600 mm，降水集中于春、夏两季。地带性土壤仅见于低丘缓冈，主要是黄棕壤或黄褐土。南缘为红壤，平原大部为水稻土。

本区是我国重要的农业生产区域，农业的战略地位极其重要。耕作制度多为一年二熟或一年三熟，大部分地区可以发展双季稻，实施一年三熟制。耕地以水田为主，占耕地总面积的 70% 左右。农业发达，种植业以水稻、小麦、油菜、棉花等作物为主，是我国重要的粮、棉、油生产基地，盛产稻米、小麦、棉花、油菜、桑蚕、苎麻、黄麻等。农业生产上具有精耕细作的优良传统。

2018 年，长江中下游地区共有人口约 4 亿，占全国总人口的 28.7%；耕地面积为 2.508×10^7 hm²，占全国耕地总面积的 18.6%；全年生产粮食 $1.642\ 4 \times 10^8$ t，占全国粮食总产量的 25.0%，其中稻谷产量为 $1.093\ 6 \times 10^8$ t，占全国稻谷总产量的 51.6%；棉花产量为 4.3×10^5 t，占全国棉花总产量的 7.0%；油料产量为 9.32×10^6 t，占全国油料总产量的 27.1%。可见，长江中下游地区在全国农业生产中占有重要的战略地位和作用。

(三) 区域耕作制度

长江中下游地区光、热、水资源充足，适合发展农业生产，特别是适合发展由间混套作和复种组成的多熟耕作制度，是我国多熟制的典型区域，是农业生产的精华所在。

1. 耕作制度特征

(1) 多样性 长江中下游地区耕作制度多样性表现在：①作物种类多，适合长江中下游地区种植的作物种类十分繁多，例如水稻、小麦、大麦、玉米、谷子、高粱、棉花、油菜、蚕豆、豌豆、大豆、绿豆、豇豆、花生、西瓜等；②间混套作多，由生育期相近、生长发育特性互补的作物组成的间混套作方式类型多、模式多，例如旱地上有玉米‖大豆、玉米‖花生、玉米‖甘薯、玉米‖西瓜等；③复种方式多，据粗略估算，长江中下游地区旱地有数百种复种方式，作物多样性程度高。

(2) 集约性 长江中下游地区对耕地资源的集约化利用，突出表现在耕地复种指数高。2017 年本区耕地复种指数都在 100% 以上，高的（湖南省）达到 200% 以上，地区平均为 160% 以上，比全国平均高 38 个百分点。

(3) 高效性 全区各省、直辖市在进行耕作制度建设和发展时，常常将间作、混作、套作、复种、轮作等有机地组合起来，形成多物种共栖（例如稻田养鱼、棉田养鸡）、多品种搭配、多技术配套的立体复合种养模式，从而使耕作制度系统的结构优、功能强、产出高、效益佳。例如各地先后出现的"吨粮田"（年产粮食 15 t/hm²）、"双千田"[年产量 15 t/hm²

（亩产量 1 000 kg）以上，产值在 15 000 元/hm²（亩产值 1 000 元以上）]、"万元田"[年产值 150 000 元/hm²（亩产值 10 000 元以上）]，以及各种"高效农田"，都是耕作制度高效化的具体体现。

2. 稻田耕作制度类型　稻田是本区耕地的主体，稻田面积约占耕地面积的 70%。长江中下游地区稻田耕作制度类型主要包括以下类型。

（1）双季稻三熟制　自 20 世纪 50 年代开始，江西、湖南、湖北等地即发展双季稻三熟制（双三制），例如绿肥（紫云英）—早稻—晚稻、油菜—早稻—晚稻、小麦（大麦）—早稻—晚稻等。江苏太湖地区从 20 世纪 60 年代末至 70 年代初，逐步改变稻田耕作制度，形成了小麦—水稻—水稻三熟制。目前，双季稻三熟制在长江中下游地区各地有分布，但因增产、增收效果不显著，特别是用工量大，种植面积呈现下降趋势。但从长远来讲，从增加粮食产量、维护国家和地区粮食安全角度考虑，双季稻三熟制作为本区水田耕作制度的主体是不可动摇的。

（2）稻田新型三熟制　在双季稻三熟制基础上，通过调整一季水稻而改种其他粮食作物、经济作物或绿肥作物，形成稻田新型三熟制，例如"两旱一水"模式（指由两季旱作物和一季水稻组成的种植模式）有小麦—花生—水稻、小麦—蔬菜—水稻、鲜食蚕豆—水稻—青食玉米、小麦（或大麦）/西瓜‖鲜食玉米—水稻等。

（3）稻田两熟制　近年来，由于工业化、城镇化进程加快，进城务工农民越来越多，客观上造成长江中下游地区从事农业劳作人员减少，这使得原来用工量大的双季稻种植越来越困难，尽管水稻生产的机械化有一定发展，但仍不能阻挡双季稻种植面积下滑的势头。在这种情势下，稻田三熟制减少，而稻田两熟制面积呈扩大之势。目前，该地区稻田两熟制模式有绿肥（紫云英）—水稻、小麦（或大麦）—水稻、油菜—水稻、蚕豆—水稻、马铃薯—水稻、蔬菜—水稻等。稻田两熟制与三熟制比较，用工量小，且产量稳定，收入也不低，越来越多的农民，特别是"兼业"农民，更愿意推广这类耕作制度。

（4）稻田休耕制　休耕就是在一年中的某季（也可以是全年），在可种植作物的农田，不种作物，也不进行土壤耕作和管理，令其"休闲"，其主要目的是让耕地（农田）休养生息、恢复地力，以利下季（或下年）更好地生产。目前，长江中下游地区稻田休耕制模式有冬闲（冬季休耕）—中稻（或晚稻）、冬肥（绿肥养地）—水稻等。

3. 旱地耕作制度类型　长江中下游地区旱地面积约占耕地总面积的 30%。由于光、温、水条件俱佳，可种植的作物种类多。本区旱地耕作制度较水田而言更加多种多样、丰富多彩。长江中下游地区旱地耕作制度可分为旱三熟、旱二熟和旱一熟 3 种类型。各类型的代表性模式简介如下。

（1）旱三熟　麦类/玉米/甘薯（或大豆、杂粮）分布于上海、江苏、浙江、安徽、江西、湖北和湖南各地，麦类/大豆/玉米（或甘薯）分布于江苏、浙江、安徽、江西、湖北和湖南各地，麦类（或油菜）/花生/甘薯分布于浙江、湖北和湖南各地，麦类/烟叶/甘薯主要分布于湖南，麦类/西瓜/大豆（蔬菜）分布于上海、江苏、浙江、安徽和湖北各地，麦类/大豆—芝麻主要分布于江西红壤旱地，马铃薯/玉米/甘薯（或大豆）多见于湖北旱地。旱地三熟制对光、温、水、土、劳力、季节等资源高效利用，周年生产力高，生态经济效益好，受到农民青睐。但花工、耗时，投入大，尤其是江西、湖南等地存在伏旱、秋旱问题，在没有解决旱地灌溉问题的前提下，旱三熟不宜面积过大，否则"多熟"不一定"多收"。

（2）旱二熟　旱二熟制是长江中下游地区旱地耕作制度的主体。其主要模式有：麦类（或油菜）—玉米（或甘薯、大豆、杂粮）广泛分布于上海、江苏、安徽、江西、湖北和湖南各地，马铃薯—玉米（或大豆等）分布于湖北和湖南，麦类—烟叶多见于江苏和湖南，麦类—（或/）甘蔗（或‖大豆）分布于江苏、浙江、江西等地，麦类/棉花分布于上海、江苏、浙江、安徽、江西、湖北和湖南各地，麦类—芝麻（或花生等）多见于浙江、江西和湖北，蚕（豌）豆—玉米（或甘薯）分布于江苏和湖北。近年来，安徽在潮土旱地上发展小麦—玉米、小麦—大豆、小麦—甘薯、小麦—花生等两熟制，取得良好效果。

（3）旱一熟　旱地除了发展三熟制、二熟制之外，还有相当面积实行一年一熟制。例如江西红壤旱地上有的一年只种植一季冬作物油菜，有的一年只种植一季玉米或大豆，也有的一年仅种植一季甘薯。这种旱地一熟制，在长江中下游地区各地分布有较大面积。其特点是耗工少，收益比较稳定。

（四）未来发展方向与重点

1. 恢复冬作　长江中下游地区冬季（一般指头年 11 月至翌年 4 月）的光、热、水等自然资源和肥料、劳力、资金等社会经济资源充足，适合发展冬季绿肥（紫云英等）、油菜、小麦、大麦、蚕豆、豌豆、马铃薯等冬季粮、油、肥、饲，以及冬季各种蔬菜，恢复冬作种植具有面积大、产量高、效益佳和潜力巨大的特点，势在必行。

2. 实行轮作　将长年种植双季稻的水田，在一定时段（例如 2～3 年或 3～5 年）改种 1 季或 1 年旱作物，有计划地实行水旱轮作，将从根本上改变水田生态环境状况，有利于实现稻田（水田）生态系统的可持续发展。

3. 适度休耕　将已污染、已退化的农田（水田或旱地）实行适度休耕，修复已损毁生态系统的结构和功能，待其完全（或基本）恢复后再进行"正常"耕作。

4. 重视养地　重视通过种植绿肥（紫云英等）、施用有机肥以及种植豆科作物等多种途径培肥农田地力。

5. 夯实基础　长江中下游地区水旱灾害频繁，要实现农业可持续稳定发展，必须大力加强农田基本建设，改善农田水利设施，夯实农业发展的基础。

6. 改善生态　从长远来讲，要实现耕作制度和农业生产的高产高效与可持续发展，必须加强区域生态建设，改善、优化区域生态环境，实现"良制""良田""良法"与"良境"的协调配套。

五、西南地区耕作制度

（一）区域范围

西南地区主要包括川渝盆地丘陵区和云贵高原区，是我国耕地资源立体性最强的农业区，主要包括四川省、云南省、贵州省和重庆市 4 省、直辖市，北部以秦岭与华北地区为界，东部以鄂西山地、雪峰山为界，西南毗邻缅甸。西南地区丘陵山地面积大，垂直差异显著，适于多种作物和果树生长。

（二）区域资源特征与农业战略地位

西南地区河流纵横，峡谷广布，地貌以山地、丘陵、高原为主，包括横断山脉、云贵高原、四川盆地，还有广泛分布的喀斯特地貌、河谷地貌等，地势起伏大。山地和丘陵占西南地区比例分别为 75.8% 和 13.9%。耕地主要分布于 500～2000 m 处的平坝、盆地以及丘陵山区坡地上。西南地区耕地占全国耕地总量的 14.7%，主要集中于丘陵、低山、中山地带，其中旱地占 66.5%，水田占 32.1%，水浇地仅占 1.3%，是我国典型的旱作雨养农业区。农业生产的地域性和立体性较强，适宜于发展特色农业。

西南地区气候属热带亚热带季风气候，热量丰富，雨热同期，年平均日照为 1 200~2 200 h，无霜期为 250~330 d。其中川渝盆地丘陵区年平均温度为 16~18 ℃，年活动积温为 5 000~6 500 ℃，年降水量为 1 000~1 200 mm；云贵高原区年平均温度为 5~24 ℃，年活动积温为 2 200~8 000 ℃，年降水量为 600~2 000 mm。西南地区光热水气候资源有利于多熟种植，但地域差异大，气象灾害种类多，发生频率高，范围大，主要气象灾害为季节性干旱、暴雨、洪涝、低温等，对农业生产危害严重。复杂多样的地形地貌和气候条件，形成了西南地区多样的土壤类型。川渝盆地丘陵区平原区以水稻土为主，丘陵旱地以紫色土和黄壤为主，云贵高原区以红壤和黄壤为主。

西南地区农业生产主要集中在川渝盆地丘陵和云贵高原山地丘陵两个区域。川渝盆地丘陵为湿润北亚热带季风气候，热量资源丰富，雨水充沛，是农业集中发展区，但水热季节分配不协调，季节性干旱频发。川渝盆地丘陵区的成都平原以水田为主，平原外围的川中丘陵低山则水田旱地并重，近年来特色水果成为丘陵区农业发展的趋势。云贵高原低纬高原为中南亚热带季风气候，山地适合发展林牧业，坝区适宜发展农业、花卉、烟草等产业；高山寒带气候与立体气候分布区，是主要的牧业区。云贵高原水田主要分布在沟谷、河谷地带，也有较大面积的山地梯田。

西南地区作物类型非常丰富，粮食作物以水稻、玉米、小麦、薯类为主，油料作物以油菜、花生为主，烤烟、茶叶、柑橘、中药材种植面积较大，鲜花生产集中于云南。本区粮食作物播种面积占全国的 13.0%，其中水稻、小麦、玉米和薯类播种面积分别占全国的 13.4%、4.7%、11.1% 和 46.9%；油菜和烟草播种面积分别占全国的 33.9% 和 63.0%，产量分别占全国的 36.1% 和 58.9%，是我国烟草、特色水果优势种植区。由于西南地区山地丘陵耕地面积比重大，而适合山地丘陵作业的农业机械缺乏，其农业生产力和机械化水平远低于我国平均水平。

（三）区域耕作制度

由于西南丘陵山地复杂的地形地貌和气候特征，又加上农业生产条件的不同，长期生产实践形成了类型多样、特色鲜明的耕作制度。其中川渝盆地丘陵区粮食作物占总播种面积的 70% 以上，以水稻、小麦、玉米和薯类 4 大作物为主，其次为蚕豆、豌豆、大豆等；经济作物主要是油菜，其次是柑橘、甘蔗、桑、棉、苎麻、烟草、茶等。云贵高原山地丘陵区粮食作物以水稻和玉米为主，小麦和薯类次之，经济作物以油菜、烤烟为主，其中烤烟属当地优势经济作物；高海拔地区以马铃薯、荞麦、燕麦和小黑麦为主。本区主要耕作制度类型有以下两个。

1. 稻田耕作制度　西南地区稻田多采用一年二熟或一年一熟种植制度，以旋耕作业为主要土壤耕作制度。川渝盆地丘陵区稻田主要以油菜—水稻、小麦—水稻等水旱轮作一年二熟制为主，是我国西部农业精华所在，同时在冬季干旱缺水的地区存在冬闲—水稻一熟制度。云贵高原山地丘陵区在热量条件较好的地区也以冬季作物—水稻水寒轮作一年二熟制为主，冬季作物主要有油菜、小麦、蚕豆、豌豆、马铃薯等；在 ≥10 ℃积温低于 3 500 ℃的高海拔地区广泛实行水稻一年一熟制，连年种植水稻；云南有烤烟—晚稻模式，部分地区由于灌溉不足等原因也存在稻田一熟制。油菜—水稻、小麦—水稻等水旱轮作是西南地区稻田一年二熟制的主要模式。

2. 旱地耕作制度　旱地耕作制度在西南地区既有地域差异，也存在同一地域内的垂直差别，以及组合作物各异的特点，热量资源丰富的地区以套作一年三熟和净作一年二熟模式为主，高寒地区以一年一熟模式为主。川渝盆地丘陵区旱地种植模式较多，主要有小麦/玉米/甘薯、小麦/玉米/大豆套作一年三熟制和冬作（小麦、蚕豆、豌豆、油菜）—玉米（甘薯）一年二熟制，盆周山区以马铃薯、玉米、大豆、甘薯一年一熟为主。云贵高原山地丘陵区旱地耕作制度立体差异明显，中低海拔区以一年二熟或套作一年三熟为主，一年二熟种植模式主要有小麦/玉米、小麦—玉米、油菜—玉米、小麦—甘薯、马铃薯/玉米等，套作一年三熟模式主要有小麦/玉米/甘薯、小麦/玉米/大豆、马铃薯/玉米/大豆等；高寒地区为一年一熟，多为玉米与大豆、马铃薯间作。

（四）未来发展重点

1. 构建稳产高产及避旱减灾的多熟耕作制度　针对西南地区季节性干旱、水土侵蚀严重等突出的问题，需要在农田基本建设及农田水利设施改善的基础上，优化种植模式并有效集成作物时空配置技术、适水种植技术、保护性耕作技术等，保障稳产高产。

2. 构建农机与农艺融合的多熟耕作制度　结合丘陵山地作物生产特点，大力发展轻简型机械化栽培技术；结合种植制度和模式的优化调整，不断创新农机农艺配套技术，全力提升耕、种、收的机械化程度。

3. 构建适应农业休闲旅游需求的多功能耕作制度　通过耕作制度改革提高农业生产的生态功能和景观美化功能，有效促进农村一、二、三产业深度融合。建立生态高效、景观优美的农田生产系统，推进农业与农业观光休闲、文化旅游开发的结合。

六、华南地区耕作制度

（一）区域范围

华南地区主要以广东、广西及海南为主体，还包括周边的福建东南部、云南西南部。在耕作区划上，华南特指广东、广西和海南三省、自治区的全部地区，位于北纬 $18°10'\sim26°24'$，东西介于东经 $104°26'\sim117°20'$，总土地面积为 4.5×10^5 km^2，占全国土地总面积的 4.7%。其中，广东和广西分别居全国省份面积比的第 15 位和第 9 位，海南面积最小，省份排名全国最后一位。

（二）区域资源与农业战略地位

华南地区地处祖国南大门，大部分地区位于北回归线以南，属热带及亚热带季风气候，地形以丘陵山地为主。自东至西横跨亚热带，长年气温较高，大部分地区年平均气温 $>20\ ℃$，$\geqslant10\ ℃$ 积温为 $5\ 000\sim9\ 300\ ℃$，日较差小，山地丘陵积温随海拔增高而减少；东、南、西部广大地区特别是沿海一带，有霜期很短，其主要气候特征是高温多雨，夏季长而炎热，冬季温和偶尔有寒冷天气。双季稻安全生育期为 $170\sim365$ d；年日照时数为 $1\ 300\sim2\ 400$ h；年太阳辐射总量为 $3\ 474\sim5\ 024$ MJ/m^2；雨水充沛，年平均降水量为 $1\ 100\sim2\ 100$ mm。华南地区地貌类型复杂多样，山地、丘陵、台面和平原面积分别占全区土地总面积的 36.1%、16.3%、11.4% 和 21.5%。主要土壤类型为赤红壤、红壤、砖红壤、黄壤等，多样化的土壤类型为本区多元化耕作制的发展提供了良好的条件。受热带季风和热带气旋的影响，本区灾害性天气频繁发生，台风、干热风给农业生产带来较大危害，旱、涝、倒春寒、寒露风、冰雹等灾害性天气出现频率高。

华南地区是全国水热资源最丰富的地区之一，丰富的热量和水分资源为作物多熟制和生长创造了极为有利的条件，四季均可种植农作物，农业复种指数和单位面积产量均很高。双季稻和甘蔗是华南地区种植面积最大的主要农作物，不仅是我国重要的粮、油、糖生产基地，还是我国重要热带作物的生产基地，橡胶、香蕉、咖啡、椰子、香料、剑麻、水果、茶叶等热带与亚热带作物及冬季蔬菜供应大部分集中在本地区。由于华南地区紧邻港澳台，连接东南亚，具有极好的经济地理位置优势，外向型经济与外向型农业较发达；沿海滩涂与海面广阔，海水、淡水渔业均发达。华南地区为全国人口密度最大、人均耕地最少的区域，人口密度达 330 人/km²，为全国平均人口密度的 2.4 倍。本区历史上也是我国最重要的粮食主产区，复种指数曾经高达 230%，但随着城乡经济快速发展导致粮食播种面积急剧下降、冬闲田增多，农业生产功能持续弱化。目前，本区农业发展重点是推进适应不同经济、生态区域特色的多元化耕作制度建设，提高土地的综合生产能力和经济收益，促进农业资源可持续利用和维护良好生态环境。

（三）区域耕作制度

华南地区光温水资源充沛，作物种质资源也较丰富，是水稻、蔬菜、瓜果、薯类、糖料作物、麻类作物、香料作物等的主要生产基地。其中，水稻是本区最大宗的作物，也是主要的粮食作物，水田多熟集约制是本区最主要的耕作制度，其播种面积占本区总播种面积的一半以上。此外，本区还形成了一系列以蔬菜、瓜果及经济作物为基础的混合立体制等耕作制度。

1. 稻田一年二熟耕作制　稻田一年二熟制模式以冬闲—双季稻（早稻—晚稻）为主，还包括冬闲—豆—水稻、冬闲—甘薯—水稻、冬闲—烟—水稻、冬闲—中稻—再生稻等模式。其中，前 3 种模式分布在广东、广西的绝大部分稻作区、海南省和福建东南及西北双季稻区，位于北纬 25°50′以南。

冬闲—早稻—晚稻是华南地区稻田的最典型耕作制度模式，分布地区也最广。该模式稻谷产出量大，对稳定粮食生产具有重要意义，但也存在种植效益差、只用地不养地、光温资源浪费严重等缺点。

冬闲—豆—水稻模式种植豆科作物主要为花生和大豆，花生或大豆种植季节有春季和秋季两种，可形成"花生或大豆→水稻"或"水稻→花生或大豆"两种轮作模式。花生或大豆均为豆科养地作物，有利于土壤理化性状的改善，对后作水稻有明显的增产效果。本模式具有兼具作物生产和养地效果，具有很大的发展潜力。

冬闲—甘薯—水稻模式中甘薯的种植季节也分春季和秋季两种，可形成"甘薯→水稻"和"水稻→甘薯"两种轮作模式。这种模式由于稻田土壤回旱时间较长，有利于土壤理化性状的改善，对后作水稻有明显的增产作用。

冬闲—烟—水稻模式主要分布在广东北部、广西北部和福建西北地区。本模式有利于改良土壤理化性状，充分利用土壤肥力，避免或减轻病虫草害，获得粮烟双丰收。

冬闲—中稻—再生稻模式主要分布在两季不足一季有余地区，例如福建山区和广西北部地区，蓄留再生稻的基本条件为日平均温度稳定 22 ℃的时间持续 70 d 以上。本模式的优点：①充分利用光温资源，实现增量增收；②一种两收，省工省种；③单产潜力大，稻米品质好。虽然此模式当前的种植面积不大，但具有较大的发展潜力。

2. 稻田一年三熟耕作制 稻田一年三熟制模式丰富，以冬季作物—双季稻模式为主，冬季作物主要有蔬菜、绿肥、马铃薯、甜玉米等。此外，菜—菜（稻）—菜模式因其具有经济效益高的优势，在华南地区也有一定种植面积。

菜—水稻—水稻模式主要分布在广东中南部和西南部、广西南部稻作区和海南省。其主要特点是稻谷的产出量大，能充分利用冬季的光温资源，在稻谷产量不减少的前提下，冬季种植一季蔬菜，粮食和效益兼得，还具有一定的养地功能，在广东和海南具有很大优势，发展潜力较大。

绿肥—水稻—水稻模式广泛分布于华南双季稻区。该模式以冬季绿肥保证双季稻的持续增产，是养地和用地结合的良好制度。其中，紫云英是种植最广泛、面积最大的绿肥作物。但该模式也存在局限性：①经济效益差，不利于当前市场经济下发展高效农业；②绿肥双季稻复种连作淹水期长，土壤产生次生潜育化，冬季不翻耕致使土壤理化性状变劣，从而影响早稻生产。此模式虽然是一种良好的用地和养地制度，但其经济效益差，如果没有政府补贴，难以扩大面积。

马铃薯—水稻—水稻模式是近年来华南双季稻区发展较快的模式，冬种马铃薯能充分利用冬季光温资源，起到稳粮增钱的作用，在增加粮食产量的前提下，还能提高稻田的经济效益。此模式的经济效益和社会效益结合得较好，具有较大的发展潜力。

甜玉米—水稻—水稻模式也是近年来华南双季稻区发展较快的模式，甜玉米可在11月至翌年2月种植，能充分利用冬季光温资源，起到稳粮增钱的作用，既能增加粮食产量，又能提高稻田的经济效益。甜玉米社会需求量大，有较好的发展前景。

菜—菜—菜模式主要分布在经济发达地区和城市周边地区，经济效益高，但长期生产会造成连作障碍，影响蔬菜产量，引起食品安全问题。菜—水稻—菜模式目前主要分布在广东省，是在原来长期连作蔬菜的菜田，利用不适合种植蔬菜的6—9月高温季节种植一季水稻，兼顾粮食作物和经济作物而且水旱轮作，是目前较好的模式，既有利于克服蔬菜连作障碍，又有利于蔬菜生长和品质提高。此模式对增加水稻种植面积和稳定粮食生产具有重要意义，同时可根据市场变化把握蔬菜品种选择和种植季节，进一步提高季节效益。此模式综合效益好，在华南地区具有广阔的应用前景。

3. 混合立体种植耕作制 热带亚热带种植园制是本区特有的耕作制度，其面积相当于本区耕地的1/3，是我国仅有的热带亚热带作物生产基地。作物组成以各种热带作物和水果为主，例如咖啡、杧果、香蕉、荔枝、橡胶、菠萝等，经济收入占农业收入的比重很大。例如在树木幼龄期常间作花生、大豆、甘薯等作物，形成立体种植。

丘陵山地林农牧混合立体制一般以林为主，中低山区以松、杉、毛竹、桉树等材用林为主，丘陵中上部适宜栽培油茶、油桐、漆树、板栗、油橄榄等木本粮油树种，低丘陵缓坡地宜农林结合，以茶、柑橘等经济林以及花生、甘薯等旱作为主。本区域雨水充沛，气候湿润，春夏季丘陵山地草木茂盛适宜放养牛羊，冬季花生等作物秸秆可为牛羊提供越冬饲料。同时，牛羊粪便可用作农家肥肥沃土壤，为作物生长提供养分。农林牧混合立体种植耕作制表现为复合的农业生态系统，其实质是对土地单元的综合可持续利用，充分发挥土地生产力，最终实现经济效益与生态效益的统一。

（四）未来发展重点

华南地区因其雨水充沛、光温热资源丰富而适宜发展复杂多样的耕作制度，但由于耕地减少、地力衰退、部分模式经济效益差等，导致了本区耕作种植逐渐简单化。因此必须通过集约化、增加熟制、用地养地结合及农林牧结合的立体种养等途径，充分利用自然资源及土地资源优势，并且优先发展经济效益高、生态效益突出以及兼具粮食生产与生态效益的耕作制度，主要包括蔬菜—水稻—水稻、绿肥—水稻—水稻、马铃薯—水稻—水稻、甜玉米—水稻—水稻及水稻—菜—水稻等模式。这些模式在种植两季水稻或一季水稻的基础上，引入经济效益高的蔬菜、特用作物、豆科绿肥作物等，同时兼顾粮食作物生产和经济效益，实现增加粮食作物播种面积、用地养地结合以及提高经济效益等目标，是高效生态耕作制度。

第三节 我国耕作制度发展趋势展望

当前及未来相当长一个时期，推动以生态文明建设为核心的社会经济转型发展是我国的重大战略任务，农业发展也必须从主要追求产量和依赖资源消耗的粗放经营转到数量质量效益并重、注重提高竞争力、注重农业科技创新和注重可持续发展上来。在创新、协调、绿色、开放、共享发展新的理念下，耕作制度将紧紧围绕国家粮食安全和现代农业建设，从建设资源节约、生态友好、集约高效、产业协调的现代耕作制度出发，适应农业生产机械化、规模化、精准化发展趋势，积极开发多功能、绿色生态新型耕作制度模式和技术，努力构建用养结合、生态高效、生产力持续稳定提升的种植制度和养地制度。

一、发展适应规模化和全程机械化的集约高效耕作制度

随着农业组织化、规模化程度快速提高，以及农村劳动力向二、三产业迅速转移，传统的适宜一家一户的种植制度与土壤耕作制度需要改革。土地流转和多种形式规模经营，是发展现代农业的必由之路，也是我国农村改革的基本方向。近年来，我国各级政府和相关部门出台许多扶持政策鼓励发展多种形式适度规模经营和培育新型农业经营主体，有效解决农户分散经营机械化程度低和生产效率及效益差的问题。同时，即使没有土地流转，农村家庭经营产前、产中、产后的生产性社会化服务也是我国农业发展的根本趋势，"足不出户买农资，足不出户用农机，足不出户知农事，足不出户管农田"会越来越普遍。传统耕作制度普遍存在对机械化作业的主动适应性不够，非标准化生产和低技术集成度，导致机械化程度和劳动生产率提高缓慢，适应规模化和全程机械化将是我国耕作制度发展重点。

首先，要全力推进农业主产区水稻—小麦、水稻—油菜、小麦—玉米等主体种植模式的全程机械化生产，完善农田全程机械化周年高产技术集成、作物秸秆还田配套耕作机械及种植方式、栽培耕作技术等，这是我国粮食主产区耕作制度改革发展的重点任务。其次，要有效解决我国丰富多样的轮作制度的全程机械化问题，目前主粮作物的机械化水平很高，但小宗作物的机械化问题还没有很好解决，制约了我国轮作模式的大面积应用，需要在模式优化设计及配套栽培耕作技术体系中充分考虑农机作业要求。第三，要创新间套作机械化作业的田间配置调控技术，在作物及品种类型选择上充分考虑全程机械化可行性，在带型、间距、行株距配置上适宜机械化作业；再结合耕、种、收新机具的创制，解决间套种植农艺与农机融合的难题，推进我国多熟农作制的转型升级。

二、发展适应资源环境保护和绿色发展的新型耕作制度

绿色发展是按照人与自然和谐的理念，以效率、和谐、可持续为目标的经济增长和社会发展方式，已经成为当今世界发展趋势。绿色发展是农业发展观的一场深刻革命：农业发展要由主要满足"量"的需求向更注重"质"的需求转变。利用有限的资源增加优质安全农产品供给，把农业资源利用过高的强度降下来，把农业面源污染加重的趋势缓下来，让生态环保成为现代农业的鲜明标志。长期以来，粮食持续高产作为保障国家粮食安全的主要支撑，低产变中产、中产变高产、高产再超高产等一直是我国农业生产发展的基本思路和目标。传统的高投入、高产出的集约化模式由于片面追求高产，不仅容易造成资源利用效率不高，而且对生态环境的压力越来越大，已成为农业生产可持续发展的关键制约因素。因此协调农业增产、农民增收和资源持续高效利用、环境保护等突出矛盾，是保障我国农业持续高效发展的关键。

一方面，需要改革传统资源高耗低效耕作制度，有效解决我国粮食主产区及高产农区普遍存在的资源投入高、利用效率低、成本收益差的问题，显著提高水、土、肥等资源投入效率，实现农业生产节本增效。由于农田过度利用带来的耕地质量问题已经不容忽视，粮食主产区耕地土壤普遍存在不同程度的耕层变浅、容重增加、养分效率降低等问题，而且由于不合理的施肥、耕作、植物保护等造成的耕地生态质量问题日益突出。构建以多熟高效型节地、地力提升为主体的节地耕作制度，以区域节水种植结构和布局、节水种植模式、节水灌溉制度等优化为主体的节水型耕作制度，以农田养分综合管理、秸秆及有机肥还田技术等为主体的节肥耕作制度。另一方面，需要针对南方水网密集区和城郊地区农药化肥投入超量、养分流失严重、区域水体富营养化程度不断加重、部分农田土壤有毒物质累积超标、生态安全问题不断凸现等问题，要在确保高产高效的前提下，在作物周年优化配置的基础上，进行农田有害生物综合治理、有毒物质阻控和消减综合控制、农田流失性养分减排，构建环境友好型耕作制度标准化模式和技术体系及规范，建立基于生态补偿机制的新型耕作制度。

三、发展适应与农业产业融合的多功能耕作制度

农业多功能性是指农业具有经济、生态、社会、文化等多方面功能，在提供农副产品、促进社会发展、保持政治稳定、传承历史文化、调节自然生态等方面都有贡献。20世纪90年代初欧共体提出"农业的多功能"，强调"农业不仅提供了健康的、高质量的食物和非食物产品，还在土地利用、城乡计划、就业、活跃农村、保护自然资源和环境、田园景色方面起着重要作用"。近年来，我国在国家及地方层面上都已经明确拓展农业功能和开发农业多功能性，推进农业一、二、三产业深度融合。发展多功能农业与结构调整、城乡融合、乡村振兴、农民富裕紧密联结在一起，尤其是推进农业生产与旅游、教育、文化、健康养老等产业的融合。

发展多功能耕作制度的核心是按照生态系统服务理论将生产、生态、生活服务功能一体化开发，在稳定提升农业生态系统提供产品供应功能的基础上，开发利用农业生态系统在净化环境、调节气候、保持水土、生物多样性维护等方面的生态服务功能，以及生态景观与传统文化美感等文化功能，有效支撑区域农业生产的生态建设、环境美化及农业文化旅游产业发展。一方面，需要通过耕制度改革显著强化农田系统的生态功能。通过建立生态高效的

作物种植模式，包括作物的轮作休耕、间混套作及种养结合等模式，促进用地养地结合、资源节约、环境友好；通过建立生态高效的土壤耕作模式，包括保护性耕作、土壤耕层改良、生物多样性保护和土壤健康调控等，提升土壤生态功能；通过建立农田外部生态走廊、生态缓冲带、拦截带等，增强生物多样性和控制农业面源污染。另一方面，需要通过耕作制创新显著提升农田系统的景观功能。强化农田景观功能的改造提升及生态景观服务功能，有效解决农田、农村脏乱差和田园景观质量差的问题；通过耕作制度优化设计，有效挖掘农业文化、休闲旅游功能。

四、探索典型区域轮作休耕耕作制度的构建途径和模式

我国耕地开发利用强度过大，一些地方地力严重透支，水土流失、地下水严重超采、土壤退化、面源污染加重已制约农业可持续发展。在严守耕地红线和确保国家粮食安全的前提下，在我国地下水漏斗区、重金属污染区、生态严重退化区实施休耕制度，对加快生态环境恢复能力建设，促进耕地可持续利用，实现"藏粮于地、藏粮于技"战略目标具有战略意义。轮作休耕是构建"用养结合"种植制度的重要基础，将禾谷类作物与豆类作物、旱地作物与水田作物等轮换种植，可以调节土壤理化环境、改善土壤生态、培肥地力。同时，轮作休耕有利于缓解资源压力和农业面源污染问题，建立农业生产力与资源环境承载力及环境容量相配套的农业生产新格局，对加速农业发展方式转变，提高质量效益和竞争力意义深远。

我国生态类型多样，轮作休耕模式有明显区域差异性，需要因地制宜建立切实可行的轮作休耕耕作制度及配套补偿政策。在华北地下水漏斗区，适当压缩冬小麦—夏玉米一年二熟和蔬菜种植面积，发展冬小麦→夏玉米—春玉米二年三熟、春玉米一年一熟等季节性休耕模式，扩大冬小麦→夏花生（大豆、甘薯等）轮作模式。在南方重金属严重污染地区，可以将传统双季稻改为冬绿肥（蚕豆、豌豆）——一季稻，或将水稻种植改为园艺作物，或休耕改良等；在轮作方式上，强化油菜—水稻、绿肥—水稻、饲料作物—水稻等水旱轮作模式应用。在东北黑土区、华北农牧交错带风沙干旱区等生态严重退化区域，东北发展玉米—大豆、玉米—饲草（燕麦）、小麦—大豆等轮作模式，农牧交错风沙区发展马铃薯—饲草（饲用燕麦、谷子、青贮玉米、箭筈豌豆等）及粮油作物（小麦、燕麦、胡麻、油菜、向日葵等）轮作模式。西南丘陵区发展豆科牧草—水稻、油菜（小麦、马铃薯）—水稻、牧草—玉米/大豆带状间套多熟轮作模式。华南地区恢复部分桑基鱼塘、蔗基鱼塘、果基鱼塘等立体种植模式，针对蔬菜、香蕉连作障碍以及土传病害严重问题，发展水稻—蔬菜（甜玉米、马铃薯）、香蕉—水稻等水旱轮作模式。

五、发展固碳减排和防灾减灾的气候智慧型耕作制度

全球气候变化已经对人类社会可持续发展造成重大威胁，人类活动向大气中排放过量的二氧化碳（CO_2）、甲烷（CH_4）和氧化亚氮（N_2O）等温室气体是导致气候变化的重要原因之一，应对气候变化及减少温室气体排放，是全世界所有国家和地区都必须承担的义务和责任。但我们决不能因为用缓减气候变化来制约农业生产发展和降低食物安全保障，也不能因为温室气体减排影响到起码的经济增长和乡村振兴。在这样的背景下，构建一种既能保持农业发展和生产能力，又能实现固碳减排和缓解气候变化的发展新模式就显得非常迫切。气候智慧型农业（climate-smart agriculture，CSA）由联合国粮食及农业组织（FAO）在2010

年农业粮食安全和气候变化海牙会议上正式提出，其基本含义为"可持续增加农业生产力和气候变化抵御能力，减少或消除温室气体排放，增强国家粮食安全和实现社会经济发展目标的农业生产体系"。其实质就是通过政策制度创新、管理技术优化，使农业生产的资源利用更加高效、产出更加稳定、抵御风险能力更强、碳汇能力更大、温室气体排放更少，为减缓全球气候变化做出贡献。

气候智慧型耕作制度核心目标：①通过种植制度与土壤耕作制度优化，减少单位土地和单位农产品的温室气体排放量，提高碳汇能力，为减缓气候变化做贡献；②通过作物布局和种植模式优化、品种筛选和播种期调整，增强作物生产系统对气候变化的适应能力，建立防灾减灾和趋利避害的生产体系。在具体做法有：①进行生产系统优化，围绕农业高产、集约化、弹性、可持续和低排放目标，探索提高生产系统整体效率、应变能力、适应能力和减排潜力的可行途径；②进行技术改进和提升，包括作物生产应对低温、高温、干旱、洪涝等极端气象灾害的防灾减灾技术，秸秆还田、保护性耕作、绿肥与有机肥利用的土壤固碳技术，新型施肥、间歇灌溉及农药减施的温室气体减排技术，以及农林复合种植、稻田混合种养、面源污染防控、生态农田构建等固碳减排技术；③进行制度优化和政策改进，建立相关法规和标准，通过机制创新激励各方共同参与。

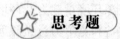 **思考题**

1. 我国耕作制度区划的依据是什么？
2. 简述各地区耕作制度及其主要特征。
3. 简述各地区主要耕作制度形成的原因和限制因素。
4. 分析各地区未来耕作制度发展的方向和重点。
5. 以一个典型区为例，论述该区耕作制度演变进程及其关键驱动因素。

主要参考文献

曹广才，韩靖国，刘学义，等，1997. 北方旱区多作高效种植[M]. 北京：气象出版社.

曹敏建，2002. 耕作学[M]. 北京：中国农业出版社.

曹建敏，2015. 耕作学[M]. 2 版. 北京：中国农业出版社.

曾昭海，2018. 豆科作物与禾本科作物轮作研究进展及前景[J]. 中国生态农业学报，26：57-61.

柴继宽，2012. 轮作和连作对燕麦产量、品质、主要病虫害及土壤肥力的影响[D]. 兰州：甘肃农业大学.

陈阜，任天志，2010. 中国耕作制发展优先序研究[M]. 北京：中国农业出版社.

陈阜，任天志，2010. 中国农作制战略优先序[M]. 北京：中国农业出版社.

陈阜，张海林，2012. 保护性耕作的土壤生态与固碳减排效应—华北麦玉两熟区典型研究[M]. 北京：中国农业大学出版社.

陈奇伯，王克勤，齐实，等，2003. 黄土丘陵区坡耕地水土流失与土地生产力的关系[J]. 生态学报（08）：1463-1469.

高旺盛，2011. 中国保护性耕作制[M]. 北京：中国农业大学出版社.

龚振平，马春梅，2013. 耕作学[M]. 北京：中国水利水电出版社.

贡璐，冉启洋，韩丽，2012. 塔里木河上游典型绿洲连作棉田土壤酶活性与其理化性质的相关性分析[J]. 水土保持通报，3（4）：36-42.

国家统计局，2019. 中国统计年鉴（2019）[M]. 北京：中国统计出版社.

胡恒觉，黄高宝，1999. 新型多熟种植研究[M]. 兰州：甘肃科学技术出版社.

黄国勤，2006. 中国南方稻田耕作制度的发展[J]. 耕作与栽培，(3)：1-5.

黄国勤，张桃林，赵其国，1997. 中国南方耕作制度[M]. 北京：中国农业出版社.

李凤超，1995. 种植制度的理论与实践[M]. 北京：中国农业出版社.

李文，2006. GIS 技术在作物布局分析中的应用[J]. 福建气象（3）：37-40.

李军，2016. 农作学[M]. 2 版. 北京：科学出版社.

梁玉刚，周晶，杨琴，等，2016. 中国南方多熟种植的发展现状、功能及前景分析[J]. 作物研究，30（5）：572-578.

刘来，孙锦，邦世荣，2013. 大棚辣椒连作土壤养分和离子变化与酸化的关系[J]. 中国农学通报，29（16）：100-10.

刘巽浩，1994. 耕作学[M]. 北京：中国农业出版社.

刘巽浩，2005. 农作学[M]. 北京：中国农业大学出版社.

刘巽浩，陈阜，1991. 对氮肥利用效率若干传统观念的质疑[J]. 耕作与栽培，(01)：33-40＋60.

刘巽浩，陈阜，2005. 中国农作制[M]. 北京：中国农业出版社.

刘巽浩，陈阜，吴尧，2015. 多熟种植——中国农业的中流砥柱[J]. 作物杂志（06）：1-9.

刘巽浩，韩湘玲，等，1987. 中国耕作制度区划[M]. 北京：北京农业大学出版社.

刘巽浩，牟正国，等，1988. 中国耕作制度[M]. 北京：农业出版社.

裴宽，2017. 华北平原主要豆科作物根际沉积氮研究[D]. 北京：中国农业大学.

乔月静，2014. 轮作方式与杀线剂对甘薯产量及根际线虫、真菌、细菌群落的影响[D]. 北京：中国农业大学.

全国农业技术推广服务中心，中国耕作制度研究会，1997. 中国农作制度研究新进展[M]. 北京：中国农业科学技术出版社.

隋凯强，付丽亚，韩伟，等，2018. 不同耕作深度下调控水肥对玉米生长状况的影响[J]. 华北农学报 33
　　(6)，212-218.

汤永禄，黄钢，郑家国，等，2007. 川西平原种植制度研究回顾与展望[J]. 西南农业学报，20（2）：
　　203-208.

王慧杰，冯瑞云，杨淑巧，南建福，2015. 微孔深松耕的土壤效应及对棉花产量与棉子品质的影响[G].
　　2015 年全国棉花青年学术研讨会论文汇编.

王立祥，王龙昌，2009. 中国旱区农业[M]. 南京：江苏科学技术出版社.

王志艳，2007. 农业世界[M]. 呼和浩特：内蒙古人民出版社.

肖海峰，俞岩秀，2018. 中国棉花生产布局变迁及其比较优势分析[J]. 农业经济与管理（4）：38-47.

杨春峰，1996. 西北耕作制度[M]. 北京：中国农业出版社.

杨文钰，张含彬，牟锦毅，等，2006. 南方丘陵地区旱地新三熟麦/玉/豆高效栽培技术[J]. 作物杂志，5：
　　43-44.

杨晓光，陈阜，2014. 气候变化对中国种植制度影响研究[M]. 北京：气象出版社.

臧华栋，2014. 豆科-禾本科互作系统根际沉积氮效应及氮转移研究[D]. 北京：中国农业大学.

翟鸿雁，2006. 线性规划（运输问题）在农作物布局中的应用[J]. 现代农业科技（10）：82-83.

张海林，高旺盛，陈阜，等，2005. 保护性耕作研究现状、发展趋势及对策[J]. 中国农业大学学报，10
　　(1)：16-20

赵永敢，2011. 西南地区资源节约型耕作制模式研究[D]. 重庆：西南大学.

中国农学会，2018. 2016—2017 年农学学科发展报告：基础农学[M]. 北京：中国科学技术出版社.

中国农业科学院，2018. 中国农业产业发展报告[J]. 经济研究参考（2）：64.

中华人民共和国农业部，2005. 全国粮区高效多熟种植十大种植模式[M]. 北京：中国农业出版社.

邹超亚，1990. 中国高功能高效益耕作制度研究进展[M]. 贵阳：贵州科学技术出版社.

ALOCILJAR B，CERVANTES E P，HAWS L D，1981. A continuous rice production system—the rice gar-
　　den：a handbook for rice production specialists [M]. Manila：International Rice Research Institute.

BLANCO H，BLANCO H，2010. Principles of soil conservation and management [M]. Amsterdam：Springer.

BLANCO-CANQUI H，LAL R，2007. Soil and crop response to harvesting corn residues for biofuel produc-
　　tion [J]. Geoderma，141：355-362.

DUIKER S W，LAL R，1999. Crop residue and tillage effects on C sequestration in a luvisol in central Ohio
　　[J]. Soil & tillage research，52：73-81.

EAVIS B W，1972. Soil physical conditions affecting seedling root growth：Mechanical impedance，aeration
　　and moisture availability as influenced by bulk density and moisture levels in a sandy loam soil [J]. Plant and
　　soil 36. 613.

FRANKE A，BRAND G，VANLAUWE B，et al，2017. Sustainable intensification through rotations with
　　grain legumes in sub-Saharan Africa：A review [J]. Agriculture，ecosystems & environment，261：172-185.

KÖGEL-KNABNER I，AMELUNG W，CAO Z，et al，2010. Biogeochemistry of paddy soils [J]. Geoder-
　　ma，157：1-14.

MOSADDEGHI M R，MORSHEDIZAD M，MAHBOUBI A A，et al，2009. Laboratory evaluation of a
　　model for soil crumbling for prediction of the optimum soil water content for tillage [J]. Soil and tillage re-
　　search，105：242-250.

PETERSON T A，RUSSELLE M P，1991. Alfalfa and the nitrogen-cycle in the cornbelt [J]. Journal of soil
　　water conservation，46：229-235.

RUSSELL E M，1973. Soil conditions and plant growth [M]. London：Longman.

WANG Y X，CHEN S P，ZHANG D X，et al，2020. Effects of subsoiling depth，period interval and combined tillage practice on soil properties and yield in the Huang-Huai-Hai Plain, China [J]. Journal of integrative agriculture (19): 1596-1608.

XIE J, WANG L, LI L, et al, 2020. Subsoiling increases grain yield, water use efficiency, and economic return of maize under a fully mulched ridge-furrow system in a semiarid environment in China [J]. Soil and tillage research, 199: 1045-1054.

ZANG H, QIAN X, WEN Y, et al, 2018. Contrasting carbon and nitrogen rhizodeposition patterns of soya bean (*Glycine max* L.) and oat (*Avena nuda* L.) [J]. European journal of soil science, 69: 625-633.

ZHANG K, ZHAO J, WANG X, et al, 2018. Estimates on nitrogen uptake in the subsequent wheat by aboveground and root residue and rhizodeposition of using peanut labeled with ^{15}N isotope on the north China Plain [J]. Journal of integrative agriculture, 18: 571-579.

ZHAO J, YANG Y, ZHANG K, et al, 2020. Does crop rotation yield more in China? A meta-analysis [J]. Field crops research, 245.

图书在版编目（CIP）数据

耕作学 / 陈阜，张海林主编 . —北京：中国农业
出版社，2021.6（2023.6 重印）
普通高等教育农业农村部"十三五"规划教材 全国
高等农林院校"十三五"规划教材
ISBN 978-7-109-28461-6

Ⅰ．①耕… Ⅱ．①陈… ②张… Ⅲ．①耕作学—高等
学校—教材 Ⅳ．①S34

中国版本图书馆 CIP 数据核字（2021）第 131647 号

耕作学
GENGZUOXUE

中国农业出版社出版
地址：北京市朝阳区麦子店街 18 号楼
邮编：100125
责任编辑：李国忠 胡聪慧
版式设计：杜 然 责任校对：周丽芳
印刷：中农印务有限公司
版次：2021 年 6 月第 1 版
印次：2023 年 6 月北京第 2 次印刷
发行：新华书店北京发行所
开本：787mm×1092mm 1/16
印张：11.5
字数：294 千字
定价：32.50 元